青黴素發明、制定元素週期表、核磁共振、碳14定年法……

化學簡史

從陶瓷到石墨烯

BRIEF HISTORY OF
CHEMISTRY

科學編年史，創造、實驗與突破

法煉丹、元素實驗、分子學說、放射性分析……
古到今的化學技術如何改變世界科技與文明發展？

侯純明 ——編著

目錄

第 1 章　古代中國的化學遺產 …………………… 005

第 2 章　近代化學的全球脈絡 …………………… 063

第 3 章　現代化學的變革之路（上篇）………… 159

第 4 章　現代化學的變革之路（下篇）………… 273

參考文獻 …………………………………………… 357

目錄

第1章
古代中國的化學遺產

　　中國古代化學工藝長時間處於世界領先地位，發展水準遠遠高於西方。大家都知道，中國古代四大發明指南針、火藥、印刷術和造紙，對人類發展的歷史產生過巨大的影響。印刷術和造紙影響了整個世界的文學；火藥影響了整個世界的戰術；指南針影響了整個世界的航海術。西元1400年的時候，中國的技術是超過西方的。但是進入近代社會以後（大約17世紀），當西方從神學統治的黑暗中衝出，在資本主義的道路上迅速發展，取得了一系列輝煌的化學成就，建構起近代化學體系之際，中國這個泱泱大國化學的發展卻沒落了，由興盛而轉入了衰落，逐漸被西方國家遠遠地拋在後面。

　　成就輝煌的中國古代化學工藝為什麼沒辦法發展成為近代化學？

　　這是自近代以來中國人一直在思索、探求並試圖解決的一個問題。

　　中國的經濟是一種自然經濟，自然經濟以農業為本，經濟上的自給自足使得人們與外界接觸少，對新生事物的接受能力差，目光短淺，極易不思進取。注重實用而不去探究其原委，對化學的發展沒有緊迫感，從而使化學的發展缺乏內在動力。

　　1930年代前，一批中國人前往歐美各國留學，並開始從事化學研究，在某些領域嶄露頭角。1920年，在哥倫比亞大學獲博士學位的侯德榜協助民族實業家范旭東在天津創辦中國第一座製鹼企業——永利鹼廠。1923

年，民族實業家吳蘊初在上海近郊建立了天廚味精廠，1929 年又創辦了生產燒鹼、鹽酸和漂白粉的天原化工廠。以此為契機，中國近代民族化學工業開始崛起。

第 1 節　火與能源

化學的歷史淵源非常古老，可以說從人類學會使用火，就開始了最早的化學實踐活動。

想必大家都還記得以前經常演的一些卡通片，一群野人追趕一隻逃跑的小白兔，突然天空中電閃雷鳴，原本被追趕的小白兔不幸被雷擊中，變成了香噴噴的烤兔，於是遠古人們就知道肉還是熟的好吃，學會了用火烤肉。

這大概就是火的來歷。自從有了火，祖先們才一步一步走上文明的道路。當然不能指望著天天打雷，遠古人取得火的辦法主要有兩種：一種是人們把堅硬而銳利的木頭，在另一塊硬木頭上使勁地鑽，鑽出火星來，就是我們今天所說的「鑽木取火」；也有的用碎石敲敲打打，敲出火來。人們漸漸學會用火燒東西吃，並且想法子把火種保存下來，使它常年不滅。

一般認為人類學會用火是化學史的開端。人類生活在運動變化的自然界中，其中有許多現象都是化學現象。在眾多的化學現象中，物質燃燒所產生的火是最引人注目的現象。

人類在長期的觀察實踐中逐漸認識了火，並有意地控制利用它。

學會用火是人類最早也是最偉大的化學實踐，它使人類獲得了一種改造自然的方法。在原子能出現之前，物質的燃燒一直是人們獲取能量的基

本途徑，是人為地使天然物質發生變化、製備新材料，來滿足人類生活需要的有效辦法。

對於原始人來說生火這項發明就好像我們這個時代電燈的發明一樣意義重大。透過控制火使人們實現了更多的物質轉化，產生更多的化學變化。火的使用對於人類具有重要意義，首先吃熟食易於吸收，使人類獲得了更加豐富的營養，熟食、開水使人類減少了生疾病的可能，促進了人類的健康；其次，鐵鍬、鐵鎬、鐵犁等工具的使用離不開火，這些工具促進了農業的發展，勞動不但鍛鍊了人類的身體，還鍛鍊了人類的大腦。火為人類帶來了光明和幸福，使人類得到了進步和發展，人們崇拜火，甚至把它視如神明，當作一種吉祥的象徵。古希臘人就是這樣，他們對火有著特殊的感情，不但為它編織了神話，而且還對火賦予許多特殊的含意，他們用點燃火炬的方式慶祝自己的勝利。直到今天，奧林匹克聖火仍然象徵著光明、團結、友誼、和平和正義。

人類使用火的過程中，除了用它燒烤食物、抗拒嚴寒、取得光明、抵禦野獸襲擊外，還逐步掌握了它的一些習性和作用：

發現泥土在火的作用下變得堅硬牢固後，便發明了原始陶器；發現某些石頭在猛烈的炭火作用下會產生出閃亮堅韌的金屬，便有意識地利用烈火、木炭和陶器來加工礦石，冶煉金屬。陶器的發明使人類有了儲水器、儲糧器皿和煮製食物的炊具；金屬石塊並用的工具則推動了農業的發展，這就為釀造工藝的發生和發展創造了條件。因此，陶瓷工藝、冶金工藝和釀造工藝就成為最早興起的化學工藝。此外，人類還受到疾病的威脅，在原始社會時期，對疾病的起因還沒有正確理解，因此治病是靠巫術，但後來人們從飲食的實踐和偶然的嘗試中逐步取得和累積了利用天然物質作為醫藥的經驗，並進一步用火加工某些礦物煉製醫藥。其後，人們為了追求

第 1 章　古代中國的化學遺產

長生不死的奇方,又興起了煉丹術。在這些活動中進行了大量的化學實驗,累積了很多化學知識,並產生了早期的化學觀念,為近代化學的產生做了準備。中國古代化學的歷史就是透過這些實用化學工藝的產生和發展而形成的。

後來人們發現了一種能燃燒的石頭——煤。遠在 3,000 多年前,我們的祖先就已開始採煤,並用這種「黑石」來取暖、燒水、煮飯。在漢唐時代,就已經建立了手工煤炭業,煤在冶鑄金屬方面得到了廣泛的應用。

元朝時,從義大利來到中國的馬可·波羅看到中國用煤的盛況,感覺非常新鮮。他回國後寫的《馬可波羅遊記》(The Travels of Marco Polo) 中描述:

「中國有一種『黑石頭』,像木材一樣可以燃燒,火力比木材強,晚上燃著了直到第二天早上也不熄滅,價錢比木材還便宜。」

於是歐洲人把煤當作奇聞來傳頌。到了 16 世紀歐洲人才開始使用煤,比中國晚 200 多年。

沈括是北宋進士,杭州錢塘人,中國歷史上一位卓越的科學家,晚年退居江蘇鎮江夢溪園。他寫的《夢溪筆談》一書是世界科技史上一本重要著作,反映了中國北宋時期自然科學達到的高度。為了紀念他,1979 年國際上曾以沈括的名字命名了一顆新星。沈括在《夢溪筆談》這本書中最早記載了石油的用途,並預言:「此物後必大行於世。」

沈括第一個提出了「石油」這個科學的命名,後來世界各國也基本上採用了「石油」這一名稱,沿用至今。

對於人類來說,煤、石油、天然氣是三大天然能源。但是隨著資源的日益枯竭,人類可以利用的煤、石油、天然氣越來越少,因此,太陽能、風能、潮汐能、氫能等綠色能源的開發正在進行,也是當今綠色化學的主

要研究內容。

可燃冰是一種新能源。可燃冰的學名為「天然氣水合物」，是天然氣在 0℃、30 大氣壓作用下結晶而成的「冰塊」。「冰塊」裡甲烷占 80%～99%，可直接點燃，燃燒後幾乎不產生任何殘渣，汙染比煤、石油、天然氣都要小得多。西方科學家稱其為「21 世紀新能源」。1 立方公尺可燃冰能轉化為 164 立方公尺的天然氣和 0.8 立方公尺的水。科學家估計，海底可燃冰分布的範圍約 4,000 萬平方公里，占海洋總面積的 10%，海底可燃冰的儲量夠人類使用 1,000 年。

全世界石油總儲量在 2,700 億～ 6,500 億噸之間。按照目前的消耗速度，再有 50 ～ 60 年，世界的石油資源將消耗殆盡。可燃冰的發現，讓陷入能源危機的人類看到一條新的出路。

但人類要開採埋藏於深海的可燃冰，尚面臨許多問題。有學者認為，在導致全球氣候變暖方面，甲烷所產生的作用比二氧化碳要大 10 ～ 20 倍。而可燃冰礦藏哪怕受到最小的破壞，都足以導致甲烷氣體的大量洩漏。另外，陸緣海邊的可燃冰開採起來十分困難，一旦出現井噴事故，就會造成海嘯、海底下滑、海水毒化等災害。可見可燃冰在作為未來新能源的同時，也是一種危險的能源。可燃冰的開發利用就像一把「雙刃劍」，需要小心對待。

當化石燃料危機以及由此帶來的環境危機越來越成為關係國計民生和人類未來重要問題的時候，一個全新的「氫能經濟」的藍圖正在逐步形成。氫能是一種完全清潔的新能源和可再生能源。它是利用化石燃料、核能和可再生能源等來生產氫氣，氫氣可直接用作燃料，也可透過燃料電池進行電化學反應直接轉換成電能，用於發電及交通運輸等，還可用作各種能源的中間載體。氫氣作為燃料用於交通運輸、熱能和動力生產中時，具有高

第 1 章　古代中國的化學遺產

效率、高效益的特點,而且氫反應的產物是水和熱,是真正意義上的清潔能源和可持續能源,這對能源可持續性利用、環境保護、降低空氣汙染與大氣溫室效應將產生革命性的影響。

氫氣是一種無色的氣體。燃燒 1 克氫氣能釋放出 142 千焦耳的熱量,是汽油發熱量的 3 倍。氫氣比汽油、天然氣、煤油都輕得多,是航太、航空等高速飛行交通工具最合適的燃料。氫氣在氧氣裡能夠燃燒,火焰的溫度可高達 2,500℃,因而人們常用氫氣切割或者銲接鋼鐵材料。

在大自然中,氫的分布很廣泛。水就是氫的大「倉庫」,其中含有 11% 的氫。泥土裡約有 1.5% 的氫;石油、煤炭、天然氣、動植物體內等都含有氫。氫的主體是以化合物水的形式存在,而地球表面約 70% 被水所覆蓋,可以說氫是「取之不盡、用之不竭」的能源。如果能用合適的方法從水中製取氫,那麼氫也將是一種價格相當便宜的能源。

氫氣在一定壓力和溫度下很容易變成液體,因而將它用鐵罐車、公路拖車或者輪船運輸都很方便。液態的氫氣既可用作汽車、飛機的燃料,也可用作火箭、飛彈的燃料。美國飛往月球的「阿波羅」號太空船和中國發射人造衛星的運載火箭,都是用液態氫氣作燃料。

現在世界上氫氣的年產量約為 3,600 萬噸,其中絕大部分是從石油、煤炭和天然氣中製取,要消耗本來就很緊缺的礦物燃料;另有 4% 的氫氣是用電解水的方法製取,但消耗的電能太多,很不划算。因此,人們正在積極探索研究製氫新方法。

隨著太陽能研究和利用的發展,人們已開始利用陽光分解水來製取氫氣。在水中放入催化劑,在陽光照射下,催化劑便能激發光化學反應,把水分解成氫氣和氧氣。例如,二氧化鈦和某些含釕的化合物,就是較適用的光水解催化劑。人們預計,一旦更有效的催化劑問世,製氫就成為可

能,到那時,人們只要在汽車、飛機等油箱中裝滿水,再加入光水解催化劑,那麼,在陽光照射下,水便能不斷分解出氫氣,成為發動機的能源。

科學家們還發現,一些微生物也能在陽光作用下製取氫氣。

人們利用在光合作用下可以釋放氫氣的微生物,透過氫化酶誘發電子,把水裡的氫離子結合起來,生成氫氣。現在,人們正在設法培養能高效產氫的這類微生物,以適應開發利用新能源的需要。

對於製取氫氣,有人提出了一個大膽的設想:將來建造一些為電解水製取氫氣的專用核電站。譬如,建造一些人工海島,把核電站建在這些海島上,電解用水和冷卻用水均取自海水。

由於海島遠離居民區,所以既安全,又經濟。製取的氫氣和氧氣,用鋪設在水下的通氣管道輸至陸地,以便持續利用。

國際普遍上認為氫能將是 21 世紀中後期最理想的能源,也是人類長遠的策略能源。尋找和開發利用清潔高效可再生能源,朝向能源與環境和經濟發展良性循環的方向,是解決未來能源問題的主要出路。人類需要深謀遠慮地策劃和謹慎地考慮如何更好地利用新能源,也需要發展能源新技術,為自己和子孫後代創造一個能源豐富、環境優美的地球家園。

第 2 節　陶瓷與文化

陶瓷是陶器和瓷器的總稱。中國人早在約西元前 8,000 年(新石器時代)就發明了陶器。陶器是用黏土成型晾乾後,用火燒出來的,是泥與火的結晶。陶器的發明是人類文明的重要程序,是人類第一次利用天然物,按照自己的意志創造出來的一種嶄新的東西。它揭開了人類利用自然、改

第 1 章　古代中國的化學遺產

造自然、與自然做抗爭的新的一頁,具有重大的歷史意義,是人類生產發展史上的一個重要里程碑。

瓷器是從陶器發展演變而成的,原始瓷器起源於 3,000 多年前。東漢出現了青釉瓷器,南北朝期間則出現了白釉瓷器,隋唐時代發展成青瓷、白瓷等以單色釉為主的兩大瓷系,並產生刻花、劃花、印花、貼花、剔花、透雕鏤孔等瓷器花紋裝飾技巧,瓷的白度已經接近現代高級細瓷的標準。

宋代瓷器在胎質、釉料和製作技術等方面,又有了新的提升,燒瓷技術達到完全成熟的程度,是中國瓷器發展的一個重要階段。

宋代聞名中外的名窯很多,包括景德鎮窯以及被稱為宋代五大名窯的「汝、官、哥、鈞、定」等。其中景德鎮窯的產品質薄色潤,光致精美,白度和透光度高,被推為宋瓷的代表作品之一。

陶瓷不僅僅只用於觀賞、使用,還反映了廣泛的社會生活、自然、文化、習俗、觀念。它是一種立體的民族文化載體,或者說是一種靜止的民族文化舞蹈。一件件作品,無論題材如何,風格如何,都像一個個音符,在跳動著,在彈奏著,合成陶瓷文化的旋律。這些旋律,有的激越,有的深沉,有的熱情,有的理智,有的色彩繽紛,有的本色自然,構成一部無與倫比的中國陶瓷文化大型交響樂。

秦始皇陵陪葬坑中的兵馬俑,多用陶冶燒製而成。秦兵馬俑,那剛毅肅然的將軍,那牽韁提弓、凝神待命的騎士,那披堅執銳、橫眉怒目的步兵,那持弓待發、目光正視前方的射手,以那橫空出世的戰馬,共同組成的方陣,張揚著力量,張揚著神勇,令人回想起那硝煙四起的金戈鐵馬的戰國時代,想像著秦國軍隊那種風捲殘雲、吞吐日月、橫掃大江南北的軍威。它儘管是一個軍陣,但卻反映了那個時代的主旋律,具體地記錄著那

個時期的歷史。秦始皇兵馬俑被世界譽為「八大奇蹟」之一。

到了漢代經濟得到恢復，社會各方面都得到發展，呈現出與秦代不同的時代特徵。陶塑的內容和藝術風格，也隨之發生了變化，無論是人物還是動物，都不像秦代陶塑那樣注重寫實，力求形態的逼真和細節的刻劃，而是注重整體的精髓內涵。「唐三彩」所表現的那種激昂慷慨、瑰麗多姿、恢宏雄俊的格調，正是唐代那種國威遠播、輝煌壯麗、熱情煥發的時代之音的生動再現。宋代陶瓷藝術俊麗清新，明清時期的陶瓷藝術斑斕柔美。這些絢麗多彩的名貴瓷器，透過各種管道，沿著「絲綢之路」，行於九域，施及外洋，為傳播中華文化藝術，經貿交往，發揮了積極的推動作用，對世界文化的豐富和發展做出了重大貢獻。

所以，中國陶瓷，就是一部具體的中國民族文化史。今天，中國著名的陶瓷產地有江蘇宜興、江西景德鎮、河北唐山、廣東佛山和潮州等地。

陶瓷，一個既微小又博大的靈物。說其微小，那是她浸透在每個人的生存與生活之中；說其博大，那是她對映出人類歷史與文明生生不息的程序。「china」既意為「陶瓷」，又是中國的世界性稱謂。

第 3 節　蔡倫與造紙

紙未發明以前，中國使用的書寫材料，主要有甲骨、竹簡和絹帛等。

甲骨的來源有限，刻字、攜帶、保管都不方便，因此，人們用得越來越少。

簡有竹簡、木簡之分；由於一枚簡只能寫很少字，一篇文章要用許多簡，人們就把簡用麻繩、絲繩或者皮條串編起來使用，叫「策」或「冊」。

第 1 章　古代中國的化學遺產

這時，已經有了筆墨，記事方法較刻骨大有進步，但簡的分量卻也不輕，使用起來仍然不便。

絹帛是蠶絲製成的絲織品，雖然書寫、攜帶都很方便，但量少價貴，普通人根本用不起。東漢蔡倫改進了造紙術。他用樹皮、麻頭及布、漁網等植物原料，經過挫、搗、抄、烘等工藝製造的紙，是現代紙的淵源。自從造紙術發明之後，紙張便以新的姿態進入社會文化生活之中，並逐步在中國大地傳播開來，以後又傳布到世界各地。

蔡倫是桂陽人，於東漢明帝劉莊永平十八年，進京城洛陽皇宮裡當了太監。平時，蔡倫看皇上每日批閱大量簡牘帛書，勞神費力，就時時想著能製造一種更簡便廉價的書寫材料，讓天下的文書都變得輕便，易於使用。

有一天，蔡倫帶著幾名小太監出城遊玩，只見溪水清澈，兩岸樹茂草豐、鳥語花香，景色十分宜人。正賞景間，忽見溪水中積聚了一簇枯枝，上面掛浮著一層薄薄的白色絮狀物，不由眼睛一亮，蹲下去，用樹枝挑起仔細看，只見這東西扯扯掛掛，猶如絲綿。蔡倫想到製作絲綿時，繭絲漂洗完後，總有一些殘絮遺留在箆席上。箆席晾乾後，那上面就附著一層由殘絮交織成的薄片，揭下來，寫字十分方便。蔡倫忽然想，溪中這東西和那殘絮十分相似。他立即命令小太監找來河旁農夫詢問。

農夫說：「這是河水上漲時沖下來的樹皮、爛麻，扭在一塊了，經沖泡，又漚又晒，就成了這爛絮！」

蔡倫望去，臉上漾起笑意。幾天後，他率領幾名皇室作坊中的技工來到這裡，利用豐富的水源和樹木，開始了試製。剝樹皮、搗碎、泡爛，再加入漚松的麻縷，製成稀漿，用竹箆撈出薄薄一層晾乾，揭下，便造出了最初的紙。一試用，發現容易破爛，又將破布、破漁網搗碎，將製絲時遺

第3節　蔡倫與造紙

留的殘絮摻進漿中，再製成的紙便不容易扯破了。為了加快製紙進度，蔡倫又指揮大家蓋起了烘焙房，溼紙上牆烘乾，不僅做得快，且紙張平整，大家心裡樂開了花。

蔡倫挑選出上好的紙張，進獻給皇帝。皇帝試用後龍顏大悅，當天就到造紙作坊，檢視了造紙過程，回宮後重賞蔡倫，並詔告天下，推廣造紙技術。

造紙術的發明大大提升了紙張品質，擴大了紙的原料來源，降低了紙的成本，為文化的傳播創造了有利條件。

晉代開始，中國書畫名家輩出，大大促進了書畫用紙的發展。如東晉書法家王羲之，在他父子時期，書畫用紙品質大有提升。南北朝的書寫紙、抄經紙為麻和楮樹皮製造，紙面敷用澱粉與白色礦物油漆並進行研光。

隋代統一南北後，唐、宋繼承與發展了數百年造紙的成就，並開闢了唐、宋手工造紙的全盛時期：唐代書畫與佛教盛行，使紙的需求劇增，造紙的原料來源擴大，用到藤和桑皮等。北宋時安徽已採用日晒夜收的辦法，漂白麻纖維製成的紙，光滑瑩白，耐久性好。南宋時中國南方已盛產竹紙，王安石、蘇東坡等都喜歡用竹紙寫字，認為竹紙墨色鮮亮，筆鋒明快，當時受到許多文人墨客的仿效，從而促進了竹紙的發展。宋代不但盛產竹紙，而且開始用稻、麥草造紙。

到了明代，中國用竹子造紙的技術已臻完善，宋應星著的《天工開物》系統敘述了用竹子造紙的生產過程，並附有生產設備與操作過程的插圖。該書譯成日、法、英文傳入日本與歐洲，是中國系統記述造紙工藝的最早著作。

經過元、明、清數百年歲月，到清代中期，中國手工造紙已相當發

達，品質先進，品種繁多，成為中華民族數千年文化發展傳播的物質條件。

造紙術的發明，是書寫材料的一次革命，它便於攜帶，取材廣泛不拘泥，推動了中國乃至整個世界的文化發展。造紙又是一項重要的化學工藝，紙的發明是中國在人類文化的傳播和發展上所做出的一項十分寶貴的貢獻，是中國化學史上的一項重大成就，對中國歷史也產生了重要的影響。

第 4 節　畢昇與活字印刷

印刷術是中國古代四大發明之一。它開始於隋朝的雕版印刷，經北宋畢昇）發展、完善，產生了活字印刷，並由蒙古人傳至歐洲，所以後人稱畢昇為印刷術的始祖。

印刷術發明之前，文化的傳播主要靠手抄的書籍。手抄費時、費事，容易抄錯、抄漏，既阻礙了文化的發展，又為文化的傳播帶來不應有的損失。印章和石刻為印刷術提供了直接經驗性的啟示，用紙在石碑上墨拓的方法，直接為雕版印刷指明了方向。中國的印刷術經過雕版印刷和活字印刷兩個階段的發展，為人類的發展獻上了一份厚禮。

雕刻版面需要大量的人工和材料，但雕版完成後一經開印，就顯示出效率高、印刷量大的優越性。我們現在所能看到的最早的雕版印刷實物是在敦煌發現的印刷於西元 868 年的唐代雕版印刷《金剛經》，印製工藝非常精美。雕版印刷一版能印幾百部甚至幾千部書，對文化的傳播發揮了很大的作用，但是刻版費時、費工，大部分的書往往要花費幾年的時間，存放版片又要占用很大的地方，而且常會因變形、蟲蛀、腐蝕而損壞。印量少

第 4 節　畢昇與活字印刷

而不需要重印的書，版片就成了廢物。

畢昇是杭州一家印書作坊的刻字工人，他的工作，是把一個個漢字雕在木版上。這種雕版印刷有很多缺點，因為只要整版上有一個字刻錯，或者書印完了，這一個整版也就報廢了。在日復一日的工作中，畢昇萌發了改進雕版印刷方法的念頭。

一次，受製陶工匠的啟發，他把一個個單字刻在用泥巴做的四方塊上，然後燒成一個個小瓷磚。每到印書的時候，就把有用的字一行一行排在鐵板上，用鐵框箍緊。但印的時間稍長一點，字塊就鬆動了，這樣印出來的字，有的看不清楚，有的甚至就沒有印出來。一些人嘲笑畢昇，說他太狂妄。

畢昇沒有退卻，他又在鐵框上放一些松脂、蠟等黏合材料，把鐵框加熱，趁熱用平板把放在鐵框裡的活字壓平。冷卻後，平整的活字就牢固地固定在鐵框裡。書印完後，再將鐵板烤熱，把活字一個個取下來，留做以後用。

活字製版正好彌補了雕版的不足，只要事先準備好足夠單個活字，就可隨時拼版，大大加快了製版時間。活字版印完後，可以拆版，活字還可重複使用，且活字比雕版占用的空間小，容易保存和保管。這樣活字的優越性就表現出來了。

2,000 年前作為印刷物質基礎之一的油墨便已出現。國際間公認中國是古代文明中最先使用油墨的國家，早在西漢時期就開始使用油墨。這種墨可以在竹帛上寫字傳遞訊息。西元 1000 年左右，畢昇發明活字印刷後，活字版印書也有很大發展，線裝書開始廣泛應用。

印刷油墨屬於化學原料及化學製品範疇，油墨是印刷過程中用於形成文字訊息的介質，因此油墨在印刷中作用非同小可，它直接決定印刷品上

文字或圖像的色彩、清晰度等。油墨應具有鮮豔的顏色、良好的印刷適應性，合適的乾燥速度和黏度。

此外，還應具有一定的耐酸、鹼、水、光、熱等方面的應用指標，這些都需要進行細緻的化學研究。

印刷術的發明有利於節約用於印刷的人力、物力、財力；方便編排和修改；有利於版本的統一；有利於文化的傳播與留存，也有利於知識與技術的推廣。中國的印刷術是人類近代文明的先導，為知識的廣泛傳播、交流創造了條件。

第 5 節　煉丹術與鍊金術

社會發展到一定的階段，生產力有了較大提升的時候，統治階級對物質享受的要求也越來越高，皇帝和貴族自然而然地產生了兩種奢望：第一是希望掌握更多的財富，供他們享樂；第二，當他們有了巨大的財富以後，總希望永遠享用下去，於是，便有了長生不老的願望。例如，秦始皇統一中國以後，便迫不及待地尋求長生不老藥，還召集了一大批煉丹家日日夜夜為他煉製丹砂──一種長生不老藥。

黃金是財富的象徵，鍊金家也想要點石成金，即用人工方法製造金銀。他們認為，可以透過某種方法把銅、鉛、錫、鐵等賤金屬轉變為金、銀等貴金屬。於是，鍊金家就把銅、鉛、錫、鐵熔化成一種合金，然後把它放入硫化鈣溶液中浸泡。於是，在合金表面便形成了一層硫化錫，它的顏色酷似黃金。現今，金黃色的硫化錫被稱為金粉，可用作古建築等的金色油漆。這樣，鍊金家主觀地認為「黃金」已經煉成了。實際上，這種僅從表面顏色而不是從本質來判斷物質變化的方法，是自欺欺人。他們從未

達到過「點石成金」的目的。

　　虔誠的煉丹家和鍊金家的目的雖然沒有達到，但是他們辛勤的勞動並沒有完全白費。他們長年累月置身於毒氣、煙塵籠罩著的簡陋「化學實驗室」中，為化學學科的建立累積了相當豐富的經驗和失敗的教訓，甚至總結出一些化學反應的規律。

　　煉丹家和鍊金家夜以繼日地在做這些最原始的化學實驗，必定需要大批實驗器具，於是，他們發明了蒸餾器、熔化爐、加熱鍋、燒杯及過濾設備等。他們還根據當時的需要，製造出很多化學藥劑，其中很多都是今天常用的酸、鹼和鹽。為了把試驗的方法和經過記錄下來，他們還創造了許多技術名詞，寫下了許多著作。正是這些理論、化學實驗方法、化學儀器以及煉丹、鍊金著作，開了化學科學的先河。從這些史實可見，煉丹家和鍊金家對化學的興起和發展是有功績的，後世之人絕不能因為他們「追求長生不老和點石成金」而嘲笑他們，應該把他們敬為開拓化學科學的先驅。在英語中化學家（chemist）與鍊金家（alchemist）兩個名詞極為相近，其真正的含義是「化學源於鍊金術」。

第 6 節　釀造與染色

　　釀造和染色是中國古老的化學工藝。因為這兩種工藝跟人們日常生活中的衣、食有密切的關係，也是社會文化的反映，所以在 4,000 多年前就發展起來。

　　原始社會末期，由於農業和手工業開始分工，生產有了發展，社會逐漸出現貧富不同的階級。一部分上層的富有者就利用穀物釀酒作為享樂之用，或者作為祭品向天地和祖先求福。

第1章　古代中國的化學遺產

　　中國古代釀酒技術不斷發展，酒麴的品種逐漸增多。蒸餾酒始自宋代，到明代已很普遍，同時累積了專門的釀酒化學知識。釀酒的過程是一項古老而又複雜的微生物化學過程，它實際上是利用微生物在某種特定條件下，將含澱粉或糖分的物質轉化為含酒精等多種化學成分的物質。

　　酒是一種由發酵所得的食品，是由一種叫酵母菌的微生物分解糖類產生。酵母菌是一種分布極其廣泛的菌類，在廣闊的原野中，尤其在一些含糖分較高的水果中，這種酵母菌更容易繁衍滋長。關於酒的起源有一種猿猴造酒說：

　　據傳山林中野生的水果，是猿猴的重要食物，猿猴在水果成熟的季節，收貯大量水果於「石窪」中，堆積的水果受到自然界中酵母菌的作用而發酵，在石窪中將一種被後人稱為「酒」的液體析出，因此，猿猴在不自覺中「造」出酒來。根據不同時代人的記載，都證明在猿猴的聚居處，常常有類似「酒」的東西發現。由此也可推論酒的起源應當是從水果發酵開始，因為它比糧穀發酵容易得多。

　　猿猴是十分機敏的動物，牠們深居於深山野林中，出沒無常，很難捉到，經過細緻的觀察，人們發現猿猴「嗜酒」。於是，人們便在猿猴出沒的地方，擺上香甜濃郁的美酒。猿猴聞香而至，先是在酒缸旁流連不前，接著便小心翼翼地蘸酒吮嘗。時間一久，終因忍受不住美酒的誘惑，而暢飲起來，直到酩酊大醉而被人捉住。這種捕捉猿猴的方法並非中國獨有，東南亞一帶人和非洲的土著捕捉猿猴或大猩猩，也都採用類似的方法。

　　利用發酵作用不僅可以釀酒，還可以釀製醋、醬油等。一般認為漢代時中國已有食醋，最初製法是用麴使小麥發酵生成酒精，再利用醋酸菌的作用將酒精氧化成醋酸。歷史上釀醋的方法很多，但從生產方法上講，基本上可分為兩種：一為熏製，另一為發酵。熏製法是將發酵的醋糟在火灶

第 6 節　釀造與染色

旁燻烤，燻成後，倒入缸，新醋還要經過日晒、露凝、撈水等工序繼續發酵和濃縮。發酵法是先將糯米蒸飯，然後經過糖化、酒化，再發酵，最後入缸。中國食醋的兩個名品山西老陳醋和鎮江香醋可作為這兩種製法的代表。

染色工藝在中國的發展也很早。從考古發掘和甲骨文等文獻得知，早在六七千年前的新石器時代，我們的祖先就能用赤鐵礦粉末將麻布染成紅色。居住在青海柴達木盆地的原始部落，能把毛線染成黃、紅、褐、藍等色，織出帶有色彩條紋的毛布。

在商代養蠶造絲已相當發達，因此染絲技術也相應發展。

在周代，已把青、黃、赤、白、黑五種顏色作為主要顏色。而且用五種顏色染絲製衣，以區分人們的身分等級。染色所用的原料，是經過化學加工而提煉出來的植物性染料。

至秦、漢時期，染色技術進一步發展，成為一種單獨的手工業。從 1972 年長沙馬王堆出土的織物中，就有彩色印花紗及多次套染的織物，反映出當時的染色已達到較高水準。

唐代的印染更是相當發達，除數量、品質都有所提升外，還出現了一些新的印染工藝，特別是在甘肅敦煌出土的唐代用凸版拓印的對禽紋絹，是自東漢以後隱沒了的凸版印花技術的再現。

從出土的唐代紡織品中還發現了若干不見於記載的印染工藝。到了宋代，中國的印染技術已經比較全面，色譜也較齊備。

明清時期，中國的染料應用技術達到相當的水準，染坊也有了很大的發展。乾隆時，有人這樣描繪上海的染坊：「染工有藍坊，染天青、淡青、月下白；有紅坊，染大紅、露桃紅；有漂坊，染黃糙為白；有雜色坊，染黃、綠、黑、紫、蝦、青、佛面金等。」此外，比較複雜的印花技術也有

了發展。至西元 1834 年法國的佩羅印花機發明以前，中國一直擁有世界上最發達的手工印染技術。

第 7 節　李時珍與中醫藥

　　遠古時代，中華民族的祖先在長期的生活實踐中逐漸發現一些動、植、礦物可以解除病痛、延年益壽，於是開始有目的地尋找防治疾病、增進健康的藥物和方法。

　　夏、商時期，酒和湯液的發明，為提升用藥效果提供了幫助。進入西周時期，開始有了具體的食醫、疾醫、瘍醫、獸醫的分工。到了春秋戰國時期，被後世尊為神醫的扁鵲總結前人經驗，提出「望、聞、問、切」四診方法，奠定了中醫臨床診斷和治療的基礎。秦漢時期，在中醫歷史上猶如泰山北斗的典籍——《黃帝內經》問世，象徵著中醫從單純的臨床經驗累積發展到了系統理論總結階段，形成了嚴謹完備的中醫藥理論體系框架。東漢時期，被後世尊為醫聖的張仲景寫出《傷寒雜病論》，提出了外感熱病（包括瘟疫等傳染病）的診治原則和方法，確立了辨證論治的理論和方法體系。同時期的中藥集大成之作《神農本草經》問世，概括論述了君臣佐使、七情合和、四氣五味等藥物配伍和藥性理論，對於合理處方、安全用藥、提升療效具有十分重要的指引作用，為中藥學理論體系的形成與發展奠定了基礎。東漢末年，與扁鵲並稱為神醫的華佗創製了麻醉劑，開創了麻醉藥用於外科手術的先河。西晉時期的《針灸甲乙經》，系統論述了有關臟腑、經絡等理論。唐代，孫思邈提出的「大醫精誠」，展現了中醫對醫道精微的追求，是中華民族的道德、智慧在中醫藥中的集中展現，更是中醫藥文化的核心價值理念，至今仍作為中醫藥院校學生的

誓詞。

明代，李時珍的《本草綱目》，在世界上首次對藥用動、植、礦物進行了科學分類，創新發展了中藥學的理論和實踐，是一部藥物學和博物學鉅著。

李時珍出自醫學世家，祖輩三代為醫，醫術高明。李時珍在長期醫療實踐中，深感原有本草著作之不足，並存在許多錯誤之處。於是立志重整本草，以益後代，並借用朱熹的《通鑑綱目》之名，定書名為《本草綱目》。1552年著手編寫，至1578年其稿始成，前後歷時27年。為了寫好這部書，李時珍不但在治病的時候注意累積經驗，還走遍了產藥材的名山。白天，他踏青山，攀峻嶺，採集草藥，製作標本；晚上，他對標本進行分類，整理筆記。幾年裡，他走了上萬里路，訪問了千百個醫生、老農、漁民和獵人。對好多藥材，他都親口品嘗，判斷藥性和藥效。

《本草綱目》共16部52卷，約190萬字。全書收納諸家本草所收藥物1,518種，增收藥物374種，合1,892種；共輯錄古代藥學家和民間單方11,096則；書前附藥物形態圖1,100餘幅。該書系統地總結了中國16世紀以前的藥物學、醫療學之經驗。明代著名文學家王世貞稱之為「性理之精蘊，格物之通典，帝王之祕籙，臣民之重寶」，在國外被譽為「東方醫藥巨典」，達爾文稱讚它是「中國古代的百科全書」。《本草綱目》於1596年首次在南京出版，很快就傳到日本，以後又傳到歐美各國，先後被譯成法、德、英、拉丁、俄等十餘種文字在國外出版，傳遍五大洲。

1593年李時珍逝世，終年76歲。他去世後，即被明朝廷敕封為「文林郎」。1951年，在維也納舉行的世界和平理事會上，被列為古代世界名人。他的大理石雕像屹立在莫斯科大學的長廊上。

中醫藥在中國古老的大地上已經運用了幾千年，經過幾千年的臨床實

第 1 章　古代中國的化學遺產

踐，證實了中國的中醫藥無論是在治病、防病，還是在養生上，都確實有效。在西醫未傳入中國之前，我們的祖祖輩輩都用中醫來治療疾病，挽救了無數人的生命。中醫對疾病的治療是總體的、全面的，但是到了現代，隨著西方自然科學和哲學的傳入，西方醫學的思維方式和研究方法構成了對中醫學的挑戰。發揚傳統、吐故納新、中西結合、面向當代，成為中國醫藥發展的方向。

中醫藥，是「中國傳統醫藥」的簡稱，是中華民族在長期的生產勞動實踐過程中創造的、在中醫理論指導下運用藥物、針灸、推拿、導引等方法預防和治療疾病、保障健康的一門科學，涵蓋了基礎理論、診斷、藥物、方劑、針灸、推拿和臨床各科。

作為中國傳統科技文化的重要組成部分，中醫藥在基礎理論、臨床實踐、職業道德、技術方法等各方面都深受中國傳統文化的影響，從而形成了自己獨特的學術和專業特點。

中醫藥是中國傳統文化的重要組成部分，也具有巨大使用價值和發展前景。長期以來，中醫藥為人民群眾的醫療保健做出了重要的貢獻，同時，又因為其獨特的理論和技術體系、濃厚的文化和哲學氣息而受世人矚目。其在現代仍然具有巨大使用價值，由於它在中國古代和現代科學技術文化史上的獨特地位，人們逐漸意識到，中醫藥不僅有完整的理論體系和豐富的臨床經驗，而且有著深刻的文化內涵，它不僅是一門自然科學，同時也具有顯著的人文科學特徵。

中醫藥兼收並蓄，不斷創新，理論體系日趨完善，技術方法愈加豐富，形成了鮮明的特點，在世界文明史上留下了濃墨重彩的一筆。中醫藥文化是中華優秀傳統文化的重要組成部分和典型代表，強調「道法自然、天人合一」、「陰陽平衡、調和致中」、「因地制宜、辨證論治」、「大醫精誠、懸

壺濟世」，展現了中華文化的優秀內涵，為中華民族認知和改造世界提供了有益啟迪和堅強保證。

作為中華民族原創的醫學科學，中醫藥從宏觀、系統、整體的角度深刻揭示了人類健康和疾病的發生發展規律，成為人們治病祛疾、強身健體、延年益壽的重要方法，維護著民眾健康。從歷史上看，中華民族屢經天災、戰亂和瘟疫，卻能一次次轉危為安，人口不斷增加，文明得以傳承，中醫藥為此做出了重大貢獻。

2020年，為了抗擊新冠肺炎疫情，中醫藥廣泛參與新冠肺炎治療、介入診療全過程，發揮了前所未有的積極作用，成為抗疫「中國方法」的重要組成部分。同時也展現出中國中醫藥高品質供給不夠、人才總量不足等問題，為此中國國務院發文《關於加快中醫藥特色發展的若干政策措施》，來更好發揮中醫藥特色和優勢，推動中醫藥和西醫藥相互補充、協調發展。中醫藥的春天又來了！

第8節　孫思邈與火藥

火藥是中國古代四大發明之一。它是在1,000多年前發明的，它的發明是人類通向文明社會的一個里程碑，在化學的發展史上占有重要地位。

人類最早使用的火藥是黑火藥。黑火藥是硫黃、硝石、炭的混合物，由於它呈黑褐色，所以人們稱它為黑火藥。黑火藥配方前兩項在漢代中國第一部藥物學典籍《神農本草經》裡都被列為重要的藥材，也就是說火藥本身開始被歸入藥類。明代李時珍的《本草綱目》中說：火藥能治瘡癬、殺蟲、闢溼氣和瘟疫。

火藥的發明是人們長期煉丹、製藥實踐的結果，隨著煉丹術的出現，

第 1 章　古代中國的化學遺產

一群煉丹家誕生了。這些煉丹家們把自己關在深山老林中，一門心思忙著煉丹。當然，煉製仙丹是件永遠也不可能完成的任務，但是在煉丹過程中，煉丹家發現了兩個有趣的現象：一是硫黃的可燃性非常高，二是硝石具有化金石的功能。硫黃和硝石都是製造火藥的重要原料，正是這兩項的發現，為後來火藥的發明奠定了基礎。

直到唐朝初年，著名的藥學家孫思邈在他寫的《丹經》中記載了一種叫「內伏硫磺法」的煉丹方法，書中這樣寫道：「把硫磺和硝石的粉末放在鍋裡，再加上點著火的皂角子，就會產生煙火。」這是至今為止最早的一個有文字記載的火藥配方，距今大約 1,300 多年。

孫思邈，出生於西魏時代，生於 581 年，卒於 682 年，是個百歲老人。孫思邈 7 歲時讀書，就能「日誦千言」。到了 20 歲，就能侃侃而談老子、莊子的學說，並對佛家的經典著作十分精通，被人稱為「聖童」。但他認為走仕途、做高官太過世故，不能隨意，多次辭謝朝廷的封賜。隋文帝讓他做國子博士，他稱病不做。唐太宗繼位後，召他入京，見他 50 多歲的人竟能容貌氣色、身形步態皆如同少年一般，十分感嘆，便說：「像神仙的人物原來世上竟是有的。」想授予他爵位，但被孫思邈拒絕。高宗繼位後，又邀他做諫議大夫，他也未答應。

孫思邈 20 歲即為鄉鄰治病，他對醫學有深刻的研究，對民間驗方十分重視，一生致力於醫學臨床研究，對內、外、婦、兒、五官、針灸各科都很精通，有 24 項成果開創了中國醫藥學史的先河，特別是論述醫德思想、倡導婦科、兒科、針灸穴位等都是先人未有。一生致力於藥物研究，曾上峨眉山、終南山，下江州，隱居太白山等地，邊行醫，邊採集中藥，邊臨床試驗，他為中國的中醫發展建立了不可磨滅的功德。孫思邈醫德高尚，身體力行，不慕名利，用畢生精力實現了自己的醫德思想，是中國醫德思想的創始人，被西方稱之「醫學論之父」。

到宋朝時黑火藥的生產和應用就很熟練了，火藥武器也很先進，後由商人將黑火藥傳入阿拉伯等國家，後傳到希臘和歐洲乃至世界各地。美法各國直到 14 世紀中葉，才有應用火藥和火器的記載。

今天，火藥不僅僅用於製造槍炮、煙火，在開山築路、挖礦修渠時都離不開它，所以火藥的發明，加快了人類歷史演變的程序。

造紙術、指南針、火藥和活字印刷術是中國古代的四大發明，它顯示了中國古代人民的智慧和才華。儘管火藥的發明帶有一定的偶然性，但若從生產實踐的角度看，又有一定的必然性。在沒有理論指導的遠古時代，創造之源無不在於對自然的觀察與生產勞動的實踐。

第 9 節　徐壽與中國近代化學

西元 1818 年 2 月 26 日，徐壽生於一個中等家庭，5 歲時父親病故，靠母親撫養長大，17 歲時母親又去世。其時正值西元 1840 年鴉片戰爭和太平天國運動，社會變革使其對科學產生了興趣，這種志向促使他的學習更為主動和努力。

當時，中國還沒有進行科學教育的學校，也沒有專門從事科學研究的機構，徐壽學習近代科學知識的唯一方法是自學。西元 1855 年《博物新編》出版，徐壽以此為藍本，進行學習與實驗，初識化學。徐壽甚至獨自設計了一些實驗，表現出他的創造能力。堅持不懈地自學，實驗與理論相結合的學習方法，終於使他成為遠近聞名掌握近代科學知識的學者。

西元 1861 年，曾國藩在安慶開設了以研製兵器為主要內容的軍械所，他以「博學多通」的薦語徵聘了徐壽和他的兒子徐建寅，以及其他一些學者。根據書本提供的知識和對外國輪船的實地觀察，徐壽等人經

過3年多的努力，終於獨立設計製造出以蒸汽為動力的木質輪船「黃鵠號」——這是中國造船史上第一艘自己設計製造的機動輪船。

為了造船需要，徐壽在此期間翻譯了關於蒸汽機的專著《汽機發初》，這是徐壽翻譯的第一本科技書籍，它象徵著徐壽從事翻譯工作的開始。西元1866年底，李鴻章、曾國藩要在上海籌建主要從事軍工生產的江南機器製造總局，徐壽因其出眾的才識，被派到上海辦理此事。他到任後不久，根據自己的認知，提出了辦好江南製造局的四項建議：「一、譯書；二、採煤鍊鐵；三、自造槍炮；四、操練輪船水師。」

把譯書放在首位是因為徐壽認為，要辦好這四件事，首先必須學習西方先進的科學技術，譯書不僅能使更多的人學習系統的科學技術知識，還能探求科學技術中的真諦，即科學的方法、科學的精神。正因為他熱愛科學，相信科學，在當時封建迷信盛行的社會裡，他卻成為一個無神論者。但徐壽也沒有像當時一些研究西學的人，跟著傳教士信奉外來的基督教，這在當時的確是難能可貴的。

為了統整好譯書工作，西元1868年，徐壽在江南機器製造總局內特地設立了翻譯館，除了應徵包括傅蘭雅（John Fryer）、偉烈亞力（Alexander Wylie）等幾位西方學者外，還召集了華蘅芳、季鳳蒼、王德鈞、趙元益及兒子徐建寅等略懂西學的人才。在製造局內，徐壽還有多項關於船炮槍彈的發明，如自製硝化棉和雷汞，這在當時的確是很高明的。他還參加過一些廠礦企業的籌建規劃，這些工作使他的名氣更大。許多官僚都爭相以高官厚祿來邀請他去主持他們自己操辦的企業，但徐壽都婉言謝絕了，他決心把自己的全部精力都投入到譯書和傳播科技知識的工作中去。

直到西元1884年逝世，徐壽共譯書17部105本，共約287萬餘字。其中，譯著的化學書籍和工藝書籍有13部，反映了他的主要貢獻。徐壽所

譯的《化學鑑原》、《化學鑑原續編》、《化學鑑原補編》、《化學求質》、《化學求數》、《物體遇熱改易記》、《中西化學材料名目表》，加上徐建寅翻譯的《化學分原》，合稱「化學大成」，將當時西方近代無機化學、有機化學、定性分析、定量分析、物理化學以及化學實驗儀器和方法做了比較系統的介紹。

在徐壽生活的年代，中國不僅沒有外文字典，甚至連阿拉伯數字也沒用上。要把西方科學技術的術語用中文表達出來是一項開創性的工作，做起來實在是困難重重。徐壽譯書開始時大多是根據西文的較新版本，由傅蘭雅口述，徐壽筆譯，即傅蘭雅把書中原意講出來，繼而是徐壽理解口述的內容，用適當的中文表達出來。

西方的文字和中國的中文字在造字原則上有極大的不同，幾乎全部的化學術語和大部分化學元素的名稱在漢語裡沒有現成的名稱，這是徐壽在譯書中遇到的最大困難，為此徐壽花費了不少心血，對金、銀、銅、鐵、錫、硫、碳及氧氣、氫氣、氯氣、氮氣等大家已較熟悉的元素，他沿用前制，根據它們的主要性質來命名。對於其他元素，徐壽巧妙地應用了取西文第一音節而造新字的原則來命名，如鈉、鉀、鈣、鎳等。徐壽採用的這種命名方法後來被中國化學界接受，一直沿用至今，這是徐壽對化學的重大貢獻。

傅蘭雅是一位英國的傳教士，曾當過上海英華學堂的校長。

為推廣西方的科技知識，傅蘭雅在西元1874年與英國駐上海領事麥華陀（Sir Walter Henry Medhurst）磋商在上海建立了一個科普教育機構——格致書院。按照傅蘭雅的建議，格致書院提倡科學，不宣傳宗教，並推舉徐壽等為董事。這是中國第一所教授科學技術知識的學校，於西元1879年正式招收學生，開設礦物、電務、測繪、工程、汽機、製造

等科目。同時，定期舉辦科學講座，講課時配有實驗表演，收到較好的教學效果，為中國興辦近代科學教育發揮了很好的示範作用。

在洋務運動中，英國人傅蘭雅口譯各種科學著作達113種，他以傳教士傳教布道一樣的熱忱和獻身精神，向中國人介紹、宣傳科技知識，以至被傳教士們稱為「傳科學之教的教士」。他把他最好的年華獻給了中國。

在格致書院創辦的西元1876年，徐壽創辦發行了中國第一種科學技術期刊《格致彙編》。刊物始為月刊，後改為季刊，實際出版了7年，介紹了不少西方科學技術知識，對近代科學技術的傳播發揮了重要作用。可以說徐壽是中國近代化學的啟蒙者，是一位值得我們尊敬的人。

第10節　侯德榜與製鹼

侯德榜西元1890年8月9日出生在福建省閩侯縣一個農民家庭，家境清貧，他只念了兩年私塾便沒錢讀下去。

侯德榜在祖父的教育下一邊讀書，一邊跟著父親到田裡工作，拔草時背書，走路時背書。特別是他在用水車車水時，雙肘往橫木上一趴，腳下踩著水輪，兩手拿著書念，有時也把書掛在橫木上背起書來。一天一天這樣過去，侯德榜的雙肘磨起了繭子。祖父給這種讀書方法取了一個名字，叫「掛書攻讀」。從此「掛書攻讀」成了傳遍閩侯的佳話，一直到現在還非常流行。

侯德榜的姑姑開了一間藥鋪，見姪子很有出息，就供他讀書。他靠這種「掛車攻讀」的精神和姑姑的資助，1903年考入福州英華書院。英華書院是個教會學校，在這所學校裡他對數理化產生了濃厚的興趣，同時也看到了中國人在自己的土地上被侵略者欺凌的情形。他心想：外國人欺凌中

國人,靠的是他們的新式武器,靠的是他們的科學技術。自己要學好科學,以後要科學救國。

他 1907 年考入上海閩皖鐵路學堂,1911 年考入北京清華留美預備學堂。他讀書非常刻苦,上課從不放過老師講的每一句話,課後全力複習。第一學期考試結束,他 10 門功課每門都是 100 分,轟動了清華留美預備學堂,畢業時,美國幾所著名大學爭先恐後地搶著要他。從 1913 年開始,侯德榜先後在美國麻省理工學院、哥倫比亞大學求學,寒窗 8 年,獲博士學位時已經 30 出頭。

純鹼,學名碳酸鈉(Na_2CO_3),是生產玻璃、琺瑯、紙張等許多工業品、食品和日常生活不可缺少的基本化工原料。

西元 1862 年比利時人索爾維(Ernest Solvay)發明氨鹼法(ammonia-soda process)後,這種生產方法長期被西方幾大公司控制,他們於西元 1873 年成立了索爾維公會,封鎖技術,壟斷純鹼市場。1917 年第一次世界大戰期間,因交通中斷導致純鹼奇缺,靠進口維生的中國民族化學工業面臨滅頂之災。

實業家范旭東在天津塘沽開設永利製鹼公司,請外國技師,但建廠失敗。范旭東意識到,要經營好一個現代化的化工廠,沒有可靠的專家來主持技術工作肯定不行。經人推薦,范旭東選中了在美國攻讀博士的侯德榜。1921 年初,他寫信並派專人送到美國,坦誠抒懷,邀請侯德榜「學成回國,共同創辦中國的製鹼工業」。純鹼工業的重要性、問題的緊迫性以及范旭東工業救國的抱負、膽識和熱情,深深打動了侯德榜。他把邀請視為報效中國的良機,毅然相許。

在製鹼技術和市場被外國公司嚴密壟斷的情況下,侯德榜帶領廣大員工長期艱苦努力,解決了一系列技術難題,製鹼廠於 1924 年正式投產。

第 1 章　古代中國的化學遺產

剛開始生產出的純鹼呈暗紅色（正常的顏色是白色），經化學分析原來是管道、反應塔等腐蝕產生的少量鐵鏽（Fe_2O_3）所致。後經硫化鈉處理，使之成為硫化亞鐵後就不再影響產品，從而找到了利用適量硫化物來確保純鹼白色的作用機理與操作辦法。幾經周折，侯德榜和他的同事們陸續解決了各個工序的問題。

1926年6月，侯德榜終於徹底掌握了氨鹼法製鹼的全部技術祕密，而且有所創新，有所改進，從而使這座亞洲第一鹼廠成功地生產出了「紅三角」牌優質純鹼。1926年8月美國費城的萬國博覽會上，中國的「紅三角」牌純鹼榮獲金質獎章，而索爾維廠生產的純鹼在西元1867年巴黎世界博覽會上只獲銅質獎章。從此，侯德榜他們的產品暢銷中國，出口日本，遠銷東南亞。

1934年，永利公司為了「再展化工一翼」，決定建設兼產合成氨、硝酸、硫酸、硫酸銨的南京永利寧廠，任命侯德榜為廠長兼總工程師，全面負責籌建。侯德榜深知籌建這個聯合企業的複雜性，且生產中涉及高溫高壓、易燃易爆、強腐蝕、催化反應等高難度技術，是當時化工高新技術之最；而當時國內基礎薄弱，公司財力有限，工作難度極大。他很擔心萬一功虧一簣，使國人從此不敢再談化學工業，則成為中國之罪人矣！

但仍抱著「只知責任所在，拚命為之而已」的決心，知難而上。

侯德榜按照「優質、快速、廉價、愛國」的原則，決定從國外引進關鍵技術，招標委託部分重要的設計，選購設備，選聘外國專家。結果，僅用30個月，就於1937年1月建成了化工聯合企業，一次試車成功，正常投產，生產出優質的硫酸銨和硝酸，技術上達到了當時的國際水準。它為以後引進技術，事半功倍地建設工廠提供了好經驗。這個廠，連同永利鹼廠一起，奠定了中國基本化學工業的基礎，也培養出了一大批化工科技

人才。

1938年，永利公司在川西五通橋籌建永利川廠，范旭東任命侯德榜為永利川廠廠長兼總工程師。此時，遇到四川井鹽成本太高、不適於沿用氨鹼法的新問題。侯德榜特於1939年率隊赴德國考察，準備購買察安法專利。在德、意、日已結成法西斯軸心的政治背景下，他們一行在旅途和工作中遭遇重重困難。談判中，對手先以高價勒索，後又提出：「用察安法生產的產品，不准向滿洲國出售。」公然否定東三省是中國領土！

對這種喪權辱國的條件，侯德榜十分氣憤，當即據理批駁，中止談判，撤離德國。侯德榜發奮自行研究新的製鹼方法，提出聯產純鹼和氯化銨提升食鹽利用率的新方案。他帶領一大批科學研究設計人員經過艱苦努力，於1939年底小試成功。

1941年，他們研究出融合察安法與索爾維法兩種方法，製鹼流程與合成氨流程兩種流程於一爐，聯產純鹼與氯化銨化肥的新工藝。1943年3月，永利川廠務會議決定將新法命名為「侯氏製鹼法」（Hou's process）。

1945年8月，日本侵略者投降不久，范旭東逝世，侯德榜繼任總經理，全面主導永利化學工業公司的工作。1955年起，侯德榜受聘為中國科學院學部委員，1958年，侯德榜任化學工業部副部長，當選為中國科學技術協會副主席。1959年底，侯德榜出版《製鹼工學》，這是他從事製鹼工業近40年經驗的總結，全書將「侯氏製鹼法」系統地奉獻給了讀者，在國內外學術界引起強烈迴響。

侯德榜十分重視實踐，強調要在實踐中學習，掌握第一手資料。他倡導「寓創於學」，既強調認真學習，又強調不盲從照搬，要在融會貫通的基礎上，結合具體情況改進、創新。他堅持科學態度，嚴謹認真，遇到疑難問題，總是鍥而不捨，一絲不苟地尋找原因，核驗數據，直到弄清問

題，解決問題。在學術討論中，堅持民主，鼓勵爭論，從不以主管或權威自居，強加於人。

侯德榜是中國化學工業史上一位傑出的科學家，他為化學事業奮鬥終生，托起了中國現代化學工業的大廈。從他的一生中我們可以得出如下的啟示：

1973 年 11 月，侯德榜已重病纏身，自知恐將不久於人世，他捐贈家中所存國內較少有的參考書籍。這是他最後僅有的家產，也是他最後留給我們攀登科技高峰的一塊階石。我們今天回顧侯氏製鹼法的發明過程，更是在瞻仰侯德榜先生樹立的精神豐碑。

第 11 節　范旭東與中國化學工業

身為中國化學工業的奠基人，范旭東被譽為「中國民族化學工業之父」。

西元 1883 年 10 月 24 日，范旭東出生於湖南省湘陰縣，據說是范仲淹的後裔，父親是一名私塾先生。范旭東 6 歲喪父，隨母親和兄長范源濂遷往長沙定居。1900～1910 年，范旭東在日本岡山第六高等學校和京都帝國大學化學系留學。1910 年，范旭東從京都帝國大學畢業，並留校擔任專科助教。1911 年辛亥革命爆發，范旭東滿懷愛國熱情由日本回國。適逢北洋政府把流通市面鑄有「龍洋」圖案的銀元改鑄為袁世凱半身像的銀元，范旭東被派到鑄幣廠負責銀元的化驗分析。

這是他初次，也是畢生唯一的一次擔任官職。按規定每枚銀元的重量為 7 錢 2 分，純銀（Ag）含量為 96％，可是鑄幣廠偷工減料，從中貪汙，擅自降低純銀含量。剛出校門的范旭東滿懷熱情，每日辛勤化驗，但沒有

一次結果符合規定標準。他很快發現了這種貪汙舞弊問題，並積極向上反映，要求回爐重鑄，均未獲准。一怒之下，看不慣官場腐敗的范旭東只做了兩個月就堅決辭了職。

1913 年，在時任教育總長的范源濂的幫助下，范旭東獲得到歐洲諸國考察的機會。素懷興辦化學工業大志的范旭東以考察鹽務為主，兼及製鹼工業。在英國、法國、比利時等國考察用索爾維法製鹼的工廠時，多次碰壁，不准進入現場，僅在英國鹼廠參觀了鍋爐房。這一遭遇對范旭東是莫大的刺激，更加堅定了原來在日本求學時樹立的自力更生、奮發圖強的創業思想。他歷盡艱辛，寫下了中國民族化學工業史上諸多第一：

1914 年，創立了中國第一家現代化工業企業——久大精鹽公司。1915 年 6 月在塘沽設廠——久大精鹽工廠，這是中國第一個精鹽工廠，8 月正式投產，產品商標定為「海王」。

1917 年，又創立永利製鹼公司，在天津塘沽創辦了亞洲第一座純鹼工廠——永利化學公司鹼廠。

1922 年 8 月，范旭東從久大精鹽分離出了中國第一家專門的化工科學研究機構——黃海化學工業研究社，並把久大、永利兩公司給他的酬金用作該社的科學研究經費。

1926 年 8 月，范旭東旗下「紅三角」牌純鹼，第一次進入美國費城萬國博覽會，並獲金獎。

1935 年，黃海化學工業研究社試煉出中國第一塊金屬鋁樣品。

1937 年 2 月 5 日，中國首座合成氨工廠——永利南京錏廠生產出中國第一批硫酸銨產品、中國第一包化學肥料，被譽為「遠東第一大廠」。

抗日戰爭期間，范旭東致力於在西南後方開闢新的化學工業基地，支援抗戰與國家建設。

第 1 章　古代中國的化學遺產

可以說，沒有范旭東，難有侯德榜的聯合製鹼法。在當年純鹼生產的偵錯中，開始生產出的產品顏色紅黑間雜，品質很差。此時，鹼廠已耗資200萬大洋，債臺高築。同時，外國鹼廠企圖將永利鹼廠扼殺在搖籃中，又想在其用鹽免稅問題上搗亂，妄圖使永利鹼廠的成本提升。對此，不少股東感到失望，不願繼續下去；有的股東要求撤換侯德榜，另聘外國專家主持技術工作。范旭東知難而進，努力說服多數股東勉強同意他提出的「在開車中謀求解決技術問題」的主張。1925年春，在侯德榜等人的努力下，找出了產品品質問題的病根，不斷改進措施，產品顏色開始轉白。

范旭東召開董事會，剖析索爾維法製鹼技術的先進性與難度，列舉日本等國也多年摸索未能成功，而永利鹼廠已陸續解決了工藝技術、設備等多方面的問題，不能功虧一簣；還介紹了外國壟斷資本一再企圖扼殺永利鹼廠事業的種種陰謀詭計，要求董事們為維護永利鹼廠和民族工業的前途堅持奮鬥。他還歷數侯德榜多年如一日，以廠為家，查問題，想辦法，帶領員工做出的業績，提出：「對這樣難得的人才，我希望大家像支持我一樣支持他的工作。」范旭東精闢、氣魄雄偉的分析，得到了全體董事的理解和支持。

從此，永利純鹼開始暢銷各地，純鹼之名傳遍全國。為了和外國公司進行銷售競爭，范旭東鬥智鬥勇，使永利鹼廠在爭奪純鹼市場中居於有利地位。

為了親自到永利鹼廠了解情況，英國鹼廠公司總經理透過其駐上海經理約請范旭東在天津會見。范旭東只同意在上海與他相見，還吩咐永利鹼廠的同事，如果總經理要求參觀鹼廠，可以陪同進廠，但只讓他看看鍋爐房，謝絕參觀主要工廠，作為20多年前他在英國參觀鹼廠只讓看鍋爐房的「禮尚往來」。

抗戰勝利後，范旭東正準備派人分赴久大、永利、永裕等廠接收原有財產之時，終因操勞過度，積勞成疾，於 1945 年 10 月 2 日，突患急性肝炎，醫治無效病逝，終年 62 歲。

第 12 節　吳蘊初與味精

西元 1891 年 9 月 29 日，吳蘊初生於江蘇省嘉定縣，10 歲入學，後入上海廣方言館學外語一年，因家貧輟學，回嘉定第一小學當英文教師養家餬口。不久考入上海兵工學堂半工半讀學化學，因刻苦好學成為德籍教師杜博賞識的高材生。1911 年畢業，到上海製造局實習一年後，回學堂當助教，同時在杜博所辦上海化驗室做一些化驗工作。

1913 年，吳蘊初經杜博舉薦到漢陽鐵廠任化驗師，試製矽磚和錳磚成功，1916 年升任製磚分廠廠長。不久，被漢陽兵工廠聘任為理化和炸藥課長。

1919 年，燮昌火柴廠在漢口籌辦氯酸鉀公司，吳蘊初被聘為工程師兼廠長，利用兵工廠的廢料以電解法生產氯酸鉀。1920 年，吳蘊初回到上海，與他人合辦熾昌新牛皮膠廠，任廠長。這期間，日商在上海傾銷「味の素」，到處是日商的巨幅廣告，引起了他的注意。吳蘊初發出了「為何我們中國無法製造」的感嘆，便買了一瓶回去仔細分析研究，發現「味の素」就是單一的麩胺酸鈉，西元 1866 年德國人曾從植物蛋白質中提煉過。吳蘊初決定就在自家小亭子裡著手試製，試圖找到生產麩胺酸鈉的方法。

沒有現成資料，他四處蒐集，並託人在國外尋找文獻資料。

沒有實驗設備，他拿出熾昌新牛皮膠廠支付給他的薪資，購置了一些簡單的化學實驗分析設備。憑著在兵工學堂學得的化學知識和試製耐火

磚、火柴、氯酸鉀、牛皮膠等累積的化學實際經驗，認知到從蛋白質中提煉麩胺酸，關鍵在於水解過程。他白天上班，夜間埋頭做實驗，經常通宵達旦工作。試製中，鹽酸的酸氣和硫化氫的臭氣瀰漫四溢，鄰居意見紛紛。

經過一年多的試驗，吳蘊初終於製成了幾十克成品，並找到了廉價的、批次生產的方法。1921年春，吳蘊初出技術與人合作生產麩胺酸鈉。很快，首批產品問世。吳蘊初將這種產品取名「味精」，並打出「天廚味精，完全國貨」的廣告，味美、價廉、國貨，大得人心，銷路一下就開啟了，3年後使日本「味の素」在中國失去了80%的市場。他們進一步擴資，於1923年8月成立天廚味精公司。在正式定名為「上海天廚味精廠」的當年，產量達3,000噸，獲北洋政府農商部發明獎。

1924年，日本首先向北洋政府有關部門提出，吳蘊初的味精工藝是抄襲日本不能算作發明，也不能算作自有專利。這個理由是不成立的——雖然最終產品相同，但是原料不同，工藝不同。日本人是從海藻和魚類、豆類中提取麩胺酸鈉，而吳蘊初是從麵粉中提取。更何況日本人對麩胺酸鈉的提取工藝嚴格保密，企圖長期壟斷世界市場，吳蘊初也根本沒有見過日本嚴格保密的提取工藝。

因此，在第一回合戰勝日本「味の素」後，1925年，吳蘊初按照國際專利標準，將自己的生產工藝公開，在英、美、法等國申請了專利。這也是歷史上中國的化學產品第一次在國外申請專利。然而，日本人並不甘心第一次失敗。在專利上沒做出結果後，日本領事館又向北洋政府農商部起訴，指控天廚味精的「味精」兩個字是剽竊日本的「味の素」——因為在日本「味の素」的一個廣告語中，有「調味精品」四個字。

由於廣告語並不屬於保護的範圍，而且，「味精」剽竊「調味精品」一

第 12 節　吳蘊初與味精

說也太牽強。因此，北洋政府官員駁回了日本領事館的申訴，日本人的伎倆再次失敗。在前兩個回合戰勝日本後，吳蘊初開始主動發起第三個回合的進攻。按照北洋政府的專利法，吳蘊初的味精專利可以享有 5 年的專利保護。1926 年，吳蘊初主動宣布，放棄自己國內的味精專利，希望全國各地大量仿造生產。

此後，國內各地先後出現了十幾個味精品牌，國貨味精市場極大繁榮，日本的「味の素」除了在日本關東軍占領的中國東北地區外，在中國的其他地區再也難見蹤影。同時，吳蘊初的佛手牌味精 1926 年獲得美國費城世界博覽會金獎，至今「佛手」商標仍在使用。佛手牌味精打入了歐洲等海外市場，且日本「味の素」在東南亞的市場也被中國產品取代。

由此，吳蘊初成為聞名遐邇的「味精大王」。然而，日本人還是不甘心，他們利用製造味精的化工原料鹽酸（HCl）多年依賴日本進口的不足，使天廚廠的鹽酸供應時斷時續。對此，吳蘊初深以為疚，促使他燃起自己生產鹽酸的念頭。1927 年起，他積極收集資料，想創辦中國自己的氯鹼工廠。1929 年 10 月，吳蘊初終於成立了天原電化廠股份有限公司，取名天原，即為天廚提供原料的意思。

經過一年的艱苦努力，1930 年 11 月 10 日舉行了隆重開工典禮，吳蘊初親自開車。天原電化廠是中國第一家生產鹽酸、燒鹼和漂白粉等基本化工原料的氯鹼工廠，南京國民政府實業部長孔祥熙到會並致辭，稱讚吳蘊初「獨創此廠，開中國電化工業之新紀元」。同時，為了綜合利用，1932 年，吳蘊初成立了天利氮氣廠——用天原廠電解工廠放空的氫氣製合成氨，部分合成氨再製成硝酸，這是中國生產合成氨及硝酸的第一家工廠。

吳蘊初於 1934 年建成天盛陶器廠，意思為解決盛器，也含有昌盛的意思，生產多種耐酸陶管、瓷板、陶質閥門及鼓風機等，創耐酸陶瓷工業

第1章　古代中國的化學遺產

之先河，使日本耐酸陶器也退出了中國市場。

至此，天廚、天原、天盛、天利四個輕重化工企業形成了自成一體、實力雄厚的天字號集團。

為避免天利氮氣廠和同時在建的永利公司之間的衝突激化，吳蘊初與范旭東坦率地通函協商，劃定了各自的經營範圍：永利在長江以北，天利在長江以南，從而形成了所謂「南吳北范」的格局。1937年後，為保存本土工業，吳蘊初積極統整內遷，於1939年建成了香港天廚味精廠、重慶天原化工廠。

這幾個工廠在四川建成投產，不僅在大後方填補了產品的空白，解決了工農業生產和人民生活的需求，為支援抗日戰爭做出了積極的貢獻，而且在工業經濟落後的大西南播下了化學工業的種子，對後來大西南化學工業的發展發揮了重要作用。

吳蘊初於1948年底出國。他在美國，聽到上海天原等廠一切正常，十分欣慰。不久，他受邀回國，分外高興。1949年11月，他返回上海，受到天原電化廠全體員工熱烈歡迎。

1953年10月15日，著名的化工實業家、中國氯鹼工業的創始人吳蘊初在上海病逝，終年62歲。

第13節　楊承宗與放射化學

楊承宗，放射化學家，1911年生於江蘇省吳江縣，1932年畢業於上海大同大學。是放射化學奠基人，在中國的放射化學研究和技術推進上具有重大貢獻。

第 13 節　楊承宗與放射化學

　　1946 年楊承宗由法國巴黎大學教授伊雷娜・約里奧 - 居里（Irène Joliot-Curie，瑪里・居禮的女兒）支持，獲法國國家科學研究中心經費，到巴黎居禮實驗室工作。時任法國原子能委員會委員的伊雷娜・約里奧 - 居里提出用化學離子交換法從大量載體中分離微量放射性元素的課題。楊承宗對常量載體物質的基本化學性質潛心研究，成功地用離子交換法分離出鏷 233、錒 227 等放射性同位素。此方法在當年受到伊雷娜・約里奧 - 居里的重視，這個從大量雜質中分離微量物質的新方法，結合後人發現鈾在稀硫酸溶液中可以形成陰離子的特殊性質，現在發展成為全世界從礦石中提取鈾工藝的常用方法。1951 年，楊承宗透過巴黎大學博士論文《離子交換分離放射性元素的研究》，獲博士學位。

　　1951 年 6 月 21 日，楊承宗剛剛獲得巴黎大學理學博士學位，就接到了中國科學院近代物理所所長錢三強歡迎他回國的信函，同時託人帶去了一筆錢，請他代購一些儀器設備。

　　對此，楊承宗興奮得夜不能寐。

　　就在回國之前，楊承宗曾接到法國國家科學研究中心的聘書，除了說明繼續聘任兩年外，還特別說明：年薪為 555,350 法郎，另加補貼。這在當年可是一筆相當可觀的收入。但是對楊承宗來說，再沒有什麼比建設國家更有吸引力了。雖然明知回到中國後，他的薪資只是每月值 1,000 斤小米，但他仍婉言謝絕了法國研究機構的聘請。

　　得到錢三強託人帶來的美元，楊承宗展開了「瘋狂大採購」，恨不得把回國開展原子能研究所需要的儀器、圖書通通買回去，為此不惜「挪用私款」，將在法國四五年中省吃儉用積蓄的一筆錢，彌補了公款的不足。同時，透過居禮夫婦的幫助，他得到了 10 克碳酸鋇鐳的標準源和一臺測量輻射用的 100 進位計數器，這些都是原子能科學研究的利器，當時是無

第 1 章　古代中國的化學遺產

法隨便購買到的。

離開巴黎後，因為有諾貝爾獎得主、導師伊雷娜‧約里奧-居里的關照，「行李」一路免檢。他帶著這些「違禁品」順利地登上了歸國的輪船「馬賽」號。

1951年10月，楊承宗帶著十幾箱資料和器材，返回中國。

他安排好工作，就去蘇州接妻子和兒女。當妻子拿出一大疊欠債單放在他面前時，他愣住了。他沒有想到自己在法國時，家中生活竟如此困難。怎麼辦？他沒有向單位索要那筆被他挪用的「私款」，而是把自己心愛的照相機和歐米茄手錶變賣了。只是從此之後的近40年裡，這位業餘攝影愛好者竟再沒有錢買一臺像樣的照相機。

楊承宗回國後先在中國科學院近代物理所工作，錢三強所長請他擔任該所第二研究大組的主任。當時近代物理所人才濟濟，但精湛於放射化學研究的唯有楊承宗一人，又加之受西方國家的封鎖和禁運，缺乏寶貴的技術資料和實驗方法，工作非常困難。楊承宗親自編寫放射化學方面的教材，開設「放射化學」和「鈾化學」等專業課，為那些從來沒有接觸過放射化學的新大學畢業生們系統講授放射化學專業理論知識和實驗技能；後又在北京大學和清華大學授課，為國家培養了很多放射化學人才。

身為「洋博士」的楊承宗不僅開創了中國的放射化學研究，在危險工作面前也身先士卒。抗戰以前的北平協和醫院，為了醫療的需求，曾向美國買了507毫克鐳，密封在一個玻璃系統的容器裡。可恨的是，這個玻璃系統在抗戰時被日本人敲壞了。

這種強烈放射性元素發生的氣體，即使有很好的密封裝置，也很容易洩漏，如果裝置破裂，將嚴重擴散！507毫克鐳，它放射的氡氣跑出來，汙染環境，對人是非常有害的。

第 13 節　楊承宗與放射化學

誰能伸出神奇之手，來堵住這 507 毫克鐳產生的強烈放射性氣體呢？誰有這種能耐，可以修復那個十分複雜的玻璃系統？更重要的是，誰有這種勇氣，勇於冒著生命危險，衝進這靜謐而又毫無聲息的殺傷之地呢？

醫院的主管人員心急如焚，楊承宗聽說樓上住的是病人，便什麼話也沒說，帶著兩個學生和一位玻璃工師傅，前往協和。

他推開那間放置鐳的地下室房門，一切靜悄悄，無聲無息。但憑他一個鐳學研究者的眼光和敏銳的嗅覺，他清楚地意識到，這裡汙染嚴重，危害非常！他應該穿特製的防護服，戴特製的工作帽、手套和口罩，還應穿上膠鞋。但這一切防護用具，這裡都沒有；其實，那時別的地方也都沒有！需要他以一個毫無裝備的身子去「肉搏」！

這是比上刺刀的敵人還要可怕而危險的肉搏！楊承宗沒有讓年輕沒有經驗的學生去接觸最危險的那個儲藏鐳的保險櫃，考慮到他們未來的長久工作和生活，他決定自己開啟保險櫃。他思維敏捷，動作迅速，處理果斷得當，加水密封，做好要做的一切，一舉成功。那複雜的玻璃系統修復好了，鐳被牢固地封閉。協和醫院的病房安全了。楊承宗看起來也是好好地離去，但是，誰也沒有注意，他的右眼已受到超劑量的照射，10 年以後，白內障並且視網膜剝離，失明了。他似乎沒有過多的抱怨、苦惱，用那眼睛的代價，換得了許多人的安全和健康。

1961 年 3 月，楊承宗的人事關係從原子能所調到中國科學技術大學。一個星期以後，他又從中國科學技術大學借調到二機部所屬第五研究所兼任副所長，主持全所業務工作。

楊承宗剛剛到五所時，面對的是蘇聯停止援助、撤走專家，科學研究秩序混亂、人心渙散，垃圾、加工後的廢礦渣、未破碎的礦石到處堆放，整個所區像一個破舊的工地。在這個「破舊的工地」上怎麼可能研究並最

第 1 章　古代中國的化學遺產

終提煉出核燃料來滿足第一顆原子彈試爆的需求？楊承宗只好一切從頭開始，身為業務副所長卻要從鼓勵科技人員勇攀高峰、為中國造出自己的原子彈而努力的政治說服開始，還要配合所內各級主管設法改善所內員工的物質生活。他整頓所內的科學研究秩序，並為五所的科學研究工作大量購買圖書和增加必需的儀器設備。

不久，一批世界先進水準的新分析方法和新有機材料等重大研究成果便不斷地從五所產生。五所從一個爛攤子一躍而成為全國一流的研究所，中國的鈾工業也從無到有，開創了天然鈾工業生產的歷史。

這期間他帶領全所科技人員，在中國第一批鈾水冶廠還沒有建成的情況下，因陋就簡，自己動手建成一套生產性實驗設備。經過兩年多的日夜苦戰，純化處理了上百噸各地土法冶煉生產的重鈾酸銨，生產出符合原子彈原材料要求的純鈾化合物 2.5 噸，為中國第一顆原子彈的成功試爆提前 3 個月準備好鈾原料物質。二機部發文給研製原子彈有功人員晉級嘉獎，但由於楊承宗的行政關係隸屬於中國科學技術大學，不屬於二機部，所以儘管他為此立下了汗馬功勞，卻與嘉獎無緣。

1970 年他奉命隨中國科學技術大學下遷合肥，繼續化學教學及科學研究工作。1973 年主持了全國火箭推進劑燃燒機理的學術會議，建立科學研究合作關係，使科大的火箭固體推進劑燃燒機理研究成果在國內占有重要的一席之地。1977 年他首提的同步輻射加速器在科大立項成功。後來又直接領導利用同步輻射裝置的 200MeV 電子直線加速器做中子源和伽馬射線源，由此進行光核反應研究製備輕品質、短半衰期、有特殊用途的同位素工作取得成功，為中國的核科學研究開闢了一條新途徑。

第 14 節　邢其毅與結晶牛胰島素

邢其毅，著名有機化學家，教育家，1911 年 11 月 24 日出生於天津市。1933 年，邢其毅畢業於輔仁大學化學系，後去美國留學，就讀於伊利諾大學研究所，在有機化學家亞當斯教授（Roger Adams）指導下從事聯苯立體化學研究，1936 年獲博士學位。

為了擴大視野和博覽眾家之長，同年夏天他又去德國慕尼黑大學，師從當時著名有機化學家威蘭（Heinrich Otto Wieland）進行蟾蜍毒素的研究。他在博士後研究工作中完成了蘆竹鹼的結構研究與合成，這項成果後來成為一個重要的吲哚甲基化方法，在有機合成上得到廣泛應用。

對於剛涉足有機化學樂園的年輕的邢其毅來說，在著名的威蘭實驗室中工作應當是十分理想和宏圖無量的，但日本侵略，中國面臨滅亡的危險，這使邢其毅斷然做出決定，放棄優越的研究工作條件立即回國，為挽救中華民族危亡而盡自己的一份力量。

抗戰勝利後，邢其毅受聘於北京大學，在北京大學化學系任教授，同時兼任前北平研究院化學研究所研究員。

他是一位學術造詣頗深、洞察力敏銳的有機化學家。他在 1950 年代初就指出，蛋白質和多肽化學必將是未來科學發展的一個新前沿課題。

1951 年，他首先提出進行蠍毒素中多肽成分研究，並同時開展胺基酸端基標記和接肽方法的研究。

在數十年的科學研究生涯中，他一向重視開發利用中國豐富的天然資源，主持的重大基金項目，對於發掘天然藥物寶庫、開發先導藥物與新藥篩選及推動中藥現代化發揮了很大的作用。

在有機反應機理、分子結構測定方法和立體化學等基礎研究領域，也

進行了多方面的研究。

他既是造詣深厚的有機化學家，也是享有盛譽的教育家，數十年潛心教學研究，對中國高等化學教育中教學與科學研究的關係、理論和實驗的關係，都提出過許多看法和建議。

蛋白質合成是一個神祕誘人的領域，1950 年代前後，世界上許多著名的有機化學家都在注視著這個問題。1955 年，英國的桑格（Frederick Sanger）用生物降解和標記方法確定了第一個活性蛋白質——牛胰島素分子的胺基酸連線順序。1958 年，中國的幾位有機化學家和生物化學家在北京討論了胰島素人工合成的可能性問題，邢其毅就是其中之一。他們認為胰島素人工合成中最關鍵的問題，是對含半胱胺酸片段的接肽方法和端基保護問題。隨後，邢其毅等就開展了含半胱胺酸小肽的合成研究。

1959 年，由北京大學化學系、中國科學院生物化學研究所和上海有機化學研究所共同組成一個統一的研究隊伍，開始胰島素合成研究。經過數年的共同努力，人類第一個用人工合成方法得到的活性蛋白質——結晶牛胰島素，終於在 1965 年研究成功。它於 1966 年在科學界正式公開報導，這是人類歷史上第一次用人工方法合成的蛋白質，是一項偉大的創舉。

第 15 節　傅鷹與膠體化學

傅鷹，祖籍福建省閩侯縣，1902 年 1 月 19 日出生於北京。童年時代受到在外務部供職的父親薰陶，深感國家頻遭外國列強欺侮，是國家貧弱和清朝廷腐敗所致，遂萌發了強國富民的願望。1919 年他入燕京大學化學系讀書，轟轟烈烈的「五四運動」和《新青年》雜誌對他有很大的影響，從此發奮苦讀，立志走科學救國的道路。1922 年公費赴美國留學，6 年後，

在密西根大學研究所獲得博士學位，時年 26 歲。

傅鷹的博士論文得到好評，美國一家化學公司立即派人以優厚的待遇聘請他去工作，他和同在美國留學的女友張錦商量之後謝絕了，決心回到中國。

傅鷹在東北大學任教後，又相繼到北京協和醫學院、青島大學任教。時值日本侵略軍發動吞併東三省的侵略戰爭，他又輾轉到了重慶大學。1935 年，學成歸國不久的張錦與傅鷹結為伉儷，也來到重慶大學任教。從 1939 年起，傅鷹夫婦又到福建的廈門大學任教，1941 年，傅鷹擔任了該校教務長兼理學院院長。

傅鷹回國的 10 多年，深深體會到了國家的貧弱和遭受外強侵略的痛苦，目睹了政治腐敗和民不聊生的慘狀。他只能把一腔熱血，傾注到試管和燒杯之中，把青春貢獻給化學教育事業，並寄希望於未來。廈門大學校長薩本棟很器重傅鷹的學識和為人，在病中推薦他接任校長職務。

當時，他已是公認的享譽國內外的表面與膠體化學家，但他沒有在個人已有的成就和地位上止步不前，他下定決心，填補膠體化學這個空白去為國家貢獻餘生。他上書學校和教育部門的主管，以充分的事實和理由，申明膠體化學是利國利民的科學，建議在中國發展這一學科。他的意見很快被批准。以他為主的中國第一個膠體化學教研室和相應的專業建立起來。

傅鷹是最早主張把高等學校辦成教學和科學研究兩個中心的學者，批評那種認為「研究是科學院的事，學校只管教學就夠了」的意見。

他在呼籲學校主管重視和提倡科學研究的同時，積極帶領教師和研究生克服困難，認真開展多方位探索。身為造詣很深的學術帶頭人，他面對國家建設的現實，提出很有見地的觀點和具體設想。

他整合力量開展國內尚屬空白的許多膠體體系進行研究，如高分子溶液的物理化學、締合膠體的物理化學、分散體的流變學、乳狀液與泡沫的穩定性等。由於傅鷹重視理論連繫實際，崇尚埋頭苦幹，在短短的三五年內就取得了豐碩的成果。

傅鷹編著過物理化學、化學熱力學、化學動力學、統計力學、無機化學和膠體化學等教材。在編著過程中，他虛心汲取前人的經驗，博採眾家之長。他常常告誡大家：寫教材一不是為名，二不是逐利，唯為教學和他人參考之用，切記認真，馬虎不得。

傅鷹執教於化學講壇整整半個世紀，為國家培養了幾代化學人才，堪稱桃李滿天下。他說過：「化學可以給予人知識，化學史更可以給予人智慧。」

第 16 節　唐敖慶與理論化學

唐敖慶，1915 年 11 月 18 日出生於江蘇宜興。早在國中讀書期間，就顯示出是一名有培養前途的優秀少年，深得老師的賞識。但因家境困難，無力升入高中，遂考入師範學校繼續讀書。為了籌集上大學的費用，他從師範學校畢業後先到小學教書，一年半以後進入省立揚州中學大學補習班讀書。1936 年唐敖慶考入北京大學化學系。「七七」事變爆發後，隨校南遷，先在長沙臨時大學讀書，1938 年隨校到昆明，在西南聯合大學化學系繼續讀書，1940 年畢業留校任教。

抗日戰爭勝利後，唐敖慶和李政道、朱光亞、孫本旺等人，以助手身分隨跟知名化學家曾昭掄、數學家華羅庚、物理學家吳大猷於 1946 年赴美考察原子能技術。後唐敖慶被推薦留在哥倫比亞大學化學系攻讀博士學

第 16 節　唐敖慶與理論化學

位。入學後，他同時選修了化學系與數學系的主要課程，堅定地進行學習，為他後來從事理論化學研究工作打下了堅實而深厚的基礎。入學一年後，唐敖慶以優異成績通過了博士資格考試，並獲得榮譽獎學金。

1949 年 11 月唐敖慶獲得博士學位後，報效國家的心情再也按捺不住，他謝絕了導師的挽留，在 1950 年初回到了中國。

1950 年 2 月，唐敖慶被聘為北京大學化學系副教授，半年後提升為教授。1952 年全國高等學校院系調整，唐敖慶到長春支援東北高等教育事業，與物理化學家蔡鎦生、無機化學家關實之、有機化學家陶慰孫通力合作，率領來自燕京大學、北京大學、清華大學、交通大學、浙江大學、中山大學、復旦大學、金陵大學和東北師範大學等校教師，開創了吉林大學化學系。

經過 30 多年的艱苦工作，使吉林大學化學系躋身於中國先進行列，並於 1978 年在該系物質結構研究室的基礎上，建立了吉林大學理論化學研究所。現此所已成為享有盛譽的理論化學研究中心。

唐敖慶是中國量子化學的主要開拓者，他數十年如一日，始終隨時關注國際學術研究的新動向，開拓新課題，為超越國際學術先進水準，取得了一系列的卓越成就，在分子設計和合成新材料方面產生了深遠的影響。1960 年代初，中國在雷射、絡合萃取、催化等科學領域開展了大量的實驗研究工作，累積了許多數據，急需從理論上總結規律。化學鍵理論中的重要分支──配位場理論（ligand field theory）正是上述領域所需要的基礎理論，但還很不完善。唐敖慶就立即以這一重大科學前沿課題為研究方向，帶領物質結構學術討論班的核心成員，以兩年多的時間創造性地發展和完善了配位場理論及研究方法，成功定義了三維旋轉群到分子點群間的耦合係數，建立了一套完整的從連續群到分子點群的不可約張量方法，統

第 1 章　古代中國的化學遺產

一了配位場理論中的各種方案。

1970 年代初，分子軌道圖形理論作為理論化學的一個新的重要分支，引起國際學術界的廣泛注意。唐敖慶 1975 年著手於此領域的系統研究，提出和發展了一系列新的數學技巧和模型方法，使這一量子化學形式體系，不論計算結果還是對有關實驗現象的解釋，均可表達為分子圖形的推理形式，概括性高、含義直觀、簡便易行，深化了對化學拓撲規律的認知。他還將這一成果，進一步應用到具有重複單元分子體系的研究，得到規律性很好的結果。

唐敖慶後來又和他的合作者們在高分子統計理論研究的基礎上，開拓了一個新領域，即高分子固化理論和標度研究。他系統地概括了各類交聯和縮聚反應過程中，凝膠前和凝膠後的變化規律，解決了溶膠－凝膠的分配問題，提出了有重要應用價值的各類凝膠條件，特別是從現代標度概念出發，從本質上揭示了溶膠－凝膠相轉變過程，深入研究了高分子固化的表徵問題。

唐敖慶由於青年時代就患有高度近視，從大學讀書開始便練就了驚人的記憶力，所以在備課時，主要靠思維記憶，只寫個簡單提綱就走上講壇，講課深入淺出，富有邏輯性和啟發性。

這種獨特的講課風格，在課堂上可以使師生精神高度集中，思維異常活躍，對提升教學效果很有作用。他廣博的學識與精湛的講課藝術，對中青年師資的培育影響深遠。

唐敖慶經常教育自己的研究團隊，要正確對待科學研究成果，注意加強科學研究道德修養。他認為，一項科學研究成果的取得往往是許多人合作的結果，導師與助手之間，同事與同事之間一定要相互尊重，有貢獻的同事一定要尊重別人的工作；年長的同事要注意培養年輕的同事，把自己

的想法告訴他們，將自己考慮的課題交給他們，做出了成果，年長的同事一定要尊重他們的工作。

唐敖慶以其在培養人才、學術研究方面的卓越業績，成為蜚聲國內外的教育家和科學家。正如 1990 年 4 月他對來訪的記者所說的那樣：「我們老一代學者，要花大力量培養青年一代，我之所以擔任行政工作以來，沒有放棄教學和科學研究工作，就是因為我覺得培養青年人才是關係到我們國家未來的大事。為了科學的未來，我願意耗盡自己的餘生。」

第 17 節　徐光憲與稀土化學

徐光憲是中國科學院院士，著名的化學家和教育家，1951 年在美國哥倫比亞大學獲得博士學位後回國。他建立了北京大學稀土化學研究中心和稀土材料化學及應用國家重點實驗室，曾任亞洲化學聯合會主席、中國化學會理事長等。他始終堅持「立足基礎研究，面向國家目標」的研究理念，將國家重大需求和學科發展前沿緊密結合，在稀土分離理論及應用、稀土理論和配位化學、核燃料化學等方面做出了重要的貢獻。

1920 年徐光憲生於浙江省紹興市，自幼勤奮好學，中學時曾獲浙江省數理化競賽優勝獎。由於家境清貧，1936 年國中畢業後考入浙江大學附屬高級工業職業學校，1939 年畢業。時值抗日戰爭，社會動盪不安，其赴昆明參加宜賓 —— 昆明鐵路的修建工作，因路費被領班私吞，滯留上海當家庭教師度日。就在這樣困難的處境中，他強烈的求知願望不減，省吃儉用，累積學費，擠出時間，考入交通大學就讀。他夜晚兼任家庭教師，白天上學，刻苦攻讀，於 1944 年 7 月從交通大學化學系畢業，獲理學學士學位。由於學業成績優秀，1946 年 1 月被交通大學化學系聘為助教。

第 1 章　古代中國的化學遺產

　　為了繼續深造，於 1948 年初赴美留學，在哥倫比亞大學暑期試讀班中，成績名列榜首，被該校錄取為研究生並被聘為助教，不僅免交學費，還被正式列入教員名單。當時能得到這一待遇的留學生是極少的。他攻讀量子化學，一年後即獲得哥倫比亞大學理學碩士學位。他從入學到取得博士學位只用了兩年零八個月的時間，這在當時美國一流水準的哥倫比亞大學，是很不容易的。

　　徐光憲深受導師貝克曼（C. D. Beckmann）的器重，導師極力挽留他繼續留在美國進行科學研究，推薦他去芝加哥大學莫利肯教授（Robert Sanderson Mulliken）處做博士後。徐光憲認為應當盡快回國，但美國政府極力阻撓留美中國學生返回中國，1951 年初，美國國會通過相關禁令，待美國總統批准後即正式生效。在這種情況下，徐光憲焦急萬分，千方百計設法盡快離開美國，他假借華僑歸國探親的名義，於 1951 年 4 月乘船回到中國。

　　徐光憲回國後受聘為北京大學化學系副教授。1957 年 7 月，他被任命為放射化學教研室主任；1958 年 9 月被任命為新成立的原子能系副主任，兼核燃料化學教研室主任；1980 年 12 月發起成立中國稀土學會並當選為副理事長；1981 年被任命為國務院學位委員會第一屆理學評議組化學組成員。幾十年來，徐光憲為國家培養了一大批教學和科學研究人才，並在物質結構、量子化學、配位化學、萃取化學、稀土化學等領域做出了突出的貢獻。

　　徐光憲很重視教學工作，認為必須讓學生牢固掌握科學基本理論和基礎知識，為將來獻身科學發展打下堅實的基礎。

　　他講課內容豐富，注意啟發學生，深入到物質變化的微觀層次、運用基本規律分析複雜紛繁的化學現象，以求深刻理解這些現象的微觀本質及

它們之間的內在連繫，進而能預見一些新現象。

他很重視教材，認為一本好的教材對學生的學業有很大幫助。50年代他根據自己在北京大學幾年中使用的物質結構講義，精心整理，編寫成《物質結構》一書。1965年為適應工科、師範類院校的教學需求，他又編寫了一本《物質結構簡明教程》，內容豐富，條理清楚，概念表述準確、深刻，深受教師和學生的歡迎，成為使用多年的教材，曾先後五次再版，在物質結構課的教學中發揮了重要作用。

稀土被人稱為「工業維他命」，更被譽為「21世紀的黃金」，由於其具有優良的光、電、磁等物理特性，能與其他材料組成效能各異、品種繁多的新型材料，其最顯著的功能就是大幅度提升其他產品的品質和效能。比如大幅度提升用於製造坦克、飛機、飛彈的鋼材、合金的戰術效能。

而且，稀土同樣是電子、雷射、核工業、超導體等諸多高科技材料的潤滑劑。1972年，北大化學系接到緊急軍工任務——分離稀土元素中性質最相近的「孿生兄弟」鐠和釹，徐光憲和同事們接下了這項任務。為此，他奉獻了整整三十年的光陰。他所創立的稀土「串級萃取理論」及其工藝，令高純度稀土產品的生產成本下降了四分之三，使中國生產的單一高純度稀土產品至今占世界產量的九成以上，每年為國家增收數億元。為此，徐光憲被稱作「稀土界的袁隆平」。

徐光憲忠於教育事業，矢志不移，獻身科學研究與教育事業。他在生活和工作中遇到過許多困難和挫折，但他從不氣餒，百折不撓，堅定向前奮進。他勤奮過人，從不懈怠，正如他自己說的：他的每一項成果都是和刻苦努力連繫在一起的。

第 18 節　盧嘉錫與結構化學

盧嘉錫，1915 年 10 月 26 日出生於福建省廈門市。父親設塾授徒，盧嘉錫幼時隨父讀書。他天資聰明，父母寄予厚望，淵源家學，詩詞頗有根底，並擅長對聯。

他 1930 年進入廈門大學化學系，1934 年畢業，同時修畢數學系主要課程。大學期間曾擔任校化學會會長，畢業後留校任化學系助教三年。1937 年進倫敦大學讀書，並在著名化學家薩格登（S. Sugden）指導下從事人工放射性研究，兩年後獲倫敦大學物理化學博士學位。1939 年秋，他到美國加州理工學院，隨兩度獲得諾貝爾獎的鮑林（Linus Carl Pauling，1954 年的化學獎和 1963 年的和平獎）從事結構化學研究。

後又在鮑林教授的挽留下繼續工作了五年多。在此期間，他發表了一系列學術論文，其中不少成為結構化學方面的經典文獻；此外，他還應徵到隸屬於美國國防研究委員會第十三局的馬里蘭州研究室，參加戰時軍事科學研究，在燃燒與爆炸的研究工作中做出出色的成績，於 1945 年獲得美國科學研究與發展局頒發的「科學研究與發展成就獎」。

1945 年冬，年方 30 歲的盧嘉錫回到中國，受聘母校廈門大學化學系任教授兼系主任。1950 年後，他開始培養研究生。他有一套比較先進的辦學經驗和教育思想，在他的努力下，廈門大學不再僅因經濟系而聞名，同時因化學系的崛起而躋身全國重點大學之列。

1955 年，他被選為中國科學院化學學部委員，同年被高等教育部聘為一級教授，是中國當時最年輕的學部委員和一級教授。1958 年，他到福州參加籌建福州大學和原中國科學院福建分院，後經多次調整而建成中國科學院福建物質結構研究所。1960 年任福州大學副校長和福建物質結構研究

第 18 節　盧嘉錫與結構化學

所所長，從系科布局、課程設定、圖書訂閱、科學研究設備購置、師資聘任到組織管理，盧嘉錫都付出了大量心血。

1972年後，盧嘉錫著手恢復福建物質結構研究所的科學研究隊伍和設備，關心和指導該所結構化學、晶體材料、催化及金屬腐蝕與防護等學科領域的研究工作，使這個所逐步成為具有明顯特色的結構化學綜合研究機構，特別是在原子簇化學和晶體材料科學方面成績斐然，在國際上占有一席之地。

結構化學是物理化學的一個重要分支，早在1930年代末，盧嘉錫就敏銳地意識到：物理化學的第一發展階段即熱力學階段已臻完善，可能成為第二發展階段的將是結構化學，他選擇了這個學科作為研究的主要方向。

在美國加州理工學院，他參加了過氧化氫分子結構的研究。

當時，物質的分子表徵通常是以獲得合格單晶為前提的，但因很難得到過氧化氫的單晶，以致測定這種簡單化合物的分子結構成為當時的難題之一。盧嘉錫巧妙地用尿素過氧化氫加合物，並培養出這種加合物的單晶。有趣的是，在這種單晶中，過氧化氫分子並不因為尿素分子的存在而發生構型上的畸變。接著，他完成了晶體結構測定，證實彭尼（Penny）和薩塞蘭（Sutherland）對過氧化氫分子結構所作的理論分析。

1943年，他採用電子衍射法研究了硫氮（S_4N_4）、砷硫（As_4S_4）等化合物的結構，並定出被他稱為「搖籃」形的八元環構型。這一研究結果後來被多諾休進行的晶體結構測定所證實。

這些硫氮非過渡元素原子簇化合物在結構上具有的「多中心鍵」特徵，曾引起盧嘉錫極大的興趣，和他以後對固氮酶活性中心模型的研究有密切的關係。

第 1 章　古代中國的化學遺產

在結構分析方法上，他提出過一種處理等傾角魏森堡衍射點的極化因子和勞倫茲因子的圖解法，成為當時國際上普遍採用的一種較簡便的方法，曾被收入《國際晶體學數學用表》。

在教學工作中，他是一位才華橫溢而又勤奮嚴謹的人。他學識淵博且善於表達，講起課來生動活潑，見解獨到，板書格外工整清晰，課堂常常座無虛席，成為廈門大學最受歡迎的教授之一。

盧嘉錫在教學中，注重培養學生的思考能力和解決實際問題的能力。他雖然是一位數學功底很深的化學教授，卻經常告誡學生，要學會對事物進行「毛估」。他說：「毛估比不估好。」

思考問題時要學會先大致估計出結果的數量級，盡量避開繁瑣的計算，以便迅速地抓住問題的本質，必要時再仔細計算，這樣可以提升解決問題的效率。

1970 年代後，他在國內最早倡導開展過渡金屬原子簇化合物研究，並抓住這一方向進行深入系統的工作。以盧嘉錫為首的研究集體，在合成和表徵了 200 多種新型簇合物的基礎上，總結和發現了兩個重要規律，即「活性元件組裝」和「類芳香性」，受到美、英、日、德、法、蘇等幾十個國家同行專家的重視，對國際原子簇化學的發展產生了深遠影響。

盧嘉錫是一位在國際科學界享有崇高威望的科學家，獲得過一系列國際榮譽和學銜：1984 年被選為歐洲文理學院外域院士；1985 年當選為第三世界科學院院士；1987 年榮獲比利時皇家科學院外籍院士稱號，同年接受英國倫敦大學授予的理學名譽博士學位；1988 年 10 月被任命為第三世界科學院副院長。

第 19 節　屠呦呦與青蒿素

1930 年 12 月 30 日，屠呦呦出生於浙江寧波市，聽到她人生第一次「呦呦」的哭聲後，父親激動地吟誦著《詩經》的詩句「呦呦鹿鳴，食野之蒿……」，便給她取名呦呦。不知是天意，還是某種期許，父親在吟完詩後，又對仗了一句「蒿草青青，報之春暉」。從出生那天開始，她的命運便與青蒿結下了不解之緣。

屠呦呦 16 歲那年不幸染上肺結核，被迫終止學業，這個經歷，讓她對醫藥學產生了興趣。1948 年 2 月，休學兩年病情好轉後，屠呦呦以同等學歷的身分進入高中就讀；1951 年她考入北京大學，在北大醫學院藥學系就讀。在大學 4 年期間，屠呦呦努力讀書，取得優良成績。在專業課程中，她尤其對植物化學、本草學和植物分類有極大的興趣。

1955 年大學畢業後，被分配到中國中醫科學院中藥研究所。

1956 年，全國掀起防治血吸蟲病的高潮，她對有效藥物半邊蓮進行了藥學研究；後完成品種比較複雜的中藥銀柴胡的藥學研究，這兩項成果被相繼收入《中藥志》。工作 4 年後，屠呦呦有幸成為衛生部組織的「中醫班第三期」學員，系統學習中醫藥知識，發現青蒿素的靈感也由此孕育。培訓之餘，她常到藥材公司向老藥工學習中藥鑑別和炮製技術，對藥材真偽、品質鑑別、炮製方法等進行研究。平日的累積，為她日後從事抗瘧專案打下了扎實基礎，也為她後來參與編著《中藥炮炙經驗整合》提供了保障。

1969 年 1 月，39 歲的屠呦呦以課題組組長的身分參與一個全國性合作專案——這是一項援外戰備緊急軍工專案，也是一項巨大的祕密科學研究工程，涵蓋了瘧疾防控的所有領域。當時全中國 60 家科學研究單

第 1 章　古代中國的化學遺產

位、500 餘名科學研究人員參與此專案。抗瘧藥的研發，就是在和瘧原蟲奪命的速度賽跑。重任委以屠呦呦，在於她扎實的中西醫知識和被同事公認的科學研究能力。接手任務後，屠呦呦翻閱古籍，尋找方藥，拜訪老中醫，對能獲得的中藥資訊，逐字逐句地抄錄。在彙集了包括植物、動物、礦物等 2,000 餘內服、外用方藥的基礎上，課題組編寫了 640 種中藥為主的《瘧疾單驗方集》。正是這些資訊的收集和解析鑄就了青蒿素發現的基礎。他們發現青蒿對小鼠瘧疾的抑制率曾達到 68%，但效果不穩定。為了尋找效果不穩定的原因，屠呦呦再次重溫古代醫書，最終選取了低沸點的乙醚提取。經歷多次失敗後，終於在 1971 年 10 月，提取出的樣品，對鼠瘧和猴瘧的抑制率都達到了 100%。

1972 年，屠呦呦和她的同事又從提取的樣品中分離得到抗瘧有效單體，一種分子式為 $C_{15}H_{22}O_5$ 的無色結晶體，熔點為 156～157℃，他們將這種無色的結晶體命名為青蒿素。青蒿素具有「高效、速效、低毒」的優點，對各型瘧疾特別特效。

1986 年，「青蒿素」獲得了一類新藥證書。2009 年，屠呦呦編寫的《青蒿及青蒿素類藥物》出版。

2015 年 10 月 5 日，瑞典卡羅琳醫學院在斯德哥爾摩宣布，中國女科學家屠呦呦獲 2015 年諾貝爾生理學或醫學獎，以表彰她在瘧疾治療研究中取得的成就。她為世界帶來了一種從中醫藥裡整合發掘出來的全新抗瘧藥──青蒿素，青蒿素是屬於中國的發明成果，是中醫藥造福人類的展現，也是中醫藥給世界的一份厚禮。如今，以青蒿素為基礎的聯合療法是世界衛生組織推薦的瘧疾治療的最佳療法。

青蒿素的研製成功，為全世界飽受瘧疾困擾的患者帶來福音。

據世界衛生組織統計，現在全球每年有 2 億多瘧疾患者受益於青蒿

素聯合療法，瘧疾死亡人數從 2000 年的 73.6 萬人穩定下降到 2019 年的 40.9 萬人，青蒿素的發現挽救了全球數百萬人的生命。

2019 年 1 月，英國廣播公司（BBC）發起「20 世紀最具代表性人物」票選活動，屠呦呦與瑪里·居禮、愛因斯坦、圖靈一同成為科學領域的候選人。她是入選科學家中唯一的亞洲面孔，也是科學領域唯一在世的候選人。活動中這樣評價她：「如果要用拯救了多少人的生命來衡量一個人的偉大程度，那麼毫無疑問，屠呦呦是人類歷史上最偉大的科學家之一。她研製的藥物，挽救了數百萬人的生命，包括全世界最窮困地區的人民，以及數百萬兒童。」

屠呦呦說，中醫藥是中國具有原創優勢的科技資源，是提升中國原始創新能力的寶庫之一。我們要發揚創新精神，始終堅持以創新驅動為核心，深入挖掘中醫藥寶庫中蘊含的精髓，努力實現其創造性、創新性的發展，使之與現代健康理念相融相通，服務人類健康，促進人類健康。

第 20 節　袁隆平與雜交水稻

中國是世界人口大國，吃飯的問題是頭等大事，以前的人一日三餐能吃飽都是個問題。袁隆平為解決人的吃飯問題，培育出雜交水稻，為農業化學做出了重大貢獻。

袁隆平 1930 年 9 月 7 日生於北京，小學一年級春遊時看到田野裡金燦燦的稻穀、沉甸甸的果實，覺得十分興奮，對農業產生了極大的興趣。

他上大學時報考了西南農學院，父母都是知識分子不希望他去受面朝黃土背朝天的苦，但他不怕吃苦堅持要學習農業，父母只好尊重他的選擇。他從學校畢業正準備大展身手實現自己的理想時，遇上 60 年代初的

自然天災，很多人都因為吃不上飯瘦得皮包骨，袁隆平也被餓得雙腿無力。他覺得自己身為一個學農業的人，沒有誰比自己更應該站出來，於是他1964年帶著拯救蒼生的心態下到學校試驗田裡做研究。

袁隆平每天吃過早飯就帶著水壺和中午的乾糧去到地裡找他心目中的完美稻株，6、7月份的天氣是一年當中最熱的時候，一天下來又熱又渴，不僅長時間飲食不規律，還要承受胃病的折磨，中午別人都去吃飯了，他直接在田裡吃完，然後接著做，就這麼一直工作到下午4點多才回家，附近務農的農民都佩服他。

袁隆平的付出有了收穫，1973年他帶領團隊成功培育出世界上第一個實用高產雜交水稻品種「南優2號」，之後又與團隊開展超級雜交水稻計畫，2014年提前5年實現大面積畝產1,000公斤的目標！

中國有十幾億人口，袁隆平讓大家吃得起飯就已經幫世界很大的忙了，但他還在幫助全世界，2018年幫杜拜研發出可以在沙漠裡種植的「海水稻」，這項技術在杜拜推廣之後可以養活當地100萬人。

袁隆平談及成功的祕訣，他用「知識、汗水、靈感、機遇」八個字概括。他說：知識就是力量，是創新的基礎，要打好基礎，開闊視野，掌握最新發展動態；汗水就是要能吃苦，任何一個科學研究成果都來自深入細緻的實做和苦幹；靈感就是思想火花，是知識、經驗、思索和追求等的昇華產物；機遇就是要學會用哲學的思維看問題，透過偶然性的表面現象，找出隱藏在其背後的必然性。

2021年5月22日袁隆平在湖南長沙逝世，享年91歲。舉國悲痛，為他送行！對於無數中國農民而言，當他們望著田裡那一排排的青蔥禾苗，秋收之後滿滿的穀倉時，會想到袁隆平；對於無數普通中國百姓而言，看著超市裡變化不大的米價，眼前那一碗熱氣騰騰的白米飯，會想到袁隆

平；我們知道，如今的溫飽，如今的豐收，都有著袁隆平的功勞，有著這位科學家大半輩子的奉獻，他是「世界雜交水稻之父」！

老人家曾有個夢，稻子長得比高粱還高，稻穗有掃把那麼長，籽粒有花生那麼大，自己在禾下乘涼。為了實現這樣的夢，袁隆平將一生獻給了老百姓的「飯碗」。如今，他帶著夢的「種子」去了遠方，卻將糧食的種子、創新與奮鬥的「種子」留給了我們。

他的離開並不意味著遺忘，反而是銘記，他的精神風骨將由後人接棒傳承，生生不息。

第 1 章　古代中國的化學遺產

第 2 章
近代化學的全球脈絡

　　近代化學是從 17 世紀中期到 19 世紀末,特點是化學成為一門獨立的學科,並建立了無機化學、有機化學、分析化學、物理化學四大化學,興起了化學工業。歐洲資產階級革命的興起,使其成為世界化學的中心。從 1661 年波以耳（Robert Boyle）始創近代化學到西元 1860 年亞佛加厥（Amedeo Avogadro）分子論學說（Avogadro's law）確立,近代化學大約發展了兩百多年,在兩百多年裡化學由新生、成長到成熟,形成了一個完善的科學體系。

　　定量化學時期,是西元 1775 年前後,拉瓦節（Antoine-Laurent de Lavoisier）用定量化學實驗闡述了燃燒的氧化學說,開創了定量化學。這一時期建立了不少化學基本定律,提出了原子學說,發現了元素週期律,發展了有機結構理論。所有這一切都為現代化學的發展奠定了堅實的基礎。現在看來很簡單的相對原子質量,貝吉里斯（Jöns Jacob Berzelius）用了 20 多年的時間進行測定,從貝吉里斯身上,我們會體會到艱苦工作的必要;從瑞利（John William Strutt, 3rd Baron Rayleigh）身上,我們會懂得科學的嚴謹;從亞佛加厥身上,我們會懂得應堅持真理,不能迷信權威;從前仆後繼製備氟氣的實驗中,我們會明白為了科學要勇於獻身;而化學家之間的辯論,又會使我們明白研究問題時交流的重要性……

　　化學家所處的環境、當時化學的發展水準及主要的思想認知,是任何發現都必不可少的客觀條件。化學家們在做出重大發現時的思路,所做的

第 2 章　近代化學的全球脈絡

一系列實驗和所經歷的失敗；化學家之間的交流與辯論；整個化學發現過程中力求的清晰和條理化，……對於我們來說，這些都是極為生動的教材，對於提升我們的思維能力，開闊科學視野，培養科學精神都大有益處。

化學家對化學事業的執著追求和不惜犧牲生命的精神令人敬佩，他們有崇高的理想、無畏的品格、堅韌的毅力和迷人的智慧，這一切會使我們備受激勵。另外，化學家是人不是神，不是生來就是化學家。他們奮發成才的歷程，也是意志力量成長的過程，激勵我們增強意志和信心。

這一章，讓我們一道去體驗當年化學家所經歷的艱難險阻，在近代化學史峰迴路轉的曲折歷程中不倦跋涉，領略他們撥開重重迷霧、建立新理論、發現新元素、提出新方法時的無限風光！

第 1 節　波以耳與元素

波以耳（Robert Boyle）生活的英國資產階級革命時期，是近代科學開始出現的時代，也是一個巨人輩出的時代。

就在他誕生的前一年，提出「知識就是力量」著名論斷的英國哲學家培根（Francis Bacon）剛剛去世；偉大的物理學家牛頓（Isaac Newton）比波以耳小 16 歲；近代科學偉人 —— 伽利略（Galileo Galilei）、克卜勒（Johannes Kepler）、笛卡兒（René Descartes）都生活在這一時期，在這個時代和環境裡，各學科思想深深影響著波以耳。

他 1627 年 1 月 25 日生於愛爾蘭一個貴族家庭，父親是伯爵，優裕的家境為他的學業和日後的科學研究提供了較好的物質條件。童年時，波以耳並不顯得特別聰明，很安靜，說話還有點口吃。沒有哪樣遊戲能使他入

迷，但是比起他的兄長們，他卻是最愛學習的，酷愛讀書，經常書不離手，是貴族家庭中的讀書狂。8歲時，父親將波以耳送到倫敦郊區的一所專為貴族子弟辦的寄宿學校裡讀書。

隨後，波以耳和哥哥一起在家庭教師陪同下來到當時歐洲教育中心之一的日內瓦學習。在這裡，他學了法語、實用數學和藝術等課程。重要的是，瑞士是宗教改革運動中出現新教的根據地，反映資產階級思想的新教教義薰陶了他。1641年，波以耳兄弟又在家庭教師陪同下遊歷歐洲，年底到達義大利。在旅途中，即使騎在馬背上，波以耳仍手不釋書。

1644年，他的父親在一次戰役中死去。家庭情況的突變，經濟來源的中斷，使波以耳回到戰亂的英國。回國後，他隨姐姐一起遷居到倫敦。在倫敦，他結識了科學教育家哈特利伯，哈特利伯鼓勵他學習醫學和農業。由於波以耳從小體弱多病，在哈特利伯的鼓勵下，他下定決心研究醫學。

因為當時的醫生都是自己配製藥物，所以研究醫學也必須研製藥物和做實驗，這就使波以耳對化學實驗產生了濃厚的興趣。在研究醫學的過程中，他翻閱了醫藥化學家的許多著作。

波以耳建造了一個實驗室，整日渾身沾滿了煤灰和煙，完全沉浸於實驗之中。他就是這樣開始了自己獻身於科學的生活，直到1691年底逝世。

對化學知識有所了解的人都會知道「指示劑」這種物質。無論是學校、科學研究機構，還是工廠的化學實驗室，石蕊、酚酞、甲基橙等指示劑以及石蕊試紙、pH試紙等各種試紙，都是所必備和常用的。我們學生時代第一次接觸的化學實驗就是觀察石蕊試紙怎樣改變顏色。

在16世紀或者更早一點，人們已經認知到某些植物的汁液具有著色的功能，在那個時候，法國人已經用這些植物的汁來染絲織品。也有一些人觀察到許多植物的汁液在某種物質的作用下會改變它們的顏色。例如，

第 2 章　近代化學的全球脈絡

有人觀察到酸可以使某些汁液變成紅色，而鹼則能夠把它們變成綠色或藍色。但是，因為在那個時候還沒有任何人對酸和鹼的概念下過確切的定義，所以，這些酸和鹼能夠使植物的汁液改變顏色的現象並未受到人們的重視。

第一個明確酸鹼的定義以及第一個發現指示劑的是波以耳。

一天早晨，波以耳正在準備晨檢時，一個園丁走進工作室，把一盆美麗的深紫色紫羅蘭放在一個角落。波以耳非常喜歡這種花，便摘了一支。實驗室裡正在加熱蒸餾製備濃硫酸，波以耳剛把實驗室門開啟，縷縷濃煙就從玻璃接收器裡冒出來。他把紫羅蘭放在桌子上，刺激性蒸氣慢慢地擴散到桌子周圍，當波以耳從桌子上拿起那支紫羅蘭時，他驚訝地看到紫羅蘭變成了紅色。他沒有忽略這個奇怪的現象，馬上採來各種花進行花草和酸鹼相互作用的實驗。經過實驗，他發現大部分花草受酸或鹼的作用都能改變顏色。其中從石蕊中提取的紫色浸液和酸鹼作用最有意思：和酸作用能變成紅色，和鹼作用能變成藍色。後來波以耳就用這種石蕊浸液把紙浸透，然後再烤乾，用以測試溶液的酸鹼性，這就是著名的石蕊試紙。

石蕊試紙的發明，為科學研究工作帶來了很大的方便。

波以耳定律：$p_1 \cdot V_1 = p_2 \cdot V_2 =$ **定律**

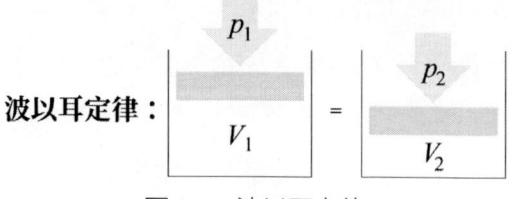

圖 2-1　波以耳定律

波以耳還根據實驗闡明氣壓升降的原理，並發現了氣體的體積隨壓強而改變的規律，後來被稱為波以耳定律（圖 2-1）。

波以耳的最大貢獻是為化學元素提出了科學的定義，把化學確立為科

第 1 節　波以耳與元素

學,成為近代化學的奠基人。在波以耳時代,化學還深深地禁錮在經院哲學之中。這種哲學對化學科學的束縛表現在化學家把以亞里斯多德為首的逍遙派(Peripatetic school)哲學家的觀點奉為聖典,認為:冷、熱、乾、溼是物體的主要性質,這種性質兩兩結合就形成了土、水、氣、火「四元素」。

1661年波以耳綜合分析了前人累積的數據,並反覆進行科學實驗後指出:「元素是組成複雜物質和在分解複雜物質時最後得到的那種簡單的物質。」第一次為元素確定了科學的概念,建立了元素理論。

現在看來,波以耳的元素概念實質上與單質的概念差不多,元素的定義應是具有相同核電荷數的同一類原子的總稱,它擺脫了「四元素說」的桎梏。波以耳當時能批判「四元素說」而提出科學的元素概念是相當不簡單,它是人類認知上一個了不起的突破,使化學有可能真正發展成科學,這是化學發展史上一個劃時代的轉折。

化學史家都把波以耳的《懷疑派化學家》(*The Sceptical Chymist*)這本書問世的1661年作為近代化學的開始年代,可見波以耳以及這本著作對化學發展具有重大影響。波以耳具有科學膽略、遠見卓識、破舊立新的創造精神,他善於發現和抓住科學領域裡的新問題進行探索和揭示。當時化學還沒從自然哲學中分化出來,化學的研究還停留在鍊金術和探求長生不老的醫藥化學以及對當時採礦業中礦石的一些實驗描述上。他看到當時其他學科如數學、天文學等,已從科學中分化出來,確立了自己的研究領域,並成為理性的學科,認為化學也是一門重要的自然科學,而不只是一種實用工藝或神祕科學,應該有它的內部規律。

科學實驗是科學認知活動的直接和重要基礎,實驗可以把感性認知和理性思維有機地結合起來,成為證明和發展科學知識的有效方法。波以耳一生都非常重視實驗,同時也重視對實驗的理論分析。他認為,實驗材料

是理論家用來進行思維加工的,應該用這些材料作為研究的依據,從中提出科學的見解,來對歷史上發生的事件或現象做出因果性的解釋。可見,波以耳重視實驗,但並沒有忽視理論思維,他從理論上解決了當時化學面臨的一系列問題,把化學引向了康莊大道。

第 2 節　舍勒與氧氣

舍勒（Carl Wilhelm Scheele）是瑞典著名化學家,氧氣的發現人之一,同時對氯化氫、一氧化碳、二氧化碳、二氧化氮等多種氣體,都有深入的研究。

西元 1742 年 12 月 19 日,舍勒生於瑞典的史特拉頌。由於經濟上的困難,舍勒只勉強上完小學,年僅 14 歲就到哥特堡的班特利藥店當了學徒。藥店的老藥劑師鮑什是一位好學的長者,他整天手捧書本,孜孜以求,學識淵博,同時,又有高超的實驗技巧。鮑什不僅製藥,而且還是哥特堡的名醫。名師出高徒,鮑什的言傳身教,對舍勒產生了極為深刻的影響,在工作之餘他勤奮自學,如飢似渴地讀了當時流行的製藥化學著作,還學習了鍊金術和燃素理論的有關著作。他自己動手,製造了許多實驗儀器,晚上在自己的房間裡做各種實驗。一有時間,他就鑽進他的實驗室忙碌起來。有一天,他在後院做實驗,顧客們聽到後院傳來一聲爆鳴,店主和顧客還在驚詫之中,舍勒滿臉是灰地跑來,興奮地拉著店主去看他新合成的化合物,完全忘記了一切。對這樣的店員,店主是又愛又氣,但也不想辭退他,因為舍勒是這個城市最好的藥劑師。

他做了大量艱苦的實驗,合成了許多新物質,例如氧氣、氯氣、焦酒石酸、錳酸鹽、尿酸、硫化氫、氯化汞、鉬酸、乳酸、乙醚等,至今還在

第 2 節　舍勒與氧氣

使用的綠色顏料舍勒綠，就是舍勒發明的亞砷酸氫銅（$CuHAsO_3$）。如此之多的研究成果在 18 世紀是絕無僅有的，但舍勒只發表了其中的一小部分。直到 1942 年舍勒誕生 200 週年的時候，他的全部實驗記錄、日記和書信才經整理正式出版，共有 8 卷。其中舍勒與當時不少化學家的通訊引人注目，通訊中有十分寶貴的想法和實驗過程，發揮了互相交流和啟發的作用。法國化學家拉瓦節對舍勒十分推崇，使得舍勒在法國的聲譽比在瑞典還高。

在舍勒與大學教師甘恩（Johan Gottlieb Gahn）的通訊中，人們發現，由於舍勒發現了骨灰裡有磷，啟發甘恩後來證明了骨頭裡面含有磷。在這之前，人們只知道尿裡有磷。

圖 2-2　氧氣的製法

舍勒還發現了氧氣的製法（圖 2-2），研究了氧氣的性質。

他發現可燃物在這種氣體中燃燒更為劇烈（圖 2-3），燃燒後這種氣體便消失了，因而他把氧氣叫做「火氣」。他將他的發現和觀點寫成《論空氣和火的化學》（*Chemische Abhandlung von der Luft und dem Feuer*）。

圖 2-3　可燃物在氧氣中會劇烈燃燒

069

西元 1770 年夏季，經貝里曼（Torbern Olaf Bergman）的鼓勵和推薦，舍勒來到烏普薩拉，進入洛克的企業工作，這裡有很好的實驗條件。不久他又結識了貝里曼的助手、當時已有很高聲望的化學家甘恩，並建立起深厚的友誼。舍勒在這裡工作了大約 5 年，完成了很多傑出的研究，有許多重大發現。

儘管舍勒並沒有上多少學，但是他卻從未間斷讀書。在哥特堡期間，舍勒利用晚上時間認真鑽研施塔爾（G. E. Georg Ernst Stahl）等化學家的著作。到馬爾摩城後，舍勒又傾其所有從哥本哈根購買大量最新書籍，並反覆閱讀了這些書籍。透過閱讀，舍勒獲得很大啟發。他曾回憶說：「我從前人的著作中學會很多新奇的思想和實驗技術。」

西元 1775 年 2 月，33 歲的舍勒當選為瑞典科學院院士。由於經常徹夜工作，加上寒冷和有害氣體的侵蝕，舍勒得了哮喘。但他依然不顧危險經常品嘗各種物質的味道──他要掌握物質各方面的性質。他品嘗氫氰酸的時候，還不知道氫氰酸有劇毒。

西元 1786 年 5 月，為化學的進步辛勞一生的舍勒不幸去世，終年只有 44 歲。

第 3 節　拉瓦節與質量守恆

拉瓦節（A. L. Lavoisier）是法國著名化學家，近代化學的奠基人之一。他推翻了「燃素說」；發現了「質量守恆定律」；證明了水是氫氧化合物；規範了化學方程表示式；定義了元素和元素分類；確立了化學的定量研究方法。他出版的《化學綱要》（*Elements of Chemistry*）、《化學基本論述》（*Traité Élémentaire de Chimie*）被後人奉為現代化學的經典。

第 3 節　拉瓦節與質量守恆

拉瓦節於西元 1743 年 8 月 26 日生於巴黎一個富裕的律師家庭，從小受到良好教育。5 歲那年母親因病去世，從此他在阿姨的照料下生活。11 歲時進入當時巴黎的名牌學校 —— 馬沙蘭學校。

西元 1763 年在索爾蓬納學院法學系畢業之後，按照家庭的打算繼承父業，成為一名律師。

但是，拉瓦節在大學裡已對自然科學產生了濃厚興趣，主動拜一些著名學者為師，學習數學、天文、植物學、地質礦物學和化學。拉瓦節的第一篇化學論文是關於石膏成分的研究。

他用硫酸和石灰合成了石膏。當他加熱石膏時放出了水蒸氣，並用天平仔細測定了不同溫度下石膏失去水蒸氣的質量。從此，他的老師魯埃勒（Guillaume-François Rouelle）就開始使用「結晶水」這個名詞了。這次成功使拉瓦節開始經常使用天平，並總結出了質量守恆定律。質量守恆定律成為他的信念，成為他進行定量實驗、思維和計算的基礎。例如，他曾經應用這一思想，把糖轉變為酒精的發酵過程表示為下面等式：

$$葡萄糖 = 碳酸（CO_2）+ 酒精$$

這正是現代化學方程式的雛形，用等號而不用箭頭表示變化過程，說明了他守恆的思想。

西元 1772 年秋，拉瓦節照習慣秤量一定質量的白磷使之燃燒，冷卻後又秤量了燃燒產物 P_2O_5 的質量，發現質量增加了！他又燃燒硫黃，同樣發現燃燒產物的質量大於硫黃的質量。他想這一定是什麼氣體被白磷和硫黃吸收了，於是又做了更細緻的實驗：將白磷放在水銀面上，扣上一個鐘罩，鐘罩裡留有一部分空氣。加熱水銀到 40℃時白磷就迅速燃燒，之後水銀面上升。

拉瓦節描述道：這說明部分空氣被消耗，剩下的空氣無法使白磷燃燒，

第 2 章　近代化學的全球脈絡

並可使燃燒著的蠟燭熄滅。增加的重量和所消耗的 1/5 容積的空氣重量接近相同。

這說明空氣中含有 1/5 的氧氣。研究了空氣的組成後，拉瓦節總結道：「大氣中不是全部空氣都是可以呼吸的；金屬焙燒時，與金屬化合的那部分空氣是氧氣，最適宜呼吸；剩下的部分無法維持動物的呼吸，也無法助燃。」他把燃燒與呼吸統一起來，結束了空氣是一種純淨物質的錯誤見解。

質量守恆定律是定量研究化學變化的依據，在近代化學的發展中產生了深遠的影響，一切物質的產生都不可能違背它、改變它，它是自然界物質變化與發展中普遍遵守的基本定律。

自波以耳以後，定量方法在化學研究中的運用更加普遍。要進行定量研究就要把數學引入化學，使數學方法和化學研究相結合，研究化合物組成的數量關係，研究化學反應中反應物之間、反應物和生成物之間以及生成物之間的數量關係。透過對這些數量關係的探討，找出可通用的方程或公式。化學計量學的產生，使人們對化合物和化學反應從定性的了解向定量的認知邁進，質量守恆定律的發現正是定量方法在化學研究中取得的碩果。

從西元 1778 年起，拉瓦節逐個取得了化學研究上的重大突破，步入化學家的行列。他才華橫溢，精力充沛，逐漸成為科學界乃至政壇的一位新星，還擔任了火藥與硝石管理局局長。西元 1768 年，拉瓦節為了謀取科學研究經費建立實驗室，曾貸款五百萬法郎入「包稅公司」，當包稅官。

西元 1793 年 11 月，國民議會下令逮捕「包稅公司」所有成員，世界聞名的法國科學院院士拉瓦節向國民議會求情，沒有得到特許，便主動入獄。在入獄到被處死的 7 個月間，他仍痴迷於化學研究，寫了多部化學著作，意欲將其貢獻給後人。他請求「情願被剝奪一切，只要讓我當一名藥

劑師」，但遭到新政府的拒絕。

這位偉大的科學家在巴黎被判處死刑。西元1794年5月8日，18世紀最偉大的科學家之一，現代化學之父拉瓦節，被法國人民以革命的名義送上了斷頭臺。當他向人民法庭要求寬限幾天執刑，以整理他最後的化學實驗結果時，得到的回答是「共和國不需要學者」！

把拉瓦節送上斷頭臺的，是法國革命史上聲名顯赫的馬拉醫生。馬拉在西元1780年以他對火焰的研究申請法國科學院院士時，得到拉瓦節的評價是「乏善可陳」。斷了科學家輝煌美夢的馬拉，在法國大革命中叱吒風雲，終於假「革命」之手把宿敵置於死地。

西元1794年5月8日那天下午，拉瓦節和28名稅務官被執刑。

拉瓦節是第四個被拉上斷頭臺的。他還有許多事情要做：研究氧氣在人體呼吸過程中的化學變化，將實驗對象裝在密閉的絲袋中，口鼻接著試管燒瓶，連同分泌的汗水精確稱重；他認為呼吸和燃燒有許多相通之處。在斷頭臺上，拉瓦節親自做了平生這最後的一個實驗！

死時，拉瓦節年僅51歲！一位傑出的科學家落得這樣一個可悲的結局，許多人都對此深感惋惜。隨著法國新革命政府的失敗，法國為拉瓦節舉行了莊嚴盛大的追悼會。狂熱過後，法國人終於懂得了拉瓦節的價值。在他死後不到兩年，巴黎為他豎立了半身塑像。

拉瓦節是近代化學的奠基人之一，他的名字是與18世紀下半葉的化學革命連繫在一起的。拉瓦節的化學革命不僅僅是燃燒理論的變革，而且是整個化學觀念的變革。拉瓦節把研究的目標定在燃素說不能解釋的一些現象上。在科學的發現和發明過程中，新思想和新理論總是出現在那些原有理論無法解釋或與之有衝突的方面。拉瓦節對那些用燃素說無法解釋的現象，不是採取拓展，而是用自己的觀點認知和思考，透過現象看本質，

不受燃素說的束縛，從新的角度思考問題，解釋實驗現象，最終發現了燃燒氧化理論。

回顧拉瓦節從事化學研究的歷史，我們可以清楚地認知到精確的科學測量的重要性，他把系統的、嚴格的定量方法引入化學實驗研究之中，從而使化學研究的基本方法發生了質的飛躍。因此，運用實驗思維方法的認知工具作為指導，在科學實驗中對實驗結果進行創造性的推理，是認知事物的本質規律和推動科學發展的重要途徑。

拉瓦節的悲慘結局也讓我們思考：如果他在政治上與大革命的洪流相吻合，如果他身為一個偉大的科學家而不成為官祿、權勢、金錢的奴隸，那麼，也許他在科學上的成就將更加不可估量。

第 4 節　戴維與多種新元素

如果說人生是一場傳奇，那麼在無數的化學群星中，最具有傳奇經歷的化學家莫過於著名的英國化學家戴維（Humphry Davy）。他出身寒微，天資甚高，發奮自學後終於成為爵士而擠入貴族行列。

西元 1778 年 12 月，戴維出生於英國。他的父親是一位木雕師，母親十分勤勞，但他們的生活並不富裕。父母含辛茹苦地養育著戴維和他的四個弟妹，並希望他們受到良好的教育。幼年時他活潑好動、富有熱情，愛好講故事和背誦詩歌，時常還編些歪詩取笑小夥伴和老師。他成績最好的功課是將古典文學譯成當代英語，但即使最喜歡的功課也比不上釣魚和遠足對他的吸引力。有時玩得高興，他竟忘記了上課。幸好母親對他的學習非常重視，且很有耐心，使他能較好地完成學業。在這種自由、愉快的童年生活中，小戴維有足夠的時間思考、想像，形成了他熱情、積極、獨

第 4 節　戴維與多種新元素

立、不盲從、富於創造的個性。他所在的學校是 18 世紀末英國較好的中學，他在這裡學到了多方面的知識。

西元 1794 年，戴維的父親去世。母親帶著五個孩子，日子實在無法維持。戴維身為長子，第一次體會到生活的艱辛，他不得不聽從母親的安排，到一家藥店當學徒，也好省一張吃飯的嘴。

在那時，學徒與一般工作的店員不同，學徒是只管三餐而沒有工錢的，但年少的戴維還不知世事。這天，是月底發放薪資的時間，戴維看到別人領了薪資，他卻分文沒有，就伸手向老闆要。

老闆說：「讓你抓藥你還不識藥方，讓你送藥你還認不得門牌，你這雙沒用的手怎好意思伸出來要錢！」店裡師徒、店員們哄堂大笑，戴維羞愧滿面，轉身就向自己房裡奔去，一進門撲在床上，眼淚唰唰地流了下來。

而外面，剛發了薪資的師徒、店員們正大呼小叫地喝酒猜拳。他從前哪裡受過這種羞辱，可是心裡一想：現在不比在學校、在家裡，再說就是跑回家去，四個弟妹也都是向母親喊肚子餓，難道我也再去叫母親為難嗎？想到這裡，他一翻身揪起自己的襯衣，「刺啦」一聲撕下一塊，隨即又咬破中指在上面寫道：「莫笑我無知，還有男兒氣。現在從頭學，三年見高低。」寫畢，便衝出門去。

外面店員們正鬧哄哄向老闆敬酒獻殷勤，不提防有人「啪」的一聲將一塊寫了幾行字的白布壓在桌子中央。再一細看，竟是鮮血塗成。大家大吃一驚，忙抬頭一看，只見戴維挺身立在桌旁，眼裡含著淚水，臉面緊繃，顯出十分的倔強。他們這才明白，這少年剛才受辱，自尊心被傷得太重，忙好言相勸拉他入席。不想戴維卻說：「等到我有資格時再來入席。」說完返身便走。

就從這一天起，戴維發奮讀書，他給自己訂了自學計畫，僅語言一項

第 2 章　近代化學的全球脈絡

　　就有七種。同時,他又利用藥房的條件研究化學,開始自學拉瓦節的《化學綱要》等著作,以彌補自己知識的不足。

　　那段時間,恰好格勒哥里・瓦特(發明家瓦特的兒子)來此地考察,戴維聞訊後登門求教,格勒哥里・瓦特很喜歡這個聰明、勤奮好學的年輕人,幫他答疑解惑。就這樣,在學徒期間,戴維的知識有了很大的長進。不到三年,在這間藥鋪裡戴維已是誰也不敢小看的學問家了。

　　其實世界上許多人都是有才的,就看他肯不肯學、花了多少時間去學。人生路上適當的打擊、挫折也是必需的,否則其潛能不能被自我挖掘。戴維本是有才之人,一朝「浪子回頭」用在治學上,自然如乾柴見火,終於發出了許多的光和熱。

　　西元 1798 年,格勒哥里・瓦特介紹戴維到一所氣體療病研究室當管理員。戴維對這裡有更好的學習和實驗機會感到滿意。不久,研究室的負責人貝多斯教授發現他有精湛的實驗技術,是個有前途的人才,就提出願意資助戴維進大學學醫。但這時,戴維已下定決心終生從事化學研究。

　　戴維加入貝多斯建立的一所氣體研究所,研究的第一種氣體是一氧化二氮。按照美國化學家米切爾的觀點,一氧化二氮對人體是有害的,當人吸入這種氣體後就會受到致命的打擊。戴維並不盲從,他反覆進行試驗,發現一氧化二氮對人體並無害處,人吸入了這種氣體後,會產生一種令人陶醉的感覺。

　　在研究一氧化二氮過程中,還發生了一場喜劇。一天戴維製取了一大瓶一氧化二氮放在地板上。這時貝多斯來了,他一走進實驗室就誇獎戴維說:「看來我請你來是太對了,你的工作我很滿意。」

　　說著他一轉身碰到一個大鐵三角架,三角架掉了下來,正好砸在裝著大量一氧化二氮的瓶子上,瓶子碎了。實驗室裡充滿了這種氣體。忽然一

向孤僻、冷漠、不苟言笑的貝多斯哈哈大笑起來，隨後戴維也大笑起來。兩人的笑聲震撼了整幢房子。隔壁實驗室的助手們全都跑來了，看到他們竟然狂笑成這個樣子，大惑不解，以為他們犯了神經病。突然助手們明白了，他們倆一定是氣體中毒。的確，當貝多斯稍稍平靜下來時說：「戴維，你的氣體讓我笑得要死，我們快出去透透風吧。」

就是透過這次小喜劇事件，戴維發現了一氧化二氮對人體的刺激作用，所以戴維建議，一氧化二氮可以用在外科手術上。

戴維關於一氧化二氮對人體作用的論著在西元 1800 年出版，對一氧化二氮的麻醉作用進行了全面的評價，認為它是有歷史紀錄以來最好的麻醉劑。從此，牙科和外科醫生開始利用一氧化二氮作麻醉劑；馬戲團的小丑也要在上場之前吸一點一氧化二氮，因為它對人的面部神經有奇異的作用，使人產生意味不同的狂笑。一氧化二氮因此被人稱為「笑氣」。

西元 1801 年戴維被選入皇家學院，擔任學院的講師。皇家學院的宗旨是傳播知識，為大部分人提供技術訓練，鼓勵新的有用代器的發明和改進，並且舉行定期的演講以宣傳上述成果。在戴維任職期間，這種演講進行得更為頻繁。

他本人就是一位卓越的演說家，成功地吸引了廣大的學生、科學家和科學愛好者，其中也不乏無所事事的公子、小姐來附庸風雅。於是，在很短的時間內戴維就成了倫敦的名人，而且在倫敦市裡，科學變得更加時髦起來，皇家學院成了英國科學研究中心和演講科學的重要場所。

戴維把化學元素分成正電性和負電性，只有帶不同電性的元素才能化合形成中性物質，這些中性物質又能被電流極化和分解。每種元素都具有或正或負、或強或弱的電性，這決定了它們間的化學親和力 —— 強正電性的元素與強負電性的元素間的化學親和力強，故非常容易化合，生成穩

第 2 章　近代化學的全球脈絡

定的化合物。後來戴維在密閉的坩堝中電解潮溼的苛性鉀，終於得到了銀白色的金屬。戴維把它投入水中，開始時它在水面上急速轉動，發出嘶嘶的聲音，然後燃燒放出淡紫色的火焰。他確認自己發現了一種新的金屬元素。由於這種金屬是從鉀草鹼中製得的，所以將它定名為鉀。後來他又用電解的方法製得了金屬鈉、鎂、鈣、鍶、鋇以及非金屬元素硼和矽，成為化學史上發現新元素最多的人。

當我們驚嘆於戴維勇於突破權威、尊重事實、富於創新精神時，當皇家學院講座的聽眾們為戴維不斷的發現折服不已時，戴維的健康卻在透支，瘋狂地工作使他十分衰弱。一次，他應邀到監獄考察流行的傷寒病，自己卻受到了感染，在醫院裡幾經搶救才漸漸恢復。

出院後戴維在家療養，一天他收到一封信和一本368頁裝幀精細的書，書的封面寫著《戴維爵士講演錄》，書中卻是手寫體，還有許多精美的插圖。信中寫道：「我是印刷廠裝訂書的學徒，熱愛科學，聽過您的四次演講。現將筆記整理呈上，作為聖誕節的禮物。如能蒙您提攜，改變我目前的處境，將不勝感激 —— 法拉第。」

戴維看了感慨萬千，聯想到自己的身世，他馬上寫信給法拉第，約他一個月後會面。不久，戴維安排法拉第在他的實驗室當助理。雖然要做很多清理和洗刷儀器等勤雜工作，法拉第卻能耳濡目染戴維和他的助手們有關化學的談論以及他們的實驗過程，他感到很高興。戴維很快就看出法拉第的才能，逐漸放手讓他多參與實驗甚至獨立工作。

當時蒸汽機廣泛使用，煤炭開採供不應求，礦井的瓦斯爆炸事件頻繁。在法拉第的協助下，戴維將礦燈的外面加了一個金屬絲網做的外罩，金屬絲網導走了礦燈火焰的熱量，使可燃氣體達不到燃點，瓦斯就不會爆炸了。這種安全礦燈使用了一百多年，拯救了全世界千千萬萬礦工的生

命。礦燈發明之時，正值威靈頓公爵（Arthur Wellesley，1st Duke of Wellington）在滑鐵盧大敗拿破崙後不久。因此，有人把戴維發明安全礦燈與其並稱為英國的兩大勝利。自此，法拉第這個貧窮的裝訂工逐漸成為世界著名的科學家，而戴維也攀上了科學的頂峰。

西元1816年法拉第開始在英國皇家學院舉辦了一系列的演講，取得了輝煌的成功。西元1825年他接替戴維當了實驗室主任。隨著法拉第的聲譽日高，人們常說：「戴維最偉大的發現是發現了法拉第。」

在18～19世紀的化學發展史上，發現化學元素最多的化學家有兩位，一位是瑞典化學家貝吉里斯，另一位就是戴維。

戴維在化學上的貢獻是多方面的，而最卓越的成就是對電化學的研究。他用電解法發現了鉀、鈉、鎂、鈣、鍶、鋇等多種金屬元素，是電化學的創始人之一。西元1820年，他獲得了科學界的崇高榮譽，當選為英國皇家學會主席，英王還授予他勛爵稱號。

戴維在西元1820年當選為英國皇家學會主席以後，皇家學會變得更加生氣勃勃，吸引了大量科學家。戴維希望這些同事都要盡力，並希望從英國政府得到最大的支持。他還建議大不列顛博物館效法巴黎的自然歷史博物館，不僅供大家參觀，也要成為研究中心。

西元1826年戴維因健康原因退出學術研究領域，西元1829年卒於瑞士日內瓦，客死他鄉，年僅51歲。

戴維是一位沒有讀過大學而自學成才的傑出化學家，他的成功留給我們如下啟示：

第一，成才的道路是廣闊的。所謂成才之路，就是人才主體把個人素養與社會實踐需求結合起來，實現理想和成才目標，為社會、為人類做出貢獻的成長道路。雖然成才的道路很寬廣，但歸結起來不外乎兩條：一條

是學院式成才之路，一條是自學成才之路。戴維就是自學式成才的典範。

第二，失敗是成功之母。無論是什麼人，一生順利且從未嘗過失敗的滋味，是不可能的。不管你有多偉大，多麼不同凡響，只要你是一步一步地走著人生之路，那麼就或多或少地會經歷失敗。戴維說：「我的那些最重要的發現都是受到失敗的啟示而做出的。」寬容失敗是催生創新成果的溫床，如果我們一味強調成功、懼怕失敗，就必然導致思想保守、避難求易，進而心浮氣躁。挫折會給予人打擊，為人帶來損失和痛苦，但也能使人奮起、成熟，從中得到鍛鍊。戴維從失敗之樹上摘取了勝利之果，伴隨著不斷的失敗，他得到了成功。所以苦難對於天才是一塊墊腳石，對於能幹的人是一筆財富，對於弱者是一個萬丈深淵。

第三，超強的實驗研究能力是他取得偉大成就的重要條件。在進行氣體研究時，戴維的容量分析實驗技術十分高明，以驚人的速度獲得實驗結果。他並不盲從，對於重複和證明別人的發現不感興趣，但在創新上卻表現出很大的興趣和毅力，因而，他可以發現別人不曾發現的那麼多新元素，解決別人不曾解決的那麼多新問題。這位年輕時就做出了不少驚世之舉而成為舉世矚目的化學家，以高明的實驗技術和實際行動顯示了科學的意義，為提升科學的社會地位做出了突出的成績。

第 5 節　法拉第與電解當量

法拉第（Michael Faraday）是英國化學家，也是著名自學成才的科學家。西元 1815 年 5 月到皇家研究所在戴維指導下進行化學研究；西元 1824 年 1 月當選皇家學會會員；西元 1825 年 2 月任皇家研究所實驗室主任；西元 1831 年，發現了電解當量定律，永遠改變了人類文明。

第 5 節　法拉第與電解當量

　　法拉第於西元 1791 年出生在英國倫敦附近的一個小村裡。他的父親是個鐵匠，體弱多病，收入微薄，僅能勉強維持生活的溫飽。但是父親非常注意對孩子們的教育，要他們勤勞樸實，不貪圖金錢地位，做正直的人，這對法拉第的思想和性格產生了很大的影響。

　　由於貧困，家裡無法供他上學，法拉第幼年時沒有受過正規教育，只讀了兩年小學。12 歲那年，為生計所迫，他上街頭當了報童。第二年，法拉第到倫敦一個裝訂店裡當學徒。店老闆讓他先試做一年，還要他去跑街送報。他沒有別的奢望，感覺跑街送報也不錯，每天把報紙送給租閱的人，到時再取回來。店老闆對法拉第辦事認真的態度和良好的職業道德頗為讚賞，之後，便訂了 7 年合約，安排他負責裝訂科學書籍。從此，他便當上了裝訂店的裝訂工人。

　　沒有進過學校的法拉第，由於在裝訂店經常能接觸到圖書，他發現書裡有無盡的知識。這時的法拉第還沒有表現出超人的天資，但他非常喜歡書，對於那些根本讀不懂的書也能一遍又一遍地讀下去。

　　雖然那些書並不是為他準備的，但是他充分地利用了它們——其實人生的很多機會也是這樣，它們並非刻意為誰而準備，主要看誰能抓住機會。法拉第只要一有空閒，就會抓緊時間閱讀裝訂的書籍。店老闆對一個孩子如此喜歡書感到很奇怪，便對他說：「你儘管讀吧。你不會因為讀懂了書的內容，便成為一個差勁的裝訂工人的。」小法拉第因此獲得了正當的讀書權利。

　　在這期間，法拉第淺嘗了當時許多高等文人才能讀到的書，一些哲學書籍常常引起他的深思；而一些科學書籍更把他的愛好引到科學軌道上。他很喜歡一本實驗化學的書，但要讀懂它並不容易。法拉第並沒有氣餒，讀不懂就去做實驗。他把每週很少的零用錢節省下來，購買最簡單的化學

第 2 章　近代化學的全球脈絡

實驗儀器，參照書上的內容一個個地做了許多實驗。這引起了他對化學的濃厚興趣，他立志要當一名化學家！

法拉第在裝訂百科全書時，看到了一篇關於電學方面的論文，儘管內容在現在看來是很膚淺的，可是法拉第這個對電毫無知識的門外漢要讀懂它卻很困難，但他卻硬讀下去。他很快學會了那篇論文裡的知識，法拉第開始對電產生了興趣。

他在讀那些書的時候，不盲從書中作者的結論，在可能範圍內，總要親自做一下實驗，認真研究一番。往往他在白天繁重的裝訂工作之後，深夜才能進行實驗。有時店老闆的呼喚，使他的實驗不得不中斷，但他必須找時間做完才肯罷休。繁重的工作和貧窮，沒有阻擋住法拉第學習上的進步。

西元 1810 年春天，法拉第路過一家店鋪門口，看見窗戶上貼著一張廣告：每晚 6 時將有關於自然哲學方面的演講，聽講費每次一先令。收入微薄的法拉第，購買實驗儀器已經用去他全部的零用錢，哪有條件去購買聽演講的入場券呢？他哥哥了解到弟弟的困難後，拿出錢鼓勵他去聽演講。

從此，法拉第多次到那裡聽演講。每次聽完，他總要把紀錄整理清楚，有的地方還設法用圖表示出來。對於科學的熱情，隨著知識的增多越來越高漲，法拉第產生了一個念頭，他要到英國皇家學院去聽戴維的演講。

戴維當時已經是倫敦的一位著名講說家，也是世界上享有盛名的化學家。一個裝訂工人要聽這樣名人的演講，似乎有些太不可思議。法拉第不顧這些，大膽地把自己的想法跟店老闆講了。店老闆也許是出於對法拉第這種狂妄心理的好奇，竟然出人意料地答應了他的請求。法拉第馬上買了四張入場券，他開始去聽戴維的演講。

此時已經是西元 1812 年初，法拉第的學徒生涯該要結束了，他開始

第 5 節　法拉第與電解當量

思考自己的未來。那時他仍堅持去聽戴維的演講，他把演講內容記錄下來，回來後又重新謄寫一遍，凡是他認為可以引申的地方還加以補充，而且他還要親自做實驗，然後再把實驗結果記載到筆記本上，並附上必要的圖。經常弄得頭昏，寫到手軟，但他仍然堅持讀書、學習……。就這樣，在西元 1812 年 2 月至 4 月，法拉第記下了厚厚的一本戴維演講錄。

很快，8 年的學徒生涯結束了。如果順其自然，法拉第會成為倫敦市中的一個書籍裝訂商，但是法拉第想做一名科學家。

下一步該怎麼辦呢？

與此同時，皇家學院戴維的精采講座因為其健康等原因停止了。在失落與迷茫之中，法拉第突發奇想，為什麼不和戴維聯繫一下？終於，在西元 1812 年的 12 月，他鼓起勇氣寫了一封信給戴維，並捎上了他精心製作的《戴維爵士講演錄》。奇蹟發生了！

法拉第得到了戴維爵士的接見，並答應幫他爭取工作機會。

西元 1813 年 3 月，21 歲的法拉第開始在皇家學院擔任實驗室助理，他的工作包括幫助戴維做實驗研究，維護設備和幫助教授們準備演講稿。雖然這份工作的薪資比法拉第當書籍裝訂商的收入少，但是他覺得自己彷彿在天堂一般。從此，法拉第開始了他的科學生涯。

法拉第由於勤奮好學，工作努力，所以很受戴維器重。

西元 1813 年 10 月，他隨戴維到歐洲大陸考察，他的公開身分是僕人，但他不計較地位，也毫不自卑，並把這次考察當作學習的好機會。他見到許多著名的科學家，並參加各種學術交流活動，還學會了法語和義大利語，大大開闊了眼界，增長了見識。因此有人說歐洲是法拉第的大學。

西元 1825 年 6 月 16 日，在英國皇家學會舉行的一次學術會議上，法拉第宣讀了他關於發現苯的論文，敘述了怎樣從一種複雜的混合物中分離

第 2 章　近代化學的全球脈絡

出這種碳氫化合物的，還介紹了這種化合物的性質和測定組成的方法和結果。當時的法拉第 34 歲。

在西元 1831 年，法拉第發現了電解當量定律。一系列電解實驗使法拉第意識到電解出的物質量與通過的電流量之間存在著正比關係（圖 2-4）。

當電子發現後，人們計算出電解池中通過 1 mol 電子時流過的電量為 9.65×10^4C（庫侖），常數 96,500 C/mol 就被稱為法拉第常數，以表達人們對他的崇敬和紀念。

西元 1833 年 12 月，法拉第開始對一系列金屬的電化學當量進行測定。除了聖誕節休息一天外，他的全部時間都用在完成這些實驗上。他的論文發表在西元 1834 年 1 月的《皇家學會自然科學學報》(*The Philosophical Transactions of the Royal Society*)，在論文中法拉第第一次使用了沿用至今的「陽極」、「陰極」、「電解」和「電解質」的專用名詞。

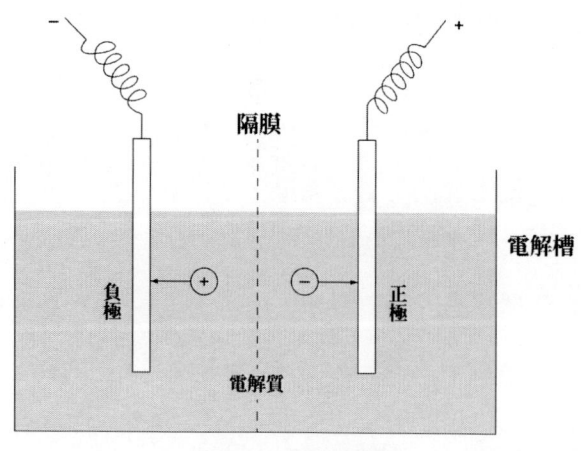

圖 2-4　電解原理

西元 1867 年 8 月 25 日，這位偉大的科學家安然去世。法拉第一生對人態度和藹可親，寬宏大量。他對自己要求嚴格，有錯即改，絕不文過飾非。他 33 歲時被選為英國皇家學會會員，34 歲升任皇家研究所的實驗室

主任。西元 1846 年，他由於在電學方面的傑出貢獻而獲得拉姆福德獎章（Rumford Medal）和皇家獎章（Royal Medal）。把兩枚獎章授予同一人，這在皇家學會的歷史上是十分罕見的。英國曾為紀念法拉第而發行了 20 英鎊的紙幣。

法拉第出身於貧苦家庭。他從一個窮鐵匠的兒子，經過自己的艱苦努力，克服了重重困難，成長為一位為人類做出重大貢獻的科學大師。他堅韌不拔、不斷追求科學真理的大無畏精神；一切從客觀實踐出發，重視科學實驗的唯物主義態度；以及不盲目崇拜權威，勇於提出獨特見解的創新精神，展現了一個科學家的優秀品格，永遠值得我們學習和敬仰！

第 6 節　卡文迪許與空氣組成

歷史上許多著名科學家都有自己的鮮明形象，在他們當中，英國化學家卡文迪許（Henry Cavendish）的形象也許有點奇特，但是他獻身科學的一生給後人留下的印象卻是完美而深刻的。17～18 世紀，在歐洲的科學家中，出身中產階級的為數不少。當時沒有專門的科學研究機構，很多科學家是業餘的，他們根據自己的愛好進行一些科學研究，器材、藥品都得花自己的錢。這就要求科學家不僅具備一定的經濟條件，更需要一顆奉獻給科學的心，卡文迪許恰好具備了這一切。

西元 1731 年 10 月 10 日，卡文迪許出生於英國一個貴族家庭。父親是德文郡公爵二世的第五個兒子，母親是肯特郡公爵的第四個女兒。早年，卡文迪許從叔伯那裡承接了大宗遺產。西元 1783 年父親逝世，又留給他大筆遺產。這樣他的資產超過了 130 萬英鎊，成為英國鉅富之一。儘管家財萬貫，他的生活卻非常儉樸，他身上穿的永遠是幾套過時陳舊的紳

第 2 章　近代化學的全球脈絡

士服，吃得也很簡單。這些錢該怎麼用，卡文迪許從不考慮。

有一次，經朋友介紹，一老翁前來幫助他整理圖書。此翁窮困可憐，朋友希望卡文迪許給他較豐厚的酬金。哪知老翁工作完後，酬金一事卡文迪許一字未提。事後那朋友告訴卡文迪許，這老翁窮困潦倒，請他幫助。卡文迪許驚奇地問：「我能幫助他什麼？」

朋友說：「給他一點生活費用。」

卡文迪許急忙從口袋掏出支票，邊寫邊問：「2 萬英鎊夠嗎？」

朋友吃驚地叫起來：「太多，太多了！」可是卡文迪許已經將支票寫好。由此可見，錢的概念在卡文迪許的頭腦中是很淡薄的。

在當時，貴族的社交生活花天酒地，卡文迪許卻從不涉足。他只參加一種聚會，那就是皇家學會的科學家聚會，目的很明確：就是為了增進知識，了解科學動態。當時的目擊者是這樣描述的：卡文迪許來參加聚會，總是低著頭，屈著身，雙手搭在背後，悄悄地進入室內。然後脫下帽子，一聲不響地找個地方坐下，對別人不加理會。若有人向他打招呼，他會立即面紅耳赤，十分羞澀。有一次聚會是一位會員做實驗示範，這位會員在講解中發現，一個穿著舊衣服、面容枯槁的老頭緊挨在身邊認真聽講，就看了他一眼，老頭急忙逃開，躲在他人身後。過一會兒，這老頭又悄悄地擠進前面注意地聽講。這奇怪的老頭就是卡文迪許。

許多熟人都知道卡文迪許性情孤僻，不喜歡與人交談，能與卡文迪許交談的沒有幾個人。化學家渥拉斯頓（William Wollaston）算是其中一個，他總結了一條經驗：「與卡文迪許交談，千萬不要看他，而要把頭仰起，兩眼望著天，就像對空氣談話一樣，這樣才能聽到他的一些見解。」

就是這樣，卡文迪許沉默寡言，在同齡人中，可能是話說得最少的人。這種怪僻性格的形成與他從小生長的環境有一定關係。他 2 歲時，母

第 6 節　卡文迪許與空氣組成

親病逝，從此失去了母愛。父親忙於社交活動，丟下他交由保母看管，與外界極少往來。直到 11 歲才被送入一所專收貴族子弟的學校，在學校裡他仍然很少與別人交往，這使他顯得特別孤獨、羞怯。

由於這種古怪的性格，卡文迪許長期深居獨處，整天埋頭於科學研究的小天地。他把家裡的部分房子進行了改造，一所公館改為實驗室，一處住宅改為公用圖書館，把自家豐富的藏書提供給大家使用。西元 1733 年父親死後，他將實驗基地搬到鄉下的別墅，將別墅富麗堂皇的裝飾全部拆去，大客廳變成實驗室，樓上臥室變成觀象臺。甚至宅前的草地上也豎起一個架子，以便攀上大樹去觀測星象。

雖然社交生活中他沉默寡言，顯得很孤僻，但是在科學研究中，他思路開闊，興趣廣泛，顯得異常活躍。上至天文氣象，下至地質採礦，抽象的數學，具體的冶金工藝，他都進行過探討。特別在化學研究中，他有極高的造詣，取得許多重要的成果。西元 1766 年，卡文迪許發表了他的第一篇論文〈論人工空氣的實驗〉，這篇論文主要介紹了他對二氧化碳、氫氣的實驗研究。

自西元 1766 年發表第一篇論文，他開始引起社會的重視，以後又陸續發表了一些富有成果的報告，逐漸引起英國乃至歐洲科學界的震驚。當時有人表示懷疑，為此英國皇家學會曾召集了一個委員會，重複卡文迪許的實驗，結果完全證實了卡文迪許卓越的實驗技巧和他對科學的誠實態度。

他在西元 1783 年研究了空氣的組成，做了很多實驗，發現普通空氣中氮約占五分之四，氧約占五分之一（圖 2-5），發表論文的題目是〈空氣試驗〉。也就是這個時候，他發現水是由氫和氧兩種元素組成，確定了水的成分，肯定了它不是元素而是化合物。

第 2 章　近代化學的全球脈絡

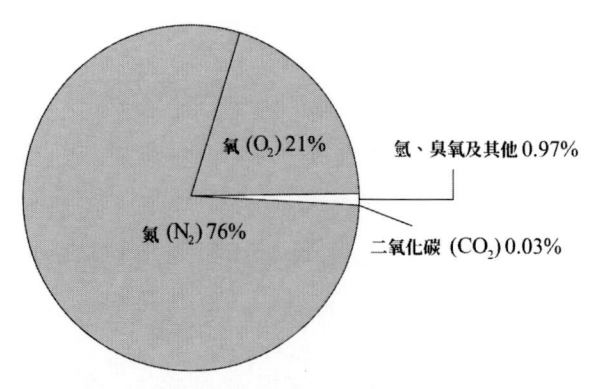

圖 2-5　空氣的組成及其按體積所占的百分比

　　卡文迪許於西元 1810 年 3 月 10 日以 79 歲高齡與世永別，他一生奇特而完美的科學家形象永遠留在人們心中 ──「有學問人中最富有的，有錢人中最有學問的」；而且，當今天學習空氣、水、二氧化碳等化學知識時，我們不能不提到他。回顧卡文迪許的成就，我們可以從他身上學習到以下方面：

　　第一，少說話多行動、勤於思考的奮鬥精神。雖然卡文迪許沒有得到任何學位，西元 1753 年他因為不贊成劍橋大學的宗教考試，沒有取得學位就離開了大學，但從他離開大學以後，每週從不間斷地旁聽英國皇家學會報告廳的各種講座，認真做筆記，回家後認真思考，並動手做實驗加以驗證。他常常從實驗中發現問題，繼而進行更深入的研究，他的許多成就是這樣得來的。

　　第二，不圖名利的品格。因為繼承鉅額遺產，成為當時英國銀行裡最大的儲戶，但他一生所過的生活十分樸素，除了為自己建立一個設備一流的實驗室外，其他的都原封不動存入了銀行。卡文迪許從事科學研究活動也是不圖名、不圖利，他的許多論文和實驗報告沒有急於發表。也許由於慎重，也許由於羞怯，所以在將近 50 年的科學研究生涯中，他沒有寫一本書，這對於促進科學研究的發展是很可惜的。

第三，尊重科學實驗的態度。在今天，尊重科學實驗儘管已是老生常談的話題，但是，在很多時候我們並沒有在科學實驗面前展現出虔誠的態度。例如，學生在實驗過程中總是以教材所描述的現象為對照，科學研究者總是希望得到自己預期的結果。然而化學反應是千變萬化的，只有尊重科學實驗才能有所發現。

為了紀念卡文迪許，他的後代捐款給英國劍橋大學，在西元1871年建立了一座實驗室，這就是著名的卡文迪許實驗室。這座實驗室在19世紀後期和20世紀初成為世界上最有名的實驗室，其中關鍵性設備都提倡自製。百年以來，由卡文迪許實驗室培養的諾貝爾獎得主已達26人。

當你去英國旅遊或學習時，可以到著名的劍橋大學卡文迪許實驗室看看！

第7節　道耳吞與原子論

西元1766年9月6日道耳吞（John Dalton）出生在英國西北部一個貧窮落後的農村。他的父親是一個手工藝者，養活六個子女，生活十分拮据。道耳吞只讀了幾年私塾，從12歲起就邊教私塾邊種地。15歲那年他應表兄之邀，到一個城市的寄宿制國中擔任助理教員。

在這裡，道耳吞努力自學拉丁語、希臘語、法語、數學和自然哲學（相當於理化生物的綜合）。據說在這所學校的12年中，他讀的書比以後50年的還多。正是這種勤奮學習，為道耳吞當時的教學和以後的科學研究奠定了堅實的基礎。

從偏遠的農村來到這雖不大的城市，道耳吞感覺天地開闊。他十分希望得到博學老師的指點，當聽說學校附近住著一位雙目失明的學者時，馬

第 2 章　近代化學的全球脈絡

上趕去拜訪。這位學者名叫豪夫，道耳吞在他的輔導和鼓勵下，學到了很多外語和科學知識，並開始對自然界進行觀察，蒐集動植物標本，特別是每天詳細記錄氣候變化。

為了觀察氣象，道耳吞經常到山區、林區和湖沼地帶，用自製的溫度計、氣壓計觀測氣象，五十多年如一日堅持記錄氣象數據，全部觀測紀錄達二十多萬條。當時氣象學還是一門很薄弱的科學，很少有人進行這方面的研究。西元 1793 年道耳吞出版了他的第一部科學著作——《氣象觀察與隨筆》(*Meteorological Observations and Essays*)，初步總結了觀測結果，對氣象學的發展，起了一定的啟蒙作用。這年道耳吞 27 歲，從此這位國中教員引起了科學界的注意和重視。

由於這部論文集的出版，加上盲人學者豪夫的推薦，道耳吞被曼徹斯特城一所專科學校聘去擔任講師，講授數學和自然哲學。後來，他還開設了化學課程，開始系統地學習化學知識。

在學習中，道耳吞有一種可貴的韌勁，憑著這種韌勁，他最終成為一個大城市裡高等學校的教師，生活開始有了保障。曼徹斯特是當時英國蓬勃發展的紡織業中心，交通便利，文化發達。

道耳吞在這裡很容易接觸到新知識，加速了他在科學上的成長。

他經常到那裡的公共圖書館借出各種書籍，閱讀到深夜。他在寫給故鄉親友的一封信中曾敘述他那一段時間的學習情況：「我的座右銘是：午夜方眠，黎明即起。」

專科學校藉著道耳吞的名聲，卻無意培養道耳吞這樣好學的青年。道耳吞在這所學校的教學任務很重，又沒有實驗室，特別是沒有從事研究的時間，他感到很煩惱。西元 1799 年他毅然辭去了講師職務。辭職以後，道耳吞租了幾間房，建立一個自己的實驗室。他一邊學習研究，一邊招收

第 7 節　道耳吞與原子論

幾位學生，私人授課。雖然收入少了，但他卻贏得了時間。除每星期四下午到郊外的草地上打幾個小時的曲棍球，作為一星期的娛樂休息外，他的大部分時間都花在實驗研究上。在這裡，他完成了名著《化學哲學新體系》(*A New System of Chemical Philosophy*)。

在氣象觀測和氣體性質的研究中，道耳吞認為，物質的微粒結構是存在的，這些質點也許是太小了，即使採用顯微鏡也無法看到。這時他想起了西元前古希臘哲學家提出的原子假設，於是他選擇了「原子」這一名詞來稱呼這種微粒。那麼怎樣證實氣體原子的存在呢？道耳吞認為，必須測定各種原子的相對質量和不同原子合成新粒子的組成。

他以氫原子量作為基準，利用化學家對一些物質的分析結果，換算出一批原子的相對質量。這就是世界上第一張原子相對質量表，記載在道耳吞西元 1803 年 9 月 6 日的日記中，這一天恰好是他 37 歲的生日，因而更富有意義。西元 1803 年 10 月，在曼徹斯特「文學和哲學學會」上，道耳吞第一次闡述了他關於原子論以及原子量計算的見解，並公布了他的第一張包含有 21 個數據的原子量表。

他根據氣體的體積或壓強隨溫度升高而增大這一事實，把氣體間的排斥力解釋為熱的作用，並且形象而明確地描述了氣體微粒 —— 原子。道耳吞認為同種物質的原子，其形狀、大小、質量都是相同的；不同物質的原子，其形狀、大小、質量都是不同的。

道耳吞原子學說的建立具有重大的科學意義。首先，它在理論上統一解釋了一些化學基本定律和化學實驗事實，揭示了質量守恆定律、當量定律、定比定律和倍比定律的內在連繫。

更重要的是，近代原子學說與化學基本定律的連繫，使它成為可以驗證的學說，這就使它去掉了哲學外衣，而成為一種科學，因此，很快就得

到了重視和接受。其次，道耳吞原子學說的建立，象徵著人類對物質結構的認知前進了一大步。它為以後的物理學、化學、生物學的發展奠定了理論基礎，特別是促進了化學的迅速發展，開闢了化學全面、系統發展的新時期。

道耳吞完全是靠自學成才的偉大學者。家境貧寒並沒有削弱他追求知識和真理的決心。他那驚人的毅力和頑強不息的奮鬥精神，至今仍值得我們學習。他在晚年總結自己成功的經驗時說：「如果說我比其他人獲得更大成功的話，那麼主要是靠不斷勤奮地學習研究得來的。如果有人能夠遠遠地超越其他人，與其說他是天才，不如說是他專心致志堅持學習、不達目的誓不罷休不屈不撓的精神所致。」這正是道耳吞一生治學態度的真實寫照，也是他建立不朽功績的主觀原因。

西元1844年7月28日凌晨，道耳吞像嬰兒入睡一樣安詳去世，享年78歲。曼徹斯特的市民對道耳吞的逝世感到非常悲痛。當時的市政廳立即做出決定，授予這位科學家以榮譽市民稱號，將他的遺體安放在市政廳，4萬多市民絡繹不絕地前去致哀。送葬時，有100多輛馬車相送，數百人徒步跟隨，沿街商店也都停止營業，以示悼念。一位終身未娶、沒有後人也沒有錢財的普通市民，在死後能獲得這種非同尋常的禮遇，可見人們對道耳吞的崇敬。

第8節　貝吉里斯與同分異構

貝吉里斯（Jöns Jacob Berzelius）是瑞典化學家，現代化學命名體系的建立者，矽、硒、釷和鈰元素的發現者，與道耳吞和拉瓦節並稱為近代化學之父。

第 8 節　貝吉里斯與同分異構

西元 1779 年 8 月 20 日，貝吉里斯出生在瑞典南部的一個名叫韋瓦爾孫達的小鄉村。他的父母都是農民，在他 4 歲時，父親因病去世。6 歲時，母親帶著他和妹妹改嫁給一位牧師。兩年後，貝吉里斯的母親患病去世。就這樣，年僅 8 歲的貝吉里斯成為可憐的孤兒。

幸運的是，已經有 5 個兒女的繼父對待貝吉里斯兄妹倆就像親生兒女一樣，對他們進行培養、教育。牧師並不富有，但仍然盡力籌措了相當一筆錢，為 7 個孩子請了一位博學的家庭教師。在家庭教師對孩子們進行教育的同時，牧師還非常注意滿足孩子們的求知欲，經常特地為教育的目的帶他們去郊遊。

河邊有各式各樣的植物，清澈見底的水中，魚兒在游水吐泡，小蝦、小蟹在鵝卵石中鑽來碰去。小河邊一年四季的景物各不相同，對孩子們來說，沿著小河旅行無疑是一場非常有吸引力的遊戲。貝吉里斯喜歡這種旅行，尤其是繼父經常對他觀察到的事物加以指點與幫助。漸漸地，他開始愛上大自然，有時他躺在河邊軟軟的草地上，仰望著天空中的朵朵白雲，彷彿覺得自己是大自然的一部分。貝吉里斯十分醉心於研究野外的動植物，繼父對他關於植物的精到見解感到驚奇。有一次繼父說：「貝吉里斯，你有足夠的天賦去追隨林奈的足跡！」林奈（Carl von Linné）是瑞典植物學家、冒險家，他潛心研究動植物分類學，並創造出統一的生物命名系統，是 18 世紀最傑出的科學家之一。

貝吉里斯中學期間，對於那些繁雜的社會科學課程不會太努力，但對自然科學他表現出極大的興趣，經常蒐集各種植物、動物標本，還喜歡去打獵。在一位剛從西印度群島做學術旅行回來的博物學教師的指導下，貝吉里斯開始對動植物進行較為系統的研究。在整個中學階段，他留給老師們的印象是：一個天賦好、志向廣泛但脾氣很急的年輕人。

西元 1796 年，他考入烏普薩拉大學醫學院。進入大學後，貝吉里斯

申請助學金，因無名額只好去當一年家庭教師，直到接到助學金發放通知才回大學唸書。雖然家庭教師收入相當微薄，但這種自食其力的生活卻培養了他堅強的意志和熱愛工作的品格。為了幫來自不同國家的移民孩子上課，貝吉里斯又開始自學法語、德語和英語，正是這些語言方面的知識在他後來利用多國語言研究各種學術著作中發揮了很大的幫助作用。

即使有微薄的助學金，在大學期間貝吉里斯還是每逢暑假去做臨時工賺錢。就這樣，靠自力維持生活，克服了一個又一個困難艱難地前進。千辛萬苦從大學畢業後，儘管最初的求職也不順利，但他在科學研究上也是依然樂觀，終於在生活的煎熬中成就了一番驚天動地、流芳百世的事業。在西元1820～1840年的20年間，他是當時全球化學界的泰斗。

貝吉里斯的化學成就不計其數。他改革了化學符號，創造性地用拉丁文表示元素符號，測定了相對原子質量，特別突出的是在分析化學方面——貝吉里斯不僅發明定性濾紙，而且極大地推動了有機分析的發展。由於擅長分析，貝吉里斯發現了很多元素，如西元1823年用鉀還原法發現矽（Si）、鋯（Zr），還製得過鈰（Ce）的氧化物及不純的釷（Th）。在此之前的西元1818年，還用吹管分析法發現了硒（Se）。

另外，西元1835年貝吉里斯在總結前人工作基礎上第一個提出「催化劑」的概念。不僅如此，貝吉里斯還創立了「電化學說」，在當時，他提出的電化二元論幾乎解釋了當時已知的全部無機物的結構，故在西元1820年被化學界普遍接受。

西元1824年，他發現了同分異構現象（圖2-6）。所謂同分異構現象是指有機物具有相同的分子式，但具有不同結構的現象。並以他對原子論的深刻理解，明確指出組成相同的兩種化合物性質之所以不同，是由其內部原子的排列方式不同造成的。

第 8 節　貝吉里斯與同分異構

西元 1822 ～ 1847 年，貝吉里斯編輯出版文摘性國際學術刊物《物理、化學進展年報》，共 27 期，對 19 世紀上半葉世界化學的發展發揮了極大的整合與推動作用。在年報中，他對那個時代大科學家們的大多數著作做出公正的學術分析和評價。他鼓勵並培養了一批有才能的青年，同時以非常有力的評判封閉了無能之輩的道路。編輯年報，以及用幾種語言和當時歐洲大部分知名學者通訊，使貝吉里斯的科學視野十分開闊，他能掌握當時科學發展的方向性問題。這位偉大的化學家於西元 1848 年 8 月 7 日與世長辭，時年 69 歲。

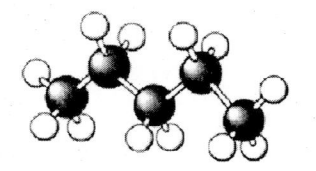

正戊烷

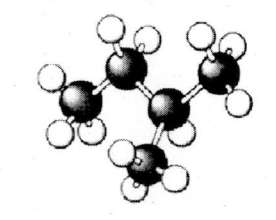

異戊烷

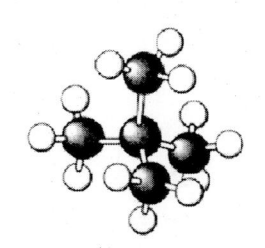

新戊烷

圖 2-6
戊烷同分異構體的球棍模型

貝吉里斯的成功給我們如下啟示：

第一，對綜合方法的運用。正是他綜合了別人很多相關的發現，將已知推廣到未知，富有創造性的操作，才取得了重大成果。綜合的方法對科學發現的重要意義可以從科學發展史的角度來認識，一部科學發展史充滿著不同假設、理論之間的爭論和抗爭，在科學革命時期還會有舊的概念的消滅與新的概念的興起。然而，這些質的飛躍都無法割斷與舊知識之間的連繫，而且科學研究也不可能不利用和繼承舊有的知識。舊有的知識即使是錯誤的，也能從反面啟迪研究者的思路而成為科學發現的推動力量。所以，當科學事實或科學知識累積到一定程度，需要從更廣的角度和更深的層次來揭示事物的內在統一性，這時科學家要通觀全域性，做綜合的概括工作，推動科學的發展。貝吉里斯正是這樣一位在化學發展史上通觀全域性的綜合大師。

第二，富有創見的實驗方式。身為實驗化學家，他的傑出特點是：正確周密的實驗操作，認真如實的科學觀察，巧妙地概括個別的實驗結果，廣泛地蒐集有關事實，依照充分的論據來進行推理，以及不知疲倦的奮鬥精神和不屈不撓的頑強毅力。貝吉里斯的這些傑出品格，曾受到英國大化學家戴維等人的稱讚，這些品格的確是他能夠完成偉大事業的重要原因。

第三，科學發現需要非凡的想像力。想像力是思想的翅膀，是一切科學家、發明家以及所有創新活動不可缺少的能力。就像愛因斯坦所說：「想像力比知識更重要，因為知識是有限的，而想像力概括著世界的一切，推動著世界的進步，是人類知識進步的泉源。」

第9節　亞佛加厥與分子學說

亞佛加厥（Ameldeo Avogadro），西元1776年出生在義大利杜林市一個世代沿襲的著名律師家庭。按照父親的願望，亞佛加厥攻讀法律，16歲時獲得法學學士學位，20歲時又獲得宗教法博士學位。此後亞佛加厥當了3年律師，喋喋不休的爭吵和爾虞我詐的爭鬥使他對律師生活感到厭倦。西元1800年他開始研究數學、物理、化學和哲學，並發現這才是他的興趣所在。

西元1799年義大利物理學家伏打發明了伏打堆，使亞佛加厥把興趣集中於探索電的本性。西元1803年他向杜林科學院提交了一篇關於電的論文，受到好評，第二年就被選為杜林科學院的通訊院士，這一榮譽使他下決心全力投入科學研究。西元1806年，亞佛加厥被聘為杜林科學院附屬學院的教師，開始了他一邊教學、一邊研究的新生活。

西元1809年他被聘為韋爾切利皇家學院教授，並一度擔任院長，在

這裡他度過了卓有成績的 10 年，分子假說就是在這裡研究和提出的。西元 1819 年，亞佛加厥成為杜林科學院的正式院士，不久擔任了杜林大學的教授。

亞佛加厥在化學方面的主要成就是分子學說，以區別原子與分子，並指出分子由原子組成。西元 1811 年，他發現了亞佛加厥定律，即在標準狀態（0°C，101,325Pa），同體積的任何氣體都含有相同數目的分子，而與氣體的化學組成和物理性質無關。

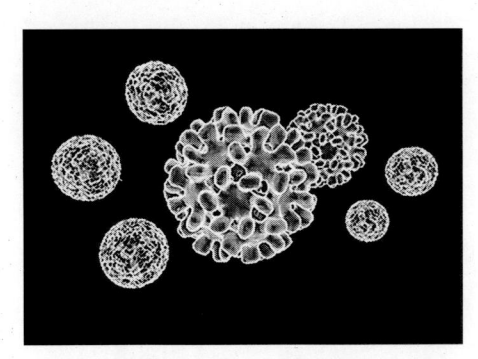

圖 2-7　亞佛加厥常數

此後，又發現了以他名字命名的亞佛加厥常數（Avogadro constant），即 1 mol 的任何物質的分子數其數值是 6.02×10^{23}（圖 2-7）。現在，亞佛加厥定律已被全世界科學家所公認，亞佛加厥常數是自然科學中重要的基本常數之一。亞佛加厥是第一個認知到物質由分子組成、分子由原子組成的人。

現在，大家都認知到分子論和原子論是個有機連繫的整體，它們都是關於物質結構理論的基本內容。然而在亞佛加厥提出分子論後的 50 年裡，人們的認知卻不是這樣。原子這一概念及其理論被多數化學家所接受，並被廣泛地運用來推動化學的發展，然而關於分子的假說卻遭到冷遇。由於受到當時化學權威道耳吞、貝吉里斯的「原子不可能結合」理論

的反對，自從西元 1821 年他發表的第 3 篇關於分子假說的論文沒有被重視和採納後，他開始把主要精力轉到物理學方面，而分子學說被淹沒達半個世紀。

他的分子假說奠定了原子－分子論的基礎，推動了物理學、化學的發展，對近代科學產生了深遠的影響。但是，他這個假說長期不為科學界所接受，主要原因也是當時科學界還無法區分分子和原子，同時由於有些分子發生了解離，出現了一些亞佛加厥假說難以解釋的情況。直到西元 1864 年，亞佛加厥假說才被普遍接受，後稱為亞佛加厥定律。它對科學的發展，特別是相對原子質量的測定工作，發揮了重大的推動作用。

亞佛加厥一生從不追求名譽地位，非常謙遜，只是默默埋頭於科學研究工作，並從中獲得極大的樂趣。他沒有到過國外，也沒有獲得任何榮譽稱號，但是在他死後卻贏得了人們的崇敬。1911 年，人們為了紀念亞佛加厥定律提出 100 週年，在紀念日發行了紀念章，出版了亞佛加厥選集，在杜林建成了亞佛加厥的紀念像並舉行了隆重的揭幕儀式。亞佛加厥常數的命名，就是最好的紀念。

第 10 節　貝托萊與氯酸鉀

貝托萊（Claude Berthollet），法國化學家，西元 1748 年 12 月 9 日出生於現今的上薩瓦省，畢業於杜林大學。他於西元 1772 年在巴黎定居，由於傑出的化學工作很快獲得了很高的聲譽，以至於西元 1780 年他被接納為科學院院士。

瑞典化學家舍勒於西元 1774 年用濃鹽酸與二氧化錳反應製得了氯氣，但對它究竟是游離態的單質氣體還是化合態的氣體，仍然不清楚。後來貝

第 10 節　貝托萊與氯酸鉀

托萊繼續研究氯氣。他首先將氯氣通入一個冷的空玻璃瓶裡，讓氯氣裡的含酸蒸氣受冷凝結，再將除去酸蒸氣的氯氣依次通入三個盛滿水的瓶子，使氯氣溶於水。發現溶有氯氣的水溶液，在有光照的地方可以分解成鹽酸和氧氣。

我們現在知道，氯和水反應生成的次氯酸在光照下分解：

$$Cl_2 + H_2O \rightarrow HCl + HClO$$

$$2HClO \rightarrow 2HCl + O_2$$

貝托萊以此判斷出氯氣是鹽酸和氧結合成的，這個判斷顯然跟其他一些研究矛盾。他得出這個錯誤判斷的表面原因，似乎在於他忽視了水和氯氣的反應。但更深層的原因，是他深受拉瓦節「所有的酸中都含有氧基」結論的影響。

當時拉瓦節的「氧是成酸元素」的論點已深深地印在廣大化學家的腦子裡。貝托萊深信這個論點，因而他認為氯是某種氧化物。既然氯氣是某種氧化物，那麼鹽酸就應該是某種氧化物未知的基和氫的化合物。而最終解決這個問題的是戴維。

戴維在研究碲的化學性質時發現碲化氫是一種酸，但是它並不含有氧，使他開始懷疑氧是否存在於所有的酸中。他認為只有認為氯是一種元素，那麼有關氯的所有實驗才能得到合理的解釋。西元 1810 年 11 月，戴維在英國皇家學會宣讀了他的論文，正式提出氯是一種元素。將這種元素命名為氯，為黃綠色的意思。他指出所有的劇烈發光、發熱的反應（如鐵絲、銅絲、氫氣在氯氣中的燃燒）都是氧化反應，氯和氧一樣都可以助燃，氧化反應不一定非要有氧氣參加，經氧化反應生成的酸中也不一定含有氧。戴維還提出，在酸中氧是非本質性的，無氧酸中不含氧；但是酸中都含有氫，氫在酸中具有重要意義。這個見解未引起人們的注意，直到西

第 2 章　近代化學的全球脈絡

元 1837 年，德國化學大師李比希（Justus Freiherr von Liebig）對酸類進行全面綜合分析研究之後，才振興了戴維關於酸的氫學說。

在氧氣的實驗室製法中我們知道氯酸鉀這種白色固體物質，能在二氧化錳催化和加熱條件下分解，迅速大量地產生氧氣，因而也就成為實驗室製氧的首選藥品了。然而氯酸鉀也像許多化學藥品那樣，除了它這個學名之外，還有另外一個響亮的名稱叫貝托萊鹽。

原來，貝托萊用二氧化錳與鹽酸反應製出了氯氣，然後又把氯氣溶進水裡，注意到此溶液會逐漸變成無色並放出氧氣。

他繼續研究發現，氯氣在與苛性鉀溶液作用時要比與水反應容易，氯氣與苛性鉀溶液反應會生成兩種鹽，一種是常見的氯化鉀，另一種是什麼當時還不得而知。

不知道就得再研究，他決定把它研磨。也不知是他故意讓這新物質與硫黃見見面呢，還是忘了把研缽洗乾淨，他剛研了兩下，研缽裡就發生了爆炸，炸得研杵飛出！貝托萊用雙手捂住自己燒傷的臉頰，半天才知道發生了什麼。

待他整理完現場，不覺又轉驚為喜：既然這新物質與硫黃研磨有這麼強的爆炸力，我何不用它來製炸藥呢？於是，終於研製成了用硫黃、炭粉和氯酸鉀混合製成的炸藥──類似今天做砸炮的一種炸藥。後人為了紀念貝托萊，就將這種鹽叫貝托萊鹽。

所以我們必須記住：氯酸鉀這種常用製氧藥品萬萬不能與硫、磷、炭等物質混研、共熱──特別是不能把炭粉當成二氧化錳，與氯酸鉀混合製氧，因為兩者都是黑碳粉末，極易疏忽混淆，那在加熱時常會發生猛烈爆炸。

西元 1785 年，貝托萊提出把氯氣的漂白作用應用於生產，並注意到

氯氣溶於草木灰形成的溶液比氯水漂白能力更強，而且無逸出氯氣的有害作用。西元 1789 年英國化學家特南特（Smithson Tennant）把氯氣溶解在石灰乳中，製成了漂白粉。

貝托萊是巴黎綜合工科學校的創始人，法蘭西科學院院士。他與拉瓦節一起制定了化合物的第一個合理命名法；發現氯的漂白作用；製備了氯酸鉀；確定了氫氰酸的成分，以此說明酸不一定含氧。編著有《化學命名法》（*Méthode de nomenclature chimique*）、《化學靜力學》、《染色技術原理》等，對近代化學的發展做出了重大貢獻。

第 11 節　給呂薩克與氣體定律

給呂薩克（Joseph Louis Gay-Lussac），法國物理學家、化學家，西元 1778 年 12 月 6 日出生在法國利摩日地區。給呂薩克的父親是當地的一名檢察官，家境比較富裕。但他 11 歲那年，法國爆發了資產階級大革命，不久，革命的浪潮衝擊了這個家庭，西元 1793 年，其父被捕，家庭的社會地位和經濟生活發生了重大變化。給呂薩克在本地只受過初等教育，以後就到了巴黎。

西元 1797 年，他進入巴黎綜合工科學校讀書。之所以選擇這所學校，一是因為該校學生一律享受助學金，可以減輕家庭的負擔；二是該校學術水準較高，不少著名的專家學者都在這裡任教。像貝托萊這樣的著名化學家，就在這裡講授有機化學課程。給呂薩克由於勤奮好學，熱愛化學專業和實驗技術，深得貝托萊等教授的賞識。

西元 1800 年從學校畢業，貝托萊留他做助手，協助自己進行科學研究工作。給呂薩克非常重視科學觀察和實驗，他總是認真把實驗數據及時

第 2 章　近代化學的全球脈絡

一一記錄下來,每當坐下來的時候,就全神貫注地研究起那些實驗現象,分析實驗數據,認真反覆思考,謹慎得出自己的結論。

他尊重事實而不迷信權威,因此,能夠洞察人們所不知的奧祕,發現科學真理。當時,貝托萊正在與化學家普魯斯特圍繞著定比定律進行一場激烈的學術爭論,貝托萊讓給呂薩克以實驗事實來證明自己的觀點,給對方以駁斥。然而,給呂薩克經過反覆的實驗,所記錄到的事實都證明其導師的觀點是錯誤的,他毫不猶豫地將這個結果如實匯報給老師。貝托萊看完他的實驗紀錄後,不禁露出微笑。他對給呂薩克說:「我為你感到自豪,像你這樣有才能的人,沒有理由讓你繼續當助手,哪怕是為最偉大的科學家當助手!你的眼睛能發現真理,洞察人們所不知的奧祕,這一點不是每一個人都能做到,你應該獨立進行工作。從今天起,你可以進行你認為必要的任何實驗。」

貝托萊高度讚賞他的敏捷思維、高超的實驗技巧和強烈的事業心,將自己的實驗室讓給他進行工作,這對給呂薩克早期研究發揮了很大作用。西元 1809 年他升任該校化學教授。

給呂薩克在化學上的貢獻,首先是在氣體化學方面。他發現了以他的名字命名的給呂薩克定律。他的工作始於對空氣組成的研究。為了考察不同高度空氣的組成是否一樣,他曾冒險乘坐熱氣球升入高空進行觀察與實驗。

西元 1804 年 8 月一天,天氣晴朗,萬里無雲,炎熱的天氣,不見一絲微風。他和自己的好友、法國化學家必歐 (Jean-Baptiste Biot) 用浸有樹脂的密織綢布做成一個巨大的氣球,裡面充進氫氣。膨脹的氣球在陽光下閃閃發光,給呂薩克與必歐坐進氣球下面懸掛的圓形吊籃裡。氣球徐徐上升,他們揮手與歡呼的送行者們告別。貝托萊教授親臨現場,隨著大家呼

第 11 節　給呂薩克與氣體定律

喊著：「一路平安！」

他們在緩慢上升的氣球吊籃裡，忙著進行空氣樣品的採集，不斷測量著地磁強度。緊張的工作使他們顧不上由於高空反應帶來的頭昏、耳痛等身體的不適，凍得渾身發抖，仍堅持這次考察活動，終於取得大量第一手數據。但是，給呂薩克對首次探險的收穫並不滿足。

一個半月以後，他又單獨進行了第二次升空探索。為了減輕負荷，提升升空高度，他盡量輕裝。當氣球升至 7,016 公尺時，他毅然把椅子等隨身物件扔了下來，使氣球繼續上升。正在田間工作的人們看到天上紛紛落下許多東西，都不清楚究竟發生了什麼事。而給呂薩克卻創造了當時世界上乘氣球升空的最高紀錄。

兩次探測的結果顯示：在所到的高空領域，地磁強度是恆定不變的；所採集的空氣樣品，經分析證明，成分基本上相同，但在不同高度的空氣中，含氧的比例是不一樣的。西元 1808 年發表了今天以他名字命名的氣體給呂薩克定律，對化學的發展影響很大。

給呂薩克真是一位勇敢的探險者，他經常和危險的、有害的氣體及藥品打交道，從不畏縮。據說在一次實驗中，坩堝發生爆炸，他受了重傷，躺了 40 天，剛可以下床行走，就到實驗室工作。久而久之，給呂薩克得了嚴重的關節炎，常常水腫不消，十分痛苦，但是他仍一瘸一拐地做各種實驗。

西元 1806 年，在法國科學院的慶祝大會上，給呂薩克當選為該院正式院士。其後，他繼續開展對氣體化學反應的研究。他往容器裡充滿等體積的氮和氧，然後讓混合物通過電火花，於是就產生了新的氣體一氧化氮。

硼元素的發現，是給呂薩克研究金屬鉀用途時衍生出來的另一成果。19 世紀初，硼酸的化學成分還是一個謎。西元 1808 年 6 月，他把鉀作為

試劑去分解硼酸，實驗中，當把鉀作用於熔化的硼酸時，得到了一種橄欖灰色的新物質。經過 5 個月的深入研究後，肯定了這是一種新的單質，取名為硼，還提出了發現新元素的專利申請。

他特別重視把科學理論成果轉化為生產力。對硫酸製造工藝的改進，就是他對硫化物研究成果的重要應用。19 世紀初，流行鉛室法 (lead chamber process) 製硫酸工藝，但氧化氮無法回收，造成嚴重汙染。

他建議在鉛室後面，安裝一個淋灑冷硫酸的「吸硝塔」，解決了吸收氧化氮消除汙染、降低硫酸成本的難題。為此，人們稱該吸收塔為「給呂薩克塔」。

給呂薩克又對各種氰化物進行了一系列的研究，最後得出的結論證明氫氰酸不含有氧。這項研究終於證明酸是可以不含氧的，據此，人們得出的結論是：氫是酸中的主要成分。他還為分析化學家的武器庫裡增加了一項新技術，這就是應用了酸鹼滴定法。

回顧給呂薩克的成就，我們除了從他身上看到堅韌不拔的探索精神，實事求是的科學精神，同時還可以學到他善於運用經驗性規律的科學方法。經驗性規律和經驗性認知是不同的，經驗性認知指的是人們在與客觀對象的直接接觸過程中對客觀對象的現象和外部連繫的反映。給呂薩克研究了一系列實驗事實，發現了其背後的規律，再透過尋找規律背後的實質，最終發現規律。

西元 1831 年給呂薩克被選為法國眾議院議員，西元 1839 年他又進入參議院，作為一名立法委員度過了他的晚年。由於給呂薩克的傑出成就，法國成了當時最大的科學中心。給呂薩克的成功來之不易，他的科學方法和科學精神永遠是一面旗幟。

第 12 節　本生與光譜分析

　　在有關原子與分子概念的爭論中，一直注意著理論的發展卻從不介入爭論的本生（Robert Wilhelm Bunsen），在以化學分析為中心的多個領域內深入研究，富有創新，極大地推動了近代化學的發展。

　　他和克希荷夫（Gustav Robert Kirchhoff）共同發現的光譜分析法，為元素的定性鑑定和新元素的發現開闢了一條新路。

　　西元1811年3月31日，本生出生在德國的哥廷根。他家是書香門第，父親是哥廷根大學圖書館館長、語言學教授。哥廷根大學擁有十分輝煌的歷史，名人輩出，蜚聲世界。本生的母親有很好的文化素養，是一位學識淵博的高級職員的女兒。本生有兄弟四人，他排行第四。

　　他於西元1828年進入哥廷根大學，主要學習自然科學如化學、物理學、礦物學、地質學、植物學、解剖學和數學。西元1830年本生寫了一篇介紹溼度計發明以來約40種溼度計的綜述而榮獲科學獎金，並於西元1831年秋獲得博士學位。此後他在漢諾威市政府的資助下，到各地進行學術旅行，廣泛交遊，增長知識。德國的卡瑟爾、基森、柏林、波昂等地，都留下了他的足跡。

　　西元1832年9月，本生到達巴黎，在巴黎期間他曾在給呂薩克的實驗室工作，並在綜合工科學校聽課，結識了不少法國著名學者，還參觀了著名的陶瓷工廠。西元1833年7月，他又到維也納參觀工礦企業。

　　西元1833年底，遊學歸來的本生擔任了哥廷根大學的講師，在此期間完成了他的第一項研究成果。他在研究某些化合物的溶解度時發現，金屬的砷酸鹽不溶於水。他試驗用新沉澱出的氫氧化鐵與亞砷酸反應，結果得到了既不溶於水又不溶於人體體液的砷酸亞鐵。直到現在，人們仍然使

用本生發明的這一方法，用氫氧化鐵來解救砷中毒（即砒霜中毒）。

西元 1855 年，政府為本生在海德堡大學建造的化學實驗室落成，在那裡本生除了自己進行科學實驗以外，還指導了一大批青年學生。他們在本生的嚴格訓練下，在 19 世紀後期都成了有名的科學家。

新落成的實驗室裡鋪設了煤氣管道，學生們都用煤氣燈作為加熱器具。煤氣燈的火焰很明亮，不斷地冒著黑煙。由於煤氣燃燒不充分，火焰的溫度不高。本生改造了煤氣燈，就是在噴嘴下面開一個小孔，讓煤氣在燃燒之前就與空氣混合，這樣得到的火焰幾近無色，很穩定，溫度也很高。後人將這種燈叫做本生燈（圖 2-8）。在本生燈無色火焰的灼燒下，金屬及其鹽類能產生各種特徵顏色，即發生焰色反應（flame reaction）。本生經常用這種分析方法來鑑別各種金屬。

本生在教學和科學研究中都特別強調實驗的重要性，他非常喜歡自己設計儀器，常常熟練地吹製自己需要的玻璃儀器。長年累月的實驗使他的手指結了厚厚的一層繭，這樣，他的手指不僅不怕酸、鹼的腐蝕，甚至不怕 150°C 的酒精燈內焰的灼燒。

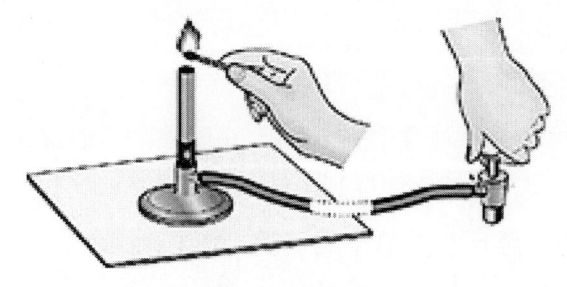

圖 2-8　本生燈

克希荷夫是本生的好朋德堡大學任教。如他們所願，後來他們經常在海德堡大學校園內共同散步。本生高大健碩，個頭在一百八十公分以上；而克希荷夫瘦小精幹，輕鬆快活，口中喋喋不休地說著各種有趣的事情和

他的實驗；本生則默默地聽著，偶爾插上一兩句。

本生注重實驗，而克希荷夫更具有物理學家的思辨和推理能力，他在光譜學上造詣很深。

本生在散步時向克希荷夫談到他用火焰顏色來鑑別各種金屬，但有些金屬灼燒時火焰的顏色很相近，他就透過有色玻璃片來進一步鑑別。克希荷夫聽了馬上說：「如果我是你，我就用稜鏡來觀察這些火焰的光譜。」

第二天，克希荷夫就帶了稜鏡和其他一些光學儀器來到本生的實驗室。他們製作了分光鏡，透過分光鏡，金屬灼燒時發出的各種光變成了明亮的譜線，每種金屬對應一種它自己特有的譜線。灼燒時都是紅色火焰的鋰和鍶，在分光鏡中就呈現出不同的譜線——鋰是藍線、紅線、橙線和黃線，而鍶是一條明亮的紅線和一條較暗的橙線，它們竟毫不含糊地區分開了！

這是西元 1859 年初秋的一天，一位化學家和一位物理學家親密合作，共同發明了光譜分析法。光譜分析法很快成了化學界、物理學界和天文學界開展科學研究的重要方法。

本生和克希荷夫認為，光譜分析法能夠測定天體和地球上物質的化學組成，還能夠用來發現地殼中含量非常少的新元素。

他們首先分析了當時已知元素的光譜，為各種元素做了光譜檔案，就像人的指紋，各不相同。

考慮到鹼金屬的譜線格外明亮、靈敏，他們決定從尋找新的鹼金屬元素開始。西元 1860 年他們開始檢驗各處的海水和礦泉水。

當他們取來瑞典丟克海姆一帶的礦泉水，將它濃縮，再除去其中的鈣、鍶、鎂、鋰的鹽，製成母液進行光譜分析時，奇蹟出現了——他們將一滴母液滴在本生燈的火焰上時，分光鏡中除了有鈉、鉀的譜線以外，

第 2 章　近代化學的全球脈絡

還能看到兩條明顯的藍線！

同年 5 月 10 日他們向柏林科學院提交報告說：「截至目前，已知的元素都不會在這個光譜區顯現出兩條藍線。因此可以做出結論，其中必然有一種新元素存在，大概屬於鹼金屬，我們將它命名為銫（Cesium，含義為天藍色）。」

除了報告，本生和克希荷夫沒有得到一點純淨的銫或者是銫的化合物，但科學家們還是很快就承認了這個新元素的發現，這在元素發現史上還是從未有過的先例。後來本生處理了幾公噸礦泉水，耗費了大量的心力和工時，終於在西元 1860 年 11 月製得了鉑氯酸銫。

西元 1861 年 2 月 23 日他們向柏林科學院報告：「我們又找到了一個鹼金屬，由於它的深紅譜線，我們建議將它取名銣（Rubidium，深紅色的意思）。」

西元 1862 年本生加熱碳酸銣和焦炭的混合物，用熱還原法製得金屬銣。

本生和克希荷夫發明的光譜分析法因快速、靈敏，在現代分析化學中一直占據著舉足輕重的位置，並取得了長足的進步。現在紅外、紫外、原子吸收等不同的光譜分析方法正在科學研究和工業生產上發揮著越來越大的作用。最令人驚奇的是，本生和克希荷夫創造的方法，還可以研究太陽及其他恆星的化學成分，為天體化學的研究打下了堅實的基礎。

光譜分析法，被稱為「化學家的神奇眼睛」。光譜分析法的發明過程以及本生和克希荷夫兩位科學家合作的經歷給了我們如下有益的啟示：

第一，物理實驗與化學實驗相結合，是發明光譜分析法的關鍵。在人類接觸化學現象的同時，也接觸到了大自然的物理現象。

在早期的化學實踐中，為了達到化學工藝上的某一種目的，也自覺或不自覺地運用了一些物理方法。例如，鑽木取火中的摩擦、製鐵中的鼓風

設備、鍊鋼中的鍛打、造紙中的部分工序都是物理方法。當化學發展到近代，大量運用化學實驗方法的時候，物理實驗方法也得到過應有的重視，波以耳曾做過許多物理實驗；拉瓦節在質量守恆定律指引下借助天平進行研究；戴維透過研究電學，把電學實驗方法結合到化學中，得到了多種新元素；法拉第關於電解的研究，繼承並發展了這方面的工作，提出了電解定律。光譜分析法的發明是物理實驗與化學實驗相結合的又一例證。

　　第二，物理實驗方法從各個不同的方面影響或推動著化學的發展。對各種化學物質的分析與鑑別方法，20世紀前主要是化學分析，隨著科學技術的發展對各種樣品中組分的測定要求越來越高，只有新的方法和儀器才能滿足新的需求，於是一系列儀器分析的方法相繼出現。比較突出的除光譜分析法的發明之外，還有X射線衍射法、電子衍射法、核磁共振法等。反過來這些物理實驗方法又從各個不同的方面影響或推動著化學的發展，更加深入揭示分子結構與效能的奧祕，使鑑別物質的能力空前提升，無論是準確性還是靈敏度方面，都達到了前所未有的水準。化學現象總是與物理現象相伴相隨，化學實驗方法中必定輔之以物理實驗方法，化學運動與物理運動有必然的連繫。本生和克希荷夫，一個是化學家，一個是物理學家，正是兩個人、兩種方法的珠聯璧合，才使光譜分析法發揚光大。

　　光譜分析法只是本生科學發現中較為輝煌的成就。他一生刻苦勤奮，淡泊名利，曾獲得了很多科學獎勵和榮譽，但他仍然非常謙遜。他還提出了金屬的電解製法，他應用電解金屬化合物的方法，分離出很多珍貴的金屬，如銫、銣、鈰、鑭、釹、鐠和銦等。

　　本生把畢生的精力都用在科學探索和培養學生上，直到78歲才辭去海德堡大學化學教授的職務。此後十年，他經常單獨或邀請朋友一起旅遊，晚年的生活是愉快的。西元西元1899年8月16日，這位擁有幾十項發明創造的科學家與世長辭，享年88歲。

第 13 節　庫爾圖瓦與碘

　　庫爾圖瓦（Bernard Courtois）於西元 1777 年 2 月出生於法國的第戎。他的父親經營一家硝石工廠，並在著名的第戎學院任教，經常作一些精采的化學演講。庫爾圖瓦自小耳濡目染，十分喜愛化學。他後來分別在孚克勞、泰納（Louis Jacques Thénard）和塞古恩等人的指導下學習。塞古恩是法國化學家，曾在拉瓦節被送上斷頭臺的最後五年裡擔任拉瓦節的助手，進行呼吸作用、量熱學研究。學成歸來，庫爾圖瓦幫助父親經營硝石工廠。

　　在第戎附近的諾曼第海岸上，許多淺灘生長的海生植物被潮水衝到岸邊。退潮後，庫爾圖瓦常到海邊採拾些藻類植物。他把這些藻類植物曬乾後燒成灰，再加水浸取，過濾，得到的溶液他稱作海藻鹽汁。現在我們知道這種溶液裡含有鈉、鉀、鎂、鈣的鹵化物、硫酸鹽等。

　　一天中午，庫爾圖瓦在緊張工作之後坐在工作臺附近休息。這時，他餵養的一隻大花貓闖進工作室，跳到他的肩上，庫爾圖瓦趕牠走，誰知大花貓卻向工作臺猛跳過去，把一個盛滿海藻鹽汁溶液的玻璃瓶和另一個盛滿濃硫酸的玻璃瓶碰倒，掉到地上。隨著碎裂聲過後，兩種溶液流了一地。此時，奇蹟出現了：

　　紫色的蒸氣組成美麗的雲朵從地面冉冉升起，並伴有類似氯氣的氣味，這些蒸氣遇上冷的物體便凝結成一種暗黑色的晶體。

　　靈感使庫爾圖瓦斷定這種晶體可能是一種未為人知的元素，於是便潛心研究起來，果然由此發現了碘元素（圖 2-9）。

第 13 節　庫爾圖瓦與碘

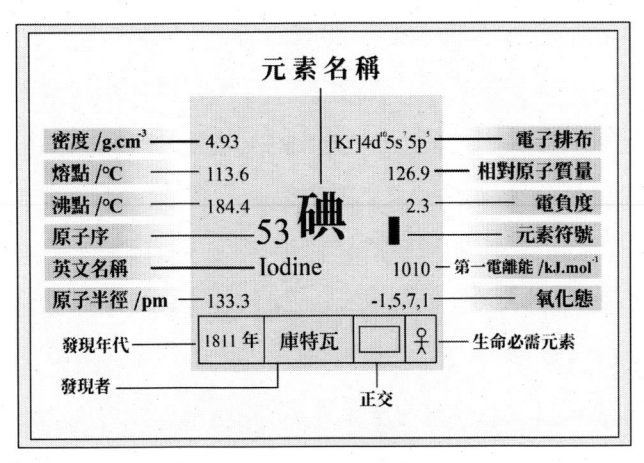

```
                    元素名稱
密度 /g.cm³  —— 4.93       [Kr]4d¹⁰5s²5p⁵ —— 電子排布
熔點 /°C     —— 113.6            126.9   —— 相對原子質量
沸點 /°C     —— 184.4    碘       2.3    —— 電負度
原子序       ——      53                  —— 元素符號
英文名稱     ——    Iodine       1010    —— 第一電離能 /kJ.mol⁻¹
原子半徑 /pm —— 133.3          -1,5,7,1 —— 氧化態
發現年代 ——  1811年  庫特瓦           —— 生命必需元素
發現者                       正交
```

圖 2-9　碘的性質

原來，海藻灰中含有碘化鉀和碘化鈉，在濃硫酸作用下，生成碘化氫，碘化氫再與濃硫酸反應，便產生了單質碘。其化學反應方程式為：

$$H_2SO_4 + 2HI = + SO_2 \uparrow + I_2$$

蒙在碘上的神祕面紗就這樣被揭開了。多少年來，這段化學元素發現史的趣事一直為人們津津樂道，貓為元素碘的發現立下了不朽功勞！

庫爾圖瓦用這種新物質做進一步的實驗研究，發現這種新物質不易與氧或碳發生反應，但卻能與氫和磷化合，能與幾種金屬直接化合。尤為奇特的是這種新物質不為高溫分解。

由於庫爾圖瓦的實驗室十分簡陋，他又請另外兩位法國化學家繼續這一研究，並允許他們自由地向科學界宣布這種新元素的發現。西元1813年，兩位化學家寫出了報告，〈庫爾圖瓦先生從一種鹼金屬鹽中發現的新物質〉。這兩位化學家相信這種結晶是一種新元素，它的性質與氯相似，於是就向法國化學家、物理學家安培（André-Marie Ampère）和英國化學家戴維報告。戴維用直流電將碳絲燒成紅熱，然後與這種結晶接觸，並無法使它分解，證明了它是一種新元素。

第 2 章　近代化學的全球脈絡

　　新的發現使庫爾圖瓦很高興，他製出很純的碘，分送給化學界的朋友。碘是人體的必需微量元素，是甲狀腺激素的重要組成成分，而碘缺乏或碘過多都會對人體帶來損害，所以碘與人類健康有密切關係。碘廣泛分布於自然界，岩石、土壤、水、空氣中都含有微量的碘。食物中碘主要來自土壤和水中，以海帶、紫菜、貝類、海魚含碘量最高，其次為蛋、乳、肉類；糧食、蔬菜、水果含碘量較低。對生命而言，碘有許多作用，它能促進體內物質的分解而產生熱量和能量。

　　庫爾圖瓦在西元 1838 年 9 月 27 日於巴黎逝世，享年 61 歲。1913 年 10 月 9 日，在第戎學院為庫爾圖瓦舉行了隆重的紀念大會，慶祝他發現碘 100 週年。同時在庫爾圖瓦誕生的地方豎立了一塊紀念碑，以追念他發現碘的功績。

第 14 節　巴拉爾與溴

　　西元 1802 年 9 月 30 日，巴拉爾（Antoine Jérôme Balard）出生於法國的蒙彼利埃一個普通的家庭，父母發現他很聰明，一心要培養他成才。巴拉爾 17 歲時畢業於蒙彼利埃中學，接著升入藥物學院學習藥物學，24 歲時獲醫學博士學位。

　　西元 1824 年，22 歲的巴拉爾在研究鹽湖中植物的時候，將從大西洋和地中海沿岸採集到的黑角菜燃燒成灰，然後用浸泡的方法得到一種灰黑色的浸取液。

　　他往浸取液中加入氯水和澱粉，溶液即分為兩層：下層顯藍色，這是由於當碘液與澱粉接觸時，碘分子能進入澱粉分子的螺旋內部，整個直鏈澱粉分子可以束縛大量的碘分子，形成澱粉－碘的複合物顯藍色；上層顯

棕黃色，這是一種以前沒有見過的現象。

這棕黃色的是什麼物質呢？巴拉爾認為可能有兩種情況：一是氯與溶液中的碘形成了新的化合物——氯化碘；二是氯把溶液中的新元素置換出來了。於是巴拉爾想了些辦法，試圖把新的化合物分開，但都沒有成功。巴拉爾分析這可能不是氯化碘，而是一種與氯、碘相似的新元素。

他用乙醚將棕黃色的物質經萃取和分液提出，再加苛性鉀，則棕黃色褪掉，其實這時溴已經轉變為溴化鉀和次溴酸鉀，加熱蒸乾溶液，剩下的物質像氯化鉀一樣。把剩下的物質與濃硫酸、二氧化錳共熱，就產生紅棕色有惡臭的氣體，冷凝後變為深紅棕色液體。巴拉爾判斷這是與氯和碘相似的、在室溫下呈液態的一種新元素，他將這種新元素定名為溴（Br）。

法國科學院於西元 1826 年 8 月 14 日審查了巴拉爾的新發現。由三位法國化學家孚克勞、泰納和給呂薩克共同審查。他們簽署的意見這樣寫道：

「巴拉爾先生的報告做得很好，即使將來證明溴並不是一種單質，他所羅列的種種結果還是能夠引起人們極大興趣。總之，溴的發現在化學上實為一種重要的收穫，它給巴拉爾在科學事業上一個光榮的地位。我們認為這位青年化學家完全值得受到科學院的鼓勵。」

另外在西元 1825 年，德國海德堡大學學生羅威（Carl Löwig），往一種鹽泉水中通入氯氣時，發現溶液變為紅棕色，他把這種紅棕色物質用乙醚萃取提出，再將乙醚小心蒸發，得到了紅棕色的液溴。所以羅威也獨立地發現了溴，但比巴拉爾晚了一年。

其實早在巴拉爾之前，德國化學大師李比希就得到了一家工廠送來請他分析的一瓶液體，但李比希並未仔細分析，貿然認定為氯化碘。此時一化驗，正是巴拉爾發現的溴單質。因此，他將這瓶液體溴放入櫃中，那個櫃子就是有名的「錯誤之櫃」。他後來一直用「錯誤之櫃」來警示自己和教育學生。

第 2 章　近代化學的全球脈絡

回顧溴的發現過程，可以給我們如下啟示：

第一，科學研究既要有嚴肅認真的態度和精細的操作技術，又要有正確的思想方法。溴的發現過程，機遇與錯誤的交織，跌宕起伏，其中閃爍的哲理和精神照耀著後人科學探索的征程，這對於在科學創造活動中以史為鏡無疑是很有益處。真理從不垂青於權威或是大家，溴的發現以無可辯駁的事實詮釋了這一點。

第二，機會只給有準備的人。巴拉爾與羅威都獨立發現了溴，為什麼幾乎在同一時期，溴被兩位不同國籍的研究者各自獨立製得並發現呢？這也並非是偶然的巧合，而有著內在連繫。

縱觀科學的發現史，我們會看到這樣一種現象：兩個或兩個以上彼此不知對方研究的科學家，卻往往進行著相同的工作，同時提出同樣的理論，做出同樣的發現。究其原因，主要是生產技術的進步，社會實踐的需求，使科學家們面臨著同樣要解決的課題，共同接受社會實踐提出的挑戰，激勵著他們各自去奮勇探索。但機會只給有準備的人，顯然，德國化學大師李比希和海德堡大學學生羅威都沒有巴拉爾準備的充分。

第三，科技發展的水準，客觀上為科學發現提供了成熟的條件。生產實踐和科技發展的水準為課題的解決創造了條件，科學發現要受到人們的實踐水準和認知水準的制約，隨著實踐範圍的擴大和認知程度的深化，某一層面的科學發現就成為歷史的必然。19 世紀，戴維開闢的電化學，用電解方法發現了許多化學新元素，他又利用伏打電池研究了氯的性質並確認其為元素。接著碘又被人們發現並確定，這些都為溴的發現和製取創造了條件。正是由於氯和碘的發現，溴在被製得後因它的性質與氯和碘相似，而迅速地被認為是一種新元素。物質世界的統一性永遠表現為對多樣性的容納，探索真理的途徑是多種多樣的，總會透過不同道路、不同側面、不

同角度、不同研究方法去探索研究。因此，在獲取知識真諦的整個認知過程，人們的思想要活躍起來，大膽創新，奮力開拓，這樣才會形成百舸爭流、萬木爭春的科學繁榮景象。

第 15 節　莫瓦桑與氟

在化學元素發現史上，持續時間最長、參加人數最多、危險最大、工作最難的研究課題，莫過於氟單質的製取。自西元 1810 年安培指出氫氟酸中含有一種新元素──氟，到西元 1886 年法國化學家莫瓦桑（Henri Moissan）製得單質氟，歷時 76 年之久。為了製取氟氣，進而研究氟的性質，許多化學家前仆後繼，為後人留下了一段極其悲壯的歷史。他們不惜損害自己的身體健康，甚至被氟氣或氟化物奪去了寶貴的生命。

早在 16 世紀，人們就開始利用氟化物。1529 年，阿格里科拉（Georgius Agricola）就描述過利用螢石（氟化鈣）作為熔礦的熔劑，使礦石在熔融時變得更加容易流動。1670 年，玻璃加工業開始利用螢石與硫酸反應所產生的氫氟酸腐蝕玻璃，從而不用金剛石就能在玻璃上刻蝕出人物、動物、花卉等圖案。西元 1771 年，化學家舍勒用曲頸瓶加熱螢石和濃硫酸的混合物，曾發現玻璃瓶內壁被腐蝕。

後來很多化學家研究氫氟酸，發現它的性質像鹽酸，比鹽酸穩定，但它對玻璃和一些矽酸鹽礦物的腐蝕性卻很強。另外，它有劇毒，揮發出的蒸氣更危險。

西元 1810 年，戴維確認氯氣是一種元素而非化合物的同時，也指出酸中不一定含有氧元素。這一突破性的見解給安培很大的啟發。他根據對氫氟酸性質的研究指出，其中可能含有一種與氯相似的元素。他將這種未

第 2 章　近代化學的全球脈絡

知的元素稱為氟，意思是有強腐蝕性，氟化氫就是這種元素與氫的化合物。他將這一觀點告訴戴維，反過來啟發戴維用他強而有力的伏打堆製備純淨的氟元素。由此我們看到科學家間的相互交流對科學的發展具有多麼重要的意義！

當溴、碘被陸續發現後，人們將各種氟化物與相應的其他鹵化物對比，發現它們有極相似的性質，故判斷氟、氯、溴、碘屬於同類型的元素，並測得了氟的相對原子質量為 19。於西元 1864 年發表的元素表中就列出了氟的正確相對原子質量，但這時距離電解分離出氟氣還差 22 年。

西元 1813 年，戴維用電解氟化物的方法製取單質氟，用白金做容器，結果陽極的白金被腐蝕了，還是沒有游離出氟。他後來改用螢石做容器，腐蝕問題雖解決了，但也得不到氟。而戴維則因氟化氫的毒害而患病，不得不停止了實驗。

接著喬治・諾克斯（George Knox）和湯瑪斯・諾克斯（Thomas Knox）兄弟二人把一片金箔放在玻璃接收瓶頂部，再用乾燥的氯氣處理氟化汞。實驗證明金變成了氟化金，可見反應產生了氟。但是他們始終收集不到單質的氟氣，也就無法證明已經製得了氟。在實驗中，兄弟二人都嚴重中毒。

繼諾克斯兄弟之後，魯耶特（P. Louyet）不懼艱辛和危險，對氟也做了長期研究，最後竟因中毒太深而獻出了寶貴的生命。不久，法國化學家尼克雷（J. Nickles）也同樣殉難！

德國化學家許村貝格指出，氫氟酸中所含的這種元素是一切元素中最活潑的，所以要將這種元素從它的化合物中離析出來將是一件非常困難的事情。英國化學家哥爾（Geroge Gore）用電解法分解氟化氫，但是在實驗時發生了爆炸，顯然是產生的少量氟氣與氫氣發生了劇烈的反應。他還試驗過各種電極材料，如碳、金、鈀、鉑，但是在電解時碳電極被粉碎，

第 15 節　莫瓦桑與氟

金、鈀、鉑也不同程度被腐蝕。這麼多化學家的努力，雖然都沒有製得單質氟，但是他們的心血沒有白費。他們從失敗中獲得了許多寶貴的經驗和教訓，為後來莫瓦桑製得氟摸索了道路。

西元 1852 年 9 月 28 日，莫瓦桑出生於巴黎的一個鐵路職員家庭。因家境貧困，中學未畢業就到巴黎的一家藥房當學徒，在實際中獲得了一些化學知識和技藝。他懷著強烈的求知欲，常去旁聽一些著名科學家的演講。西元 1872 年他在法國自然博物館館長、綜合工科學校教授弗雷米（E. Fremy）的實驗室學習化學。西元 1874 年到巴黎藥學院的實驗室工作，西元 1877 年 25 歲時才獲得理學士學位。

西元 1872 年莫瓦桑成為弗雷米教授的學生後，開始了真正的化學實驗研究工作。年輕的莫瓦桑知道製取單質氟這個課題難倒了許多化學家，可是他對氟的研究卻非常感興趣，不但沒有氣餒，反而下定決心要攻克這個難關！

他先花了好幾個星期查閱科學文獻，研究了幾乎全部有關氟的著作。認為已知的方法都無法把氟單獨分離出來，只有戴維設想的方法還沒有試驗過。戴維曾預言：磷和氧的親和力極強，如果能製得氟化磷，再使氟化磷和氧作用，則可能生成氧化磷和氟。由於當時戴維還沒有辦法製得氟化磷，因而設想的實驗沒有實現。

於是莫瓦桑用氟化鉛與磷化銅反應，得到了氣體的三氟化磷。他把三氟化磷和氧的混合物通過電火花，雖然也發生了爆炸反應，但得到的並非單質的氟，而是氟氧化磷（POF_3）。

莫瓦桑又進行了一連串的實驗，都沒有達到目的。經過長時間的探索，他終於得出這樣的結論：他的實驗都是在高溫下進行的，這正是實驗失敗的癥結所在，因為氟是非常活潑的，隨著溫度的升高，它的活潑性也

大大地增加。即使在反應過程中它能以游離的狀態分離出來,也會立刻和任何一種物質相化合。顯然,反應應該在室溫下進行,當然,能在冷卻的條件下進行那就更好。他還想起他的老師弗雷米說過的話:電解可能是唯一可行的方法。

他想如果用某種液體的氟化物,例如用氟化砷來進行電解,那會怎樣呢?這種想法顯然是大有希望的。莫瓦桑製備了劇毒的氟化砷,但隨即遇到了新的困難 —— 氟化砷不導電。在這種情況下,他只好往氟化砷裡加入少量的氟化鉀。這種混合物的導電性很好,可是在電解幾分鐘後,電流又停止了,原來陰極表面覆蓋了一層電解出的砷。

莫瓦桑疲倦極了,十分艱難地支撐著。他關掉了連通電解裝置的電源,隨即倒在沙發上,心臟病劇烈發作,呼吸感到困難,面色發黃,眼睛周圍出現了黑圈。莫瓦桑想到,這是砷中毒!恐怕只好放棄這個方案了。出現這樣的現象不止一次,他曾因中毒而中斷了四次實驗。

休息了一段時間後,莫瓦桑的健康狀況有了好轉,他繼續進行實驗,剩下唯一的方案是電解氟化氫。他按照弗雷米的辦法,在鉑製的容器中蒸餾氟氫酸鉀(KHF_2),得到了無水氟化氫液體,用鉑製的 U 形管作容器,用強耐腐蝕的鉑銥合金作電極,並用氯仿作冷卻劑將無水氟化氫冷卻到 -23℃進行電解。在陰極上很快就出現了氫氣泡,但陽極上卻沒有分解出氣體。電解持續近一小時,分解出來的都是氫氣,連一點氟也沒有。莫瓦桑一邊拆卸儀器,一邊苦惱地思索著,也許氟根本就無法以游離狀態存在。當他拔掉 U 形管陽極一端的塞子時,驚奇地發現塞子上覆蓋著一層白碳粉末狀的物質 —— 原來塞子被腐蝕了!氟到底還是被分解出來了,不過和玻璃發生了反應。這一發現使莫瓦桑受到了極大的鼓舞。他想,如果把裝置上的玻璃零件都換成無法與氟發生反應的材料,那就可以製得單質的氟了。螢石不與氟發揮作用,用它來試試吧,於是他用螢石製成試驗用

第 15 節　莫瓦桑與氟

的器皿。莫瓦桑把盛有液體氟化氫的 U 形鉑管浸入製冷劑中，用螢石製的螺旋帽蓋緊管口，再進行電解。

多少年來化學家夢寐以求的理想終於實現了！西元 1886 年莫瓦桑第一次製得了單質的氟（圖 2-10）！這種氣體遇到矽立即著火，遇到水立即生成氧氣和臭氧，與氯化鉀反應置換出氯氣。

透過幾次化學反應，莫瓦桑發現氟氣確實具有驚人的活潑性。

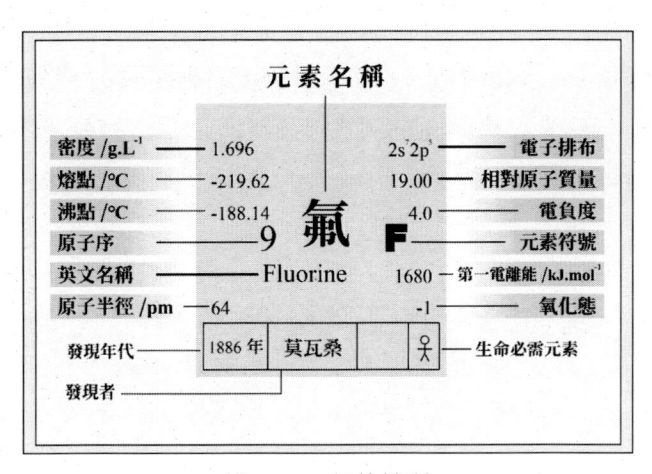

```
元素名稱
密度 /g.L⁻¹     —— 1.696          2s²2p⁵  —— 電子排布
熔點 /°C       —— -219.62         19.00   —— 相對原子質量
沸點 /°C       —— -188.14    氟    4.0    —— 電負度
原子序         —— 9              F       —— 元素符號
英文名稱       —— Fluorine        1680   —— 第一電離能 /kJ.mol⁻¹
原子半徑 /pm   —— 64              -1     —— 氧化態
發現年代       —— 1886 年  莫瓦桑          —— 生命必需元素
發現者
```

圖 2-10　氟的性質

為了表彰莫瓦桑在製備氟方面所做出的突出貢獻，法國科學院發給他一萬法郎的獎金，莫瓦桑用這筆錢償還了實驗的費用。四個月後，他被任命為巴黎藥學院的毒物學教授，同時還建造了一座不大的私人實驗室供他進行科學研究。在這裡，他進一步製備出許多新的氟化物，如氟甲烷、氟乙烷、異丁基氟等。其中四氟化碳的沸點是 -15°C，很適合做製冷劑，這是最早的氟利昂。

他將研究成果寫成了《氟及其化合物》（*Le fluor et ses composes*）一書，這是一本研究氟的製備及氟化物性質的開山之作。1906 年莫瓦桑獲得了諾貝爾化學獎。

回顧氟的發現和製備過程，我們可以看到化學家們明知山有虎偏向虎山行的大無畏精神，70 多年中很多化學家中毒，甚至獻出生命，對氟的探索可以稱得上是化學史中一段最悲壯的歷程。莫瓦桑製備單質氟驗證了「青出於藍勝於藍」的真理，他汲取了別人的經驗和教訓，同時改變了之前用高溫的實驗條件，在一連串的失敗過後，終於走向成功，並榮獲了諾貝爾化學獎。這種前仆後繼、勇於獻身科學的精神確實值得我們學習。

莫瓦桑的名言是：「雖然，氟至少奪走了我十年的生命，但我絕不後悔。我不會停留在已取得的成績上，在達到一個目標後，會不停地向另一個目標衝刺，一個人只有樹立自己的崇高目標，並努力去奮鬥，才會感到自己是一個真正的人。」

第 16 節　瑞利與千分位誤差

瑞利（Third Baron Rayleigh）因為祖父被英國皇室封為瑞利勳爵，他是第三世，故稱瑞利勳爵第三。其父輩在科學上沒有什麼聲望，到瑞利勳爵第三，成了科學巨人。西元 1842 年 11 月 12 日，瑞利生於英國艾塞克斯郡的莫爾登，由於出身貴族，所以從小受到良好的教育。他在中小學時代，頭腦聰敏，才氣初露。西元 1860 年，他以優異的成績考入劍橋大學，西元 1865 年以優等成績畢業。當時劍橋的主試人指出：「瑞利的畢業論文極好，不用修改就可以直接列印。」

西元 1866 年，瑞利開始在劍橋任教。西元 1872 年，他因嚴重風溼病不得不去埃及和希臘過冬，同時開始寫作兩卷本的《聲學理論》。這部不朽的名著一直寫了 6 年，直到西元 1877 年第一卷才初次出版。

西元 1879 年著名教授馬克士威（James Clerk Maxwell）去世，空缺的

劍橋大學卡文迪許實驗室主任職位由瑞利繼任。瑞利對科學研究事業熱情極高，投入了全部身心。他擔任卡文迪許實驗室主任之後，擴大招生人數，把原只有六七個學生的小組發展成為擁有七十多位實驗學家的先進學派，其中包括女性，反映了瑞利男女平等的觀念。瑞利要求學生都要透過實驗來學習，由他開創的這種培養學生的方法從此在歐美的大學流傳開來。瑞利還帶頭捐出 500 英鎊，同時向友人募集了 1,500 英鎊，為實驗室添置了大批新儀器，使實驗室的科學研究設備得到充實。

後來，該實驗室培養了多位諾貝爾獎得主。西元 1884 年接替瑞利任實驗室主任的湯木生 (Joseph Thomson)，在這裡發現了電子，榮獲 1906 年的諾貝爾物理學獎。湯木生的學生拉塞福 (Ernest Rutherford, 1st Baron Rutherford of Nelson)，發現了放射性衰變規律，提出了半衰期的概念。他接替湯木生任卡文迪許實驗室主任後，還是在這裡，發現了原子的核模型，第一次開啟了原子的大門，於 1908 年榮獲諾貝爾化學獎。拉塞福培養了很多的學生，其中有成功解釋了氫原子光譜波耳，發現原子序數與它的 X 射線波長間關係的莫色勒 (Henry Moseley)。

瑞利用電解水、加熱氯酸鉀和高錳酸鉀三種不同方法製取的氧氣，密度完全相等。經過十年努力，他測得氧氣和氫氣的密度比是 15.882：1。而他用不同方法製取的氮氣，密度則有微小的差異。由氨製得的氮氣密度是 1.2508 g/L，由空氣製得的氮氣密度是 1.2572 g/L，前者要小千分之五左右。對此，他自己反覆驗證了多次。儘管差別很小，但是瑞利不放過常人不當回事的實驗誤差。他發現，這個「誤差」總是表現為由空氣除去氧、二氧化碳、水以後獲得的氮氣，比由氨和其他含氮的化合物獲得的氮氣密度大；誤差雖小，但是不對稱。

瑞利感到困惑不解，西元 1892 年，他將這一實驗結果發表在英國的《自然》週刊上，尋求讀者的解答，但一直沒有收到答覆。

第 2 章　近代化學的全球脈絡

西元 1894 年 4 月，瑞利在英國皇家學會宣讀了他的實驗報告，隨即倫敦大學教授拉姆齊（William Ramsay）提出願與瑞利合作研究。他說兩年前就看到瑞利發表在《自然》週刊上的實驗結果，今天聽了報告更感到空氣中可能還含有未知的密度更大的成分，瑞利聽出了這話的份量。

在合作了四個月後的西元 1894 年 8 月，瑞利和拉姆齊以共同的名義宣布了一種惰性氣體元素的發現。英國科學協會主席馬丹提議把這種氣體命名為氬（圖 2-11），即「懶惰」、「遲鈍」的意思。

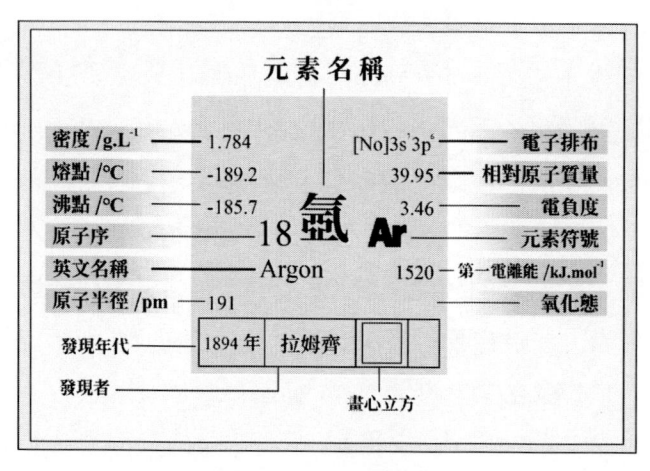

密度 /g·L^{-1}	1.784	[No]3s^{2}3p^6	電子排布
熔點 /°C	-189.2	39.95	相對原子質量
沸點 /°C	-185.7	3.46	電負度
原子序	18 氬 Ar		元素符號
英文名稱	Argon	1520	第一電離能 /kJ·mol^{-1}
原子半徑 /pm	191		氧化態
發現年代	1894 年	拉姆齊	
發現者		畫心立方	

圖 2-11　氬的性質

瑞利是注重嚴格定量研究的化學家之一，他的作風極為嚴謹，對研究結果要求極為準確，這一點，成了他在科學上做出傑出貢獻的重要基礎。這種追求至真的作風使得他在測定氮氣密度時發現並抓住了「千分位的誤差」，從而與拉姆齊共同發現了氬。這一成就使瑞利榮獲了 1904 年的諾貝爾物理學獎。1905 年，瑞利當選為英國皇家學會主席。從 1908 年直到 1919 年去世，他是劍橋大學的名譽校長。

瑞利於 1919 年病故，比他的精誠合作者拉姆齊晚逝 3 年，享年 77 歲。據拉姆齊的學生回憶，瑞利與拉姆齊之間往返信件極多，彼此關係十分融

洽，共同為科學而努力，毫無名利之爭。

瑞利逝世後，他的實驗室曾供科學界參觀，凡是來訪的科學家，對瑞利使用簡單儀器就發揮出巨大作用莫不驚異。瑞利實驗室中的一切重要設備雖外形粗糙，但關鍵部位都製造得十分精細，瑞利用這些儀器做了極為出色的定量分析。後人經常記起這位偉大科學家的名言：「一切科學上最偉大的發現，幾乎都來自精確的量度。」

第 17 節　拉姆齊與惰性氣體

拉姆齊（William Ramsay），西元 1852 年 10 月 2 日生於英國的格拉斯哥。他的父母結婚時，都已年近四十，原以為已經沒有生育子女的希望，沒想到第二年就生下了拉姆齊。拉姆齊的父母都是善良聰明的蘇格蘭人，家庭幸福美滿，他們努力使拉姆齊受到良好的教育。

拉姆齊從小喜歡大自然，極善音律，愛讀書也愛收藏書籍，喜歡學習外語。他幼年時的許多行為，使成年人都感到吃驚。

他小時經常坐在教堂裡，好像是聽教徒講道，大人們不明白這位活潑好動的孩子，為什麼能安靜地坐著。人們總看見他在閱讀聖經，走近一看才明白，原來他看的不是英文版的聖經，而是法文版，有時又看德文版，他是在用這種方法學習法文和德文。

拉姆齊去教堂的另一目的是看教堂的窗子，因為那窗上鑲嵌著許多幾何圖形，透過那些圖形他可以驗證學校學的幾何定理。

拉姆齊 14 歲時，被格拉斯哥大學破格錄取為大學生。他極肯鑽研，同班同學回憶拉姆齊剛上大學時的情形：「拉姆齊剛入大學時，我們沒學化學，但他一直在做各種實驗。他的臥室四處都放著藥瓶，瓶裡裝著酸

第 2 章　近代化學的全球脈絡

類、鹽類、汞等,他買化學藥品和化學儀器很在行。下午,我們常在他臥室會面,一起做實驗,如製取氫氣、氧氣,由糖製草酸等。

我們還自製了許多玻璃用具,自製了本生燈,拉姆齊是製造玻璃儀器的專家。我相信,學生時代的訓練,對他的一生大有好處,除了燒瓶和曲頸瓶以外,所有的儀器,都是我們自製的。」

西元 1870 年,拉姆齊大學畢業後,去德國海德堡大學拜本生為師繼續學習。一年以後,由本生推薦到圖賓根大學(University of Tübingen)繼續深造,他在那裡獲博士學位。西元 1872～1880 年間,拉姆齊在格拉斯哥學院任教。西元 1880 年他 28 歲的時候,由於教學和研究方面都有較出色成績,被倫敦大學聘為化學教授。西元 1888 年他被選為英國皇家學會主席。

西元 1890 年,美國地質調查所的地球化學家希爾布蘭德(William Francis Hillebrand)觀察到,當把瀝青鈾礦粉放到硫酸中加熱時,就會放出一種氣體,經實驗這種氣體是惰性的。西元 1895 年,對「惰性」兩字十分敏感的拉姆齊和他的助手特拉弗斯(Morris Travers)讀到報告後立即重複了這項實驗。他們把放出的氣體充入放電管中進行光譜分析,原以為要出現氫的光譜,但卻出現了黃色的輝光,在分光鏡中出現了很亮的黃色譜線。他們將這種氣體標本寄給權威的光譜專家克魯克斯(William Crookes),克魯克斯證實這是氦。

元素氦、氬發現以後,拉姆齊在他開拓的領域繼續深入研究。當時的元素週期表還沒有氦和氬的位置。這兩種元素不與任何元素化合,即化合價為零,理應另列一縱行作為零族放在第一主族鹼金屬的左邊。氦的相對原子質量為 4,排在鋰的左邊十分合適;但氬的相對原子質量為 39.88,而鉀的相對原子質量為 39.1,這樣就出現了相對原子質量大的排在前面的

第 17 節　拉姆齊與惰性氣體

情況。是氫不純淨還是氫的相對原子質量測定有問題？為了確定氫的相對原子質量，拉姆齊又做了大量的實驗，結果依然。他是元素週期律的堅信者，這個先進的理論是他做出傑出發現的一個思想基礎。他想，應尊重實驗結果，不能隨意改動氫的相對原子質量，在元素週期表中更應看重的是化合價等元素的性質。這樣，他相信氫就應該排在鉀的左邊。

既然是一族，性質類似的元素就應該不止這兩種。由此拉姆齊預言還有相對原子質量分別為 20、82 和 130 的三種未發現的惰性元素，並對其性質作了推測，如惰性、有美麗的光譜等。

緊隨著堅定的信心，是艱鉅的工作。拉姆齊繼續的實驗多虧得到特拉弗斯的幫助，這位學生兼助手有著十分高超的實驗技能和充沛的精力。他們設法取得了 1 L 的液態空氣，然後小心地分步蒸發，在大部分氣體沸騰而去之後，遺下的殘餘部分，氧和氮仍占主要部分。他們進一步用紅熱的鋼和鎂吸收殘餘部分的氧和氮，最後剩下 25 mL 氣體。他們把這 25 mL 氣體封入玻璃管中，來觀察其光譜，看到了一條黃色明線，比氦線略帶綠色，還有一條明亮的綠色譜線，這些譜線，絕對不和已知元素的譜線重合！

拉姆齊和特拉弗斯在西元 1898 年 5 月 30 日，把他們新發現的氣體命名為氪，它含有「隱藏」的意思。他們當晚測定了這種氣體的密度、相對原子質量，同時發現，這種惰性氣體應排在溴和銣兩元素之間，這正是拉姆齊預言過的。為此，他們一直工作到深夜，特拉弗斯竟把第二天他自己要舉行的博士論文答辯都忘得一乾二淨。

但是他們更希望找到的是位於氦和氬之間的惰性元素。由於它相對原子質量較小，所以一定會先揮發出來。拉姆齊和特拉弗斯就用減壓法分餾殘餘空氣，收集了從氬氣中首先揮發出的部分。他們發現：這種輕的部

125

分，具有極壯麗的光譜，帶著許多條紅線，許多淡綠線，還有幾條紫線，黃線非常明顯，在高度真空下，依舊顯示著，而且呈現磷光。

他們深信，又發現了一種新的氣體。拉姆齊有個13歲的兒子名叫威利，他問父親說：「這種新氣體您打算怎麼稱呼它，我倒喜歡用氖，這樣讀起來更好聽。」於是，西元1898年6月，新發現的氣體氖就確定了名稱，它含有「新奇」的意思。以後氖（圖2-12）成了製作霓虹燈的重要材料。

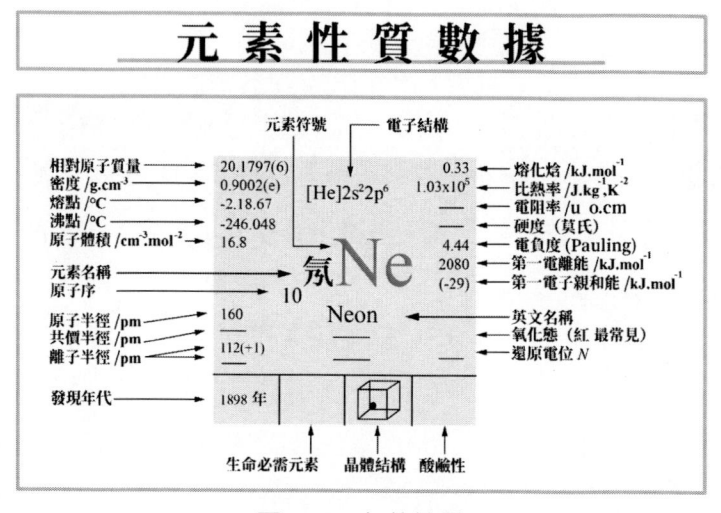

元素性質數據

相對原子質量	20.1797(6)
密度 /g.cm⁻³	0.9002(e)
熔點 /°C	-2.18.67
沸點 /°C	-246.048
原子體積 /cm⁻³.mol⁻²	16.8
元素名稱	氖 Ne
原子序	10
原子半徑 /pm	160
共價半徑 /pm	—
離子半徑 /pm	112(+1)
發現年代	1898年
元素符號	Ne
電子結構	[He]2s²2p⁶
熔化焓 /kJ.mol⁻¹	0.33
比熱率 /J.kg⁻¹.K⁻¹	1.03×10⁵
電阻率 /u o.cm	—
硬度（莫氏）	—
電負度 (Pauling)	4.44
第一電離能 /kJ.mol⁻¹	2080
第一電子親和能 /kJ.mol⁻¹	(-29)
英文名稱	Neon
氧化態（紅 最常見）	—
還原電位 N	—
生命必需元素	—
晶體結構	(立方)
酸鹼性	—

圖 2-12　氖的性質

西元1898年7月12日，由於他們有了自己的空氣液化機，從而製備了大量的氬和氖，把氬反覆分次萃取，又分離出一種氣體，命名為氪，含有「陌生人」的意思。它的光譜是美麗的藍色強光。

從液態空氣中連續分離出了氖、氬、氪、氙四種惰性氣體元素，拉姆齊更加相信空氣中也含有氦，他要從空氣中再次發現氦。氦的相對原子質量小，又是單原子氣體──現在我們知道在所有氣體中它的沸點最低，怎樣液化它呢？當時已知液態氫的沸點最低，他們就將從液態空氣中最先揮發出的氖壓縮到一支管子裡，再將管中的高壓氣體放入液態氫中強

冷。氪在這種低溫下竟成了固體，而氦仍是氣體。氦終於從空氣中分離出來了！

在不到一年的時間裡，拉姆齊師徒倆艱辛地處理了 120 t 的液態空氣，找到了預言的三種惰性氣體元素，使零族元素發展為五種，進一步完善了元素週期表，在化學史上寫下了極為光輝的一頁。1904 年的諾貝爾物理學獎授予瑞利，同時諾貝爾化學獎授予拉姆齊。同年的兩項諾貝爾獎紀念同一項偉大的發現，可見發現惰性氣體元素的重大意義。

今天我們在大街上看到的霓虹燈很多都是由充入氖氣或其他惰性氣體的玻璃管組成，原理是在密閉的玻璃管內，充有氖、氦、氬等惰性氣體，燈管兩端裝有兩個金屬電極，配上一隻高壓變壓器，將 10～15 kV 的電壓加在電極上。由於管內的氣體是由無數分子構成的，在正常狀態下分子與原子呈中性，但在高電壓作用下，少量自由電子向陽極運動，氣體分子急遽游離激發電子加速運動，使管內氣體導電，發出彩色的輝光。霓虹燈的發光顏色與管內所用氣體及燈管的顏色有關，如果在淡黃色管內裝氖氣就會發出金黃色的光，如果在無色透明管內裝氖氣就會發出黃白色的光，要產生不同顏色的光，就要用許多不同顏色的燈管或向霓虹燈管內裝入不同的氣體。

拉姆齊學識淵博，也是科學界中最優秀的語言學家。1913 年，他在化學學會國際會議上擔任主席時，使全世界各地代表大為驚奇和愉快的是，他先講英語，後講法語，再講德語，間或也用義大利語，無不流暢自如，從容清晰。這主要得益於他自小的刻苦練習。拉姆齊的名言是：「多看、多學、多試驗，如取得成果，絕不炫耀。學習和研究中要堅定努力，一個人如果怕費時、怕費事，則將一事無成。」

第 2 章　近代化學的全球脈絡

第 18 節　門得列夫與元素週期律

　　門得列夫（Dmitri lvanovich Mendeleev）於西元 1834 年 2 月 7 日出生於俄國西伯利亞的托波斯克市。他父親是位中學校長，在他出生後不久，父親雙眼因患白內障失明，一家生活全靠他母親經營一個小玻璃廠維持。西元 1847 年父親又因患肺結核死去，意志堅強的母親不管生活多麼困難，仍堅持讓孩子們接受教育。

　　門得列夫讀書時，對數學、物理、歷史課程非常感興趣，他喜愛大自然，曾與他的中學老師一起長途旅行，蒐集了不少岩石、花卉和昆蟲標本。中學畢業後，他母親決心要讓兒子像他父親那樣接受高等教育，於是變賣了工廠，帶著兒子經過兩千多公里艱辛的馬車旅行來到聖彼得堡。因為門得列夫不是出身於豪門貴族，又是來自邊遠的西伯利亞，聖彼得堡的一些大學拒絕他入學。好不容易，考上了醫學外科學校，然而當他第一次觀看到屍體時，就暈了過去。他只好改變志願，透過父親同學的幫忙，進入了父親的母校——聖彼得堡高等師範學院物理數學系。

　　母親看到門得列夫終於實現了上大學的願望，不久便帶著對他的祝福與世長辭。舉目無親又無財產的門得列夫把學校當作了自己的家，為了不辜負母親的期望，發奮讀書。只過了一年，門得列夫就成為優等生。緊張學業之餘，他還撰寫科學簡評得到少量稿費。那時的師範學院裡有一些學識淵博的教授，化學家伏斯克列辛斯基的教學和研究工作尤其鼓舞了這位年輕的大學生，門得列夫的天才在這裡獲得了迅速和多方面的發展。

　　西元 1854 年，門得列夫大學畢業，並榮獲學院的金質獎章，被分配到克里米亞地區中學任教。在教師的職位上他並沒有放鬆自己的學業和研究。但不久，因當地發生戰爭而離職，門得列夫決定回到聖彼得堡大學做

第 18 節　門得列夫與元素週期律

無薪講師，並專攻無機化學研究。

他刻苦學習的態度、鑽研的毅力以及淵博的知識得到老師們的讚賞，聖彼得堡大學破格任命他為化學講師。西元 1857 年門得列夫被聘為聖彼得堡大學副教授，年僅 23 歲。

西元 1857 年，門得列夫擔任化學副教授以後，負責講授「化學基礎」課。為了有合適的教材，他決定編寫一本新的《化學原理》。在考慮寫作計畫時，門得列夫深為無機化學缺乏系統性所困擾。於是，他開始蒐集每一個已知元素的性質數據和有關數據，把前人在實踐中所得的成果，凡能找到的都收集在一起，並進行分類。人類關於元素問題的長期實踐和認知活動，為他提供了豐富的資料。當時科學家已經發現了 63 種化學元素，但這些元素的性質顯得雜亂無章。他先後研究了根據元素對氧和氫的化合關係所做的分類；研究了根據化合價所進行的分類，特別研究了根據元素的綜合性質所進行的元素分類。

門得列夫在研究前人所獲得成果的基礎上，發現一些元素除有特性之外還有共性。例如，已知的鹵素元素氟、氯、溴、碘都具有相似的性質；鹼金屬元素鋰、鈉、鉀暴露在空氣中時都很快被氧化，因此都是只能以化合物形式存在於自然界中；但銅、銀、金等金屬都能長久保持在空氣中而不被腐蝕，因此它們被稱為貴金屬。於是，門得列夫開始試著排列這些元素。

他把每個元素都建立了一張長方形紙板卡片，在每一塊長方形紙板上寫上元素符號、相對原子質量、元素性質及其化合物。就像玩一副別具一格的元素紙牌一樣，反覆排列這些卡片，終於發現每一行元素的性質，尤其是元素的化合價，都在按相對原子質量的增大而逐漸變化，周而復始，也就是說元素的性質隨相對原子質量的增加而呈週期性的變化。第一張元

第 2 章　近代化學的全球脈絡

素週期表就這樣產生了。

門得列夫把重新測定過相對原子質量的元素按照相對原子質量的大小依次排列起來，發現性質相似的元素，它們的相對原子質量並不相近；相反，有些性質不同的元素，它們的相對原子質量反而相近。他緊緊抓住元素的相對原子質量與性質之間的相互關係，不停地研究。經過一系列的排隊以後，在西元 1869 年 2 月，終於發現了元素化學性質的規律性──元素週期律。

西元 1869 年 3 月，門得列夫在題為〈元素性質與相對原子質量的關係〉論文中首次提出了元素週期律，發表了第一張元素週期表。這個表包括了當時科學家已知的 63 種元素，表中共有 67 個位置，尚有 4 個空位只有相對原子質量而沒有元素名稱，門得列夫假設，有這種相對原子質量的未知元素存在。

在他的第一張元素週期表發表後，門得列夫對元素週期律繼續進行深入研究，特別是重新審定了許多元素的相對原子質量。在對元素相對原子質量進行審定之後，他於西元 1871 年 12 月發表了第二張元素週期表。與第一張元素週期表相比，第二張元素週期表更完備、更精確、更系統。在門得列夫編制的週期表中，還留有很多空格，這些空格應由尚未發現的元素來填滿。門得列夫從理論上計算出這些尚未發現的元素的最重要性質，斷定它們介於鄰近元素的性質之間。例如，在鋅與砷之間的兩個空格中，他預言這兩個未知元素的性質分別為類鋁和類矽。

這次，門得列夫先後預言了 15 種以上未知元素的存在，結果有 3 種元素在門得列夫還在世的時候就被發現。就在他預言後的第四年，法國化學家布阿勃德朗（Paul Émile (François) Lecoq de Boisbaudran）用光譜分析法，從鋅礦中發現了第一個待填補的元素，其性質非常像鋁。這就是門

得列夫預言的類鋁，被命名為鎵（Ga）。

隨著週期律廣泛被承認，門得列夫成為聞名於世的卓越化學家，各國的科學院、學會、大學紛紛授予他榮譽稱號、名譽學位以及金質獎章。具有諷刺意義的是，在封建王朝的俄國，科學院推選院士時，竟以門得列夫性格高傲、有稜角為藉口，把他排斥在外。後因門得列夫不斷被選為外國的名譽會員，聖彼得堡科學院才被迫推選他為院士。由於氣惱，門得列夫拒絕加入，從而出現俄國最偉大的化學家反倒不是俄國科學院成員的怪事。

門得列夫除了發現元素週期律外，還研究過氣體定律、溶液化學理論、氣象學、石油工業、農業化學、無煙火藥、度量衡，在這些領域他都辛勤工作、大膽探索。西元1887年發生日食的時候，為了觀察天象的變化，他不顧家人和朋友的勸阻，一個人乘著氣球上升到空中。這個氣球被風颳到很遠的地方才降落下來，許多人都替他捏著一把汗。這種為科學不顧生命危險的精神鼓舞了許多俄羅斯青年。

門得列夫身為一位偉大的科學家，帶給我們的啟示是：

第一，在研究元素週期律的過程中採用了創造思維中的重要方法——試錯與逼近法。他前後各次所發表的週期表都有很多的問題沒有解決，可是門得列夫透過週期律的初步假設，勇於將歸納與演繹適當結合，用創造性的歸納去提出和形成假設，又用演繹從假設推出創造性的科學預見，再將實驗結果經過綜合分析形成理論，具有科學的預見性和創造性。

第二，科學發現是一個循序漸進的過程。西元1860年代，由於化學元素的大量發現和相對原子質量的精確測定，對元素系列的正確分類已成為可能，許多化學家互相獨立地從不同側面探尋化學元素系列和化學元素分類的規律，都取得了一定的進展，這說明人類在發現化學元素週期律的

道路上是一個不斷向真理靠近的過程。門得列夫與同時期的化學家比較，對化學性質與相對原子質量之間關係的認知，不僅從感性躍遷到理性，而且根據元素週期律科學地預言了一些未知元素的存在，並預先留出空位，這是他在研究週期律上遠遠高於他人的方面。

　　第三，元素週期律的發現大大加深了人類對物質世界的認知。20世紀以來，隨著科學技術的發展，人們對於原子的結構有了更深刻的認知。人們發現，引起元素性質週期性變化的本質原因不是相對原子質量的遞增，而是核電荷數（原子序數）的遞增，也就是核外電子組態的週期性變化。元素週期律的發現大大加深了人類對物質世界的認知，對科學發展產生了指引和推動作用，在歷史上成為化學發展的里程碑。這一發現的偉大意義在於它不再把自然界的元素看成彼此孤立不相依賴的堆積，而是把各種元素看作有內在連繫的統一整體，說明元素性質發展變化的過程是由量變到質變的過程，週期表中每一週期元素隨著相對原子質量的增加，顯示出各種性質逐漸發生量變，而到每一週期的末尾就顯示出質的飛躍；在相鄰的兩個週期間既不是簡單的重複，又不是截然不同，而是由低階到高級、由簡單到複雜的發展過程。

第19節　李比希與「吉森學派」

　　西元1803年5月12日，李比希（Justus von Liebig）生於德國黑森大公國。他的父親是一位經營藥物、油脂、染料的商人。西元1811年，他進入11年制國民學校學習拉丁文、希臘文等古典科目，但李比希獨愛化學，因此，他的學業成績經常倒數第一。由於偏科化學，李比希多次被校長點名批評。西元1818年他15歲時，因不能正常畢業而退學。父親按照

第 19 節　李比希與「吉森學派」

他的意願，安排他在附近藥店當僱工，成天剪下草藥或捏製藥丸。起初他以為能學習一些化學知識，但事與願違，於是這個「不安分的僱工」開始抽空做自己的化學實驗，設法研究雷汞。終於，有一次因為用藥過量炸壞藥店窗戶而被辭退。

但李比希還是對化學十分喜愛！鑑於此，父親經不住他的一再請求，決定讓兒子做最後一次嘗試，這樣堅持不懈的李比希終於有希望名正言順地學習化學了。西元 1820 年，李比希來到德國最好的波恩大學讀書，結果教授們的水準令他失望。雖然如此，他仍然利用有限的條件，在大學期間堅持研究雷汞，並發表了一篇關於雷汞的論文，從此屬於李比希的奇蹟開始了！

由於雷汞涉及炸藥、軍事，這篇關於雷汞的論文引起了黑森大公國路德維希一世（Ludwig I）的注意，他決定滿足這個年輕人對化學的追求。經李比希不懈努力，終於獲得走向成功的第一塊敲門磚，西元 1822 年，受路德維希一世的資助，雖然大學尚未畢業，壯志未酬的李比希決心「朝聖」巴黎。當時，歐洲的北方有瑞典的貝吉里斯，西方有英國的戴維、法國的給呂薩克等著名化學家，形成世界化學學術中心的「三足鼎立」——在巴黎，如飢似渴的李比希幸運地聽到了許多著名的演講，但還缺乏進入實驗室學習的機會。

當時的化學學習中，只是講理論，只有個別學生能夠在教授的個人實驗室學習。儘管如此，年輕的李比希不放過任何與名家交流的機會，積極參加巴黎的各種學術活動。終於，在一次學術會議上，李比希宣讀過去完成的論文，引起當時世界著名德國地理學家洪保德（Friedrich Wilhelm Heinrich Alexander von Humboldt）的注意。經洪保德引薦，李比希進入給呂薩克私人實驗室進行研究——幸運之門再次敞開，他得以與杜馬（Jean-Baptiste André Dumas）等為伍，得到名師給呂薩克的親自指點。

第 2 章　近代化學的全球脈絡

從此，李比希進步很快，得到了導師的肯定。西元 1824 年李比希回國，經洪保德和給呂薩克向黑森大公推薦，年僅 21 歲，連中學、大學都尚未正式畢業的小青年就任基森大學副教授。很快，因成績卓著，西元 1825 年提升為教授。西元 1845 年，由於李比希傑出的化學成就，黑森大公授予其男爵爵位。西元 1852 年，李比希應邀去慕尼黑大學執教，直到西元 1873 年去世。

李比希的一生與雷汞的研究密切相關，但李比希的成就並非局限於雷汞。他創立了有機化合物的經典分析法，奠定了有機化學的基礎。如果說，貝吉里斯對有機分析做出了重大貢獻，那麼用李比希的有機分析方法，1 個月可以完成貝吉里斯 18 個月的分析工作。

後來，李比希透過對基團的研究，嘗試建立有機化合物的分類體系。他指出：「無機化學中的『基』是簡單的；有機化學中的『基』則是複雜的，這是兩者的不同點。但是，在無機化學和有機化學中，化學的規律是一樣的。」

李比希在給呂薩克的私人實驗室進行研究工作時就感到實驗室對科學研究的重要性，尤其化學是一門以實驗為基礎的科學。而當時的實驗室又很少，大多是一些私人實驗室，只能容納一兩位學生或助手學習和研究。回國後，他發現德國的化學教育落後於法國，化學實驗教學的條件就更差了。為了改變這種情況，李比希加強了實驗室的建設和化學教學法的研究，使化學教學真正具備了實驗科學的特色。他在校方和政府的支持下，經過兩年努力，在基森大學建立了一個完善的實驗教學系統，他的實驗室可以同時容納 22 名學生做實驗，教室可以供 120 人聽講，講臺的兩側有各種實驗設備和儀器，可以方便地為聽講人做各種示範實驗。他要求他的學生既會定性分析，又會定量分析，自行製備各種有機化合物，這樣就可以培養出較強的實際工作能力。

李比希建立的實驗室後來被稱為「李比希實驗室」，由於這一實驗室培養出一大批第一流的化學人才，所以當時成了全世界化學工作者矚目和嚮往的地方。也基於此，許多先進的實驗技術被迅速推廣普及，這也導致許多方法和儀器以李比希命名。

李比希培養了大批傑出的化學家，在 1901～1910 年的前十屆諾貝爾化學獎得主中，出自李比希門下的占 70%，而出名的徒子徒孫更是難以表述。迄今為止，這個學派及其繼承者所獲得的諾貝爾化學獎比任何一個學派都要多。

身為 19 世紀最著名和最有成果的化學家，李比希的聲譽在西元 1840 年之後代替了貝吉里斯在世界化學界的權威地位。由於李比希的學術成就和先進教學理念，基森大學成為世界化學的新中心，他的實驗室成為各國化學家的聖地，並形成了「吉森學派」。由於李比希和維勒的努力，帶動了德國化學的崛起。

第 20 節　維勒與尿素

西元 1800 年 7 月 31 日維勒（F. Wohler）出生於德國法蘭克福附近。他的父親曾在馬爾堡大學學習獸醫和農業，西元 1806 年在法蘭克福附近經營起自己的莊園，西元 1812 年在法蘭克福擔任宮廷職務，由於學識淵博、能力突出，又熱心社會公益事業，不久成了當地名流。他的母親是一位中學校長的女兒，對幼年維勒施以良好的教育。父親特別喜歡維勒，非常關心他的成長，為了把他培育成才，父親處處嚴格要求、細心指導。

少年時代的維勒喜歡詩歌、美術，還特別愛好收藏礦物標本。在各門自然科學中，他最喜歡化學，尤其對化學實驗感興趣。在維勒居住的房間

第 2 章　近代化學的全球脈絡

裡，床下胡亂地堆著許多木箱，裡面盛滿各種礦石和礦物標本，屋角擺放著一堆堆實驗儀器，有玻璃瓶、量筒、燒瓶、燒杯，有曲頸瓶以及鋼質研砵等，他的房間簡直成了一間實驗室。這引起了父親的極大不滿，為此，父子倆常發生口角。

有一次，被激怒的父親沒收了兒子的《實驗化學》書。維勒對此很傷心，他跑去找父親的好朋友布赫醫生。布赫醫生早年也曾對化學發生過極大興趣，在他那裡，一直存放著許多著名學者編著的化學教科書和一些專著，還有不少柏林、倫敦、斯德哥爾摩科學院的期刊。維勒尋求到了布赫的支持，他不倦地閱讀著布赫醫生這些珍貴的化學數據，還經常與布赫醫生討論一些他們感興趣的化學問題，在他的頭腦裡，知識一天天地累積起來了。

維勒這種旺盛的求知欲又重新激起布赫對化學的濃厚興趣，他們成了志同道合的忘年之交，在各方面布赫都給予維勒寶貴的支持和幫助。這位醫生很注意啟發維勒的思想，經常對他說：「如果想要成為科學家，你就應當具備許多知識，要什麼都知道。」這段友好交往對維勒中學階段的學習發揮了良好的作用，他更加勤奮地鑽研各門功課。西元 1820 年，維勒以優異成績從中學畢業。

按照家人的意見，他選擇了學醫，20 歲的維勒進入馬爾堡大學醫學院。他非常喜歡上大學，在學校裡一心一意地攻讀所有功課。回到宿舍，他又專心做起化學實驗，天天如此。維勒的第一項化學研究正是在那間簡陋大學宿舍裡研究成功的，他最早研究的是不溶於水的硫氰酸銀和硫氰酸汞的性質問題。經過幾個月的深入研究，維勒在自己的第一篇化學論文中詳細地描述了這個問題。由布赫醫生推薦，這篇論文發表在《吉爾伯特年鑑》上，立即引起瑞典化學家貝吉里斯的重視。他在西元 1821 年主編的《物理、化學年度述評》中以十分讚賞的口吻對維勒的論文給予肯定的

第 20 節　維勒與尿素

評價，這一成果增強了這個青年學生的信心。

西元 1821 年，維勒轉入海德堡大學，他在學醫之餘還旁聽化學教授格梅林（Leopold Gmelin）的化學課，同時，他還在格梅林的實驗室裡工作──由於維勒的化學水準已經很高，因此並未聽完化學課就可以進其實驗室做研究。維勒一生都主要靠自學與實驗掌握化學，海德堡大學的實驗條件較好，所需物品應有盡有，維勒繼續研究氰酸及其鹽類。

西元 1823 年 9 月他獲得醫學博士學位，格梅林教授發現維勒的化學實驗技能很強，就建議他赴瑞典化學大師貝吉里斯處進修，專攻化學。當年冬天，維勒就到了斯德哥爾摩，在這位卓越化學家的私人實驗室開始工作。此時的貝吉里斯正在研究氟、矽和硼分析及製取各種元素的方法。在這裡，維勒熟練掌握了分析和製取各種元素的方法。同時，他還繼續研究氰酸。

西元 1823 年 11 月，他按貝吉里斯制定的方法從事沸石、黑柱石的分析，製備當時還較為少見的硒、鋰、氧化鈰、鎢，研究氰酸及氰的反應，還擔當貝吉里斯的助手，很快接觸到近代化學的前沿。在實驗室，每當維勒操作得過快時，貝吉里斯就對他說：「快是要快，但工作一定要好！」可見，高徒要嚴師。

實驗室工作結束後，維勒隨貝吉里斯穿越瑞典和挪威做野外地質考察：參觀著名的礦山，考察典型的地質現象，會晤知名學者，採集岩礦標本。西元 1824 年 9 月，維勒辭別恩師貝吉里斯，經丹麥作短期訪問後，於西元 1824 年 10 月回到法蘭克福。在瑞典的學習，不但奠定了維勒與貝吉里斯的終生友誼，也確定了維勒一生的學術方向。

西元 1825 年 3 月維勒應柏林工業學校之聘，任化學與礦物學講師，1828 年維勒晉升為教授。從學生時代起，維勒就研究氰及其相關反應，以及

氰酸及其鹽類的製備和性質,在研究氰與硫化鉀、硫化氫或氨的反應時,注意到後者的生成物中除草酸銨外,還有一種不顯示鹽性質的白色晶體物。

差不多同時,李比希在法國研究雷酸鹽,他發現維勒對氰酸銀(AgCNO)組分定量分析結果與他得自雷酸銀(AgONC)的分析數據十分一致,但兩者性質卻全然不同。這在人們還不理解同分異構現象的當時是不可思議的,他懷疑維勒分析的可靠性。西元1824年冬,他們在法蘭克福舉行的科學家集會上會晤,討論了各自的工作。兩人從此相識結交,多次合作,成為終生忠誠相處、共同研究工作、有爭辯又無怨妒的最好朋友。

針對李比希的懷疑,維勒再次研究了氰酸的組成。經研究證明:不論是在氰與氨的反應中,或在氰酸與氨的反應中,或是在氰酸銀與氯化銨或氰酸鉛與氨水的反應中,所生成的那種中性白色晶體物質與來自動物尿液中的尿素性質相同。氰酸銨在實驗室裡變成了尿素。

維勒認真謹慎地研究了近四年。西元1828年發表的〈論尿素的人工合成〉論文裡,維勒明確指出:「這是一項以人力從無機物製造有機物的範例。」

維勒和他的這篇文章當時就受到科學界普遍的關注,並且永載史冊。人工合成尿素在化學史上開創了一個新興的研究領域 ── 有機合成。維勒開創的有機合成的新時代,極大地推動了有機化學的發展。

身為大師的維勒,其高尚的道德也歷來是學者的楷模。他經常為朋友託付的各種瑣事所困擾,即使影響了自己正常的工作也從無怨言。他善解人意,為人和藹可親,始終與自己的老師和學生保持著良好的關係。就在西元1882年9月23日,一代大師逝世於哥廷根,這無疑是化學事業發展中的一大損失。但維勒和李比希帶動的德國化學,已經在他們學生的努力下,保持在世界的前列。

第21節　凱庫勒與苯分子結構

　　苯是在西元 1825 年由英國科學家法拉第首先發現的。19 世紀初，英國和其他歐洲國家一樣，城市的照明已普遍使用煤氣，生產煤氣的原料製備出煤氣之後，剩下一種油狀的液體。法拉第是第一位對這種油狀液體感興趣的科學家，他用蒸餾的方法將這種油狀液體進行分離，得到另一種液體，實際上就是苯。

　　西元 1834 年，德國科學家米希爾里希（E. E. Mitscherlich）透過蒸餾苯甲酸和石灰的混合物，得到了與法拉第所製液體相同的一種液體，並命名為苯。法國化學家日拉爾（Charles Frederic Gerhardt）等人又確定了苯的相對分子質量為 78，分子式為 C_6H_6。苯分子中碳的相對含量如此之高，使化學家們感到驚訝。如何確定它的結構式呢？化學家們為難了：苯的碳氫比值如此之大，說明苯是高度不飽和化合物，但它又不具有典型的不飽和化合物應具有的易發生加成反應的性質。解決苯分子結構問題的乃是李比希的學生、極富想像力的德國化學家凱庫勒（Friedrich A. Kekule）。

　　西元 1829 年 9 月 7 日，凱庫勒生於德國達姆斯塔德的一個波希米亞貴族家庭，父親是一名高級軍事參議官。凱庫勒從小天資聰穎，熱愛建築，立志長大後要當一名優秀的建築大師。中學時，他就懂四門外語（法語、拉丁語、義大利語和英語），尤其擅長數學和製圖，對於植物和蝴蝶等動物興趣也非常濃厚。

　　凱庫勒喜歡鑽研問題，思想深刻而新穎，經常受到老師表揚，同學們也愛與他一起討論問題，覺得他對別人的思想有啟發。在寫作方面，他與眾不同，經常獨出心裁；在建築方面，他表現了驚人的天資。有一位建築師是他家的世交，經常教凱庫勒製圖和繪畫，這個學生的接受能力使他很驚奇。

第 2 章　近代化學的全球脈絡

　　凱庫勒喜歡自然科學，但當時對化學並沒有什麼偏愛。父母考慮到建築師將來會有比較多的收入，主張他學建築。然而不幸的是，在凱庫勒中學畢業之前，父親就去世了，他只好一邊工作一邊讀書。西元 1847 年，18 歲的凱庫勒高中畢業，以優異成績考入基森大學，並遵從父親的遺願，學習建築學。

　　基森大學是德意志聯邦當時最為著名的一所大學，校園美麗、學風純樸，更值得驕傲的是，這所大學還擁有一批知名度極高的教授，且允許學生不受專業的限制，選擇他們喜愛的教授。

　　凱庫勒在上大學以前，就為家鄉設計過三所房子，初露鋒芒的他深信自己有建築的天賦。因此，進入基森大學，他毫不猶豫地選擇建築專業，並以驚人的速度很快修完了數學、製圖和繪畫等十幾門專業必修課。

　　他正準備揚起自己的理想風帆時，一個偶然事件，卻改變了他的人生道路──這就是赫爾利茨伯爵夫人的案件。

　　此案開庭審理時，凱庫勒參加了旁聽。在黑森法庭，他見到了本案的真正判決者──大名鼎鼎的李比希教授。教授手裡拿著一枚戒指，這是一枚價值連城的寶石戒指，上面鑲著兩條纏在一起的金屬蛇，一條是赤金的，一條是白金的，看上去精美絕倫。李比希教授測定了金屬的成分，然後緩緩地站起身來面對臺下急不可耐的聽眾，用一種平和而又堅定的語氣說：「白色是金屬鉑，即所謂『白金』。現在伯爵夫人侍僕的罪行是明顯的，因為白金從西元 1819 年起，才用於首飾業中，而她卻硬說這個戒指從西元 1805 年就到了她手中。」

　　清晰的邏輯分析，確鑿的實驗結論，使罪犯終於供認盜竊戒指的事實。這個案件的審理，使凱庫勒對這位知名教授產生了由衷的敬佩。其實，凱庫勒在基森大學早就聽說李比希教授的大名，同學們也多次勸他聽

聽這位教授的化學課，但他對化學毫無興趣，不願意將時間花費在自己不願做的事情上，因此，對這位教授的了解也僅限於道聽塗說。這次偶然的接觸，使凱庫勒一改初衷，決定去聽聽李比希教授的化學課。

課堂上，李比希教授輕鬆的神態、幽默的語言、廣博的知識把凱庫勒帶入一個全新的世界，強烈地吸引著凱庫勒，使他產生極大興趣。自此，凱庫勒就常去聽李比希的化學課，漸漸地對化學研究著了魔。不久，凱庫勒放棄了建築學。

當時，親友們認為凱庫勒改變志向是由於一時的感情衝動，勸他要特別慎重。可是凱庫勒的志向並未動搖。從後來他的成果看，先立志建築而後改學化學的凱庫勒，的確是一位具有濃厚「建築」構造特色的化學家。

西元 1849 年秋，是一個充滿誘惑的秋天，是一個洋溢豐收喜悅的秋天！凱庫勒經過艱辛的努力，以優異的成績，跨進了李比希的化學實驗室。轉入李比希的實驗室後，他完成的課題是「關於麵筋成分的研究」。後來，凱庫勒徵得李比希的同意，到法國化學家日拉爾處留學。

西元 1855 年春天，凱庫勒離英回國，先後訪問了柏林、吉森、哥廷根和海德堡等城市的一些大學，令他失望的是，這麼多地方都未能使他找到一份合適的工作。於是，他決定在海德堡以副教授的身分私人開課。他的這個想法得到了海德堡大學化學教授本生的支持。凱庫勒租了一套房子，把其中的一間作為教室，將另一間改裝成了實驗室。

到他這裡來聽課的人，最初只有 6 人，但沒過多久，教室裡就座無虛席。這使凱庫勒獲得了可觀的收入，而預約登記到他實驗室來工作的實習生還在與日俱增。他一邊講課，一邊帶實習生做實驗，並用所有的空閒時間繼續自己的研究。

凱庫勒關於苯環結構的假說，在有機化學發展史上做出了卓越貢獻。

第 2 章　近代化學的全球脈絡

由於他早年受到建築師的訓練，具有一定的形象思維能力，善於運用模型方法，把化合物的效能與結構連繫起來。西元 1864 年冬天，他的科學靈感導致他獲得了重大的突破。

他記載：「我坐下來寫我的教科書，但工作沒有進展。我把椅子轉向爐火，打起瞌睡來。原子又在我眼前跳躍起來，這時較小的基團謙遜地退到後面。我的思想因這類幻覺不斷出現變得敏銳了，現在能分辨出多種形狀的大結構，也能分辨出有時緊密地靠近在一起的長行分子，它圍繞、旋轉，像蛇一樣地動著。突然！有一條蛇咬住了自己的尾巴，這個形狀虛幻地在我眼前旋轉，像是電光一閃，我醒了。我花了這一夜的剩餘時間，做出了假想。」

於是，凱庫勒首次滿意地寫出了苯的結構式（圖 2-13），指出芳香族化合物的結構含有封閉的碳原子環，它不同於具有開鏈結構的脂肪族化合物。西元 1865 年，凱庫勒於根特發表〈關於芳香族化合物的研究〉，從此，因「夢」見苯環結構而威震江湖。對此，凱庫勒說：「先生們，我們應該會做夢！那樣我們就可以發現真理，但不要在用清醒的理智檢驗之前，就宣布我們的夢。」

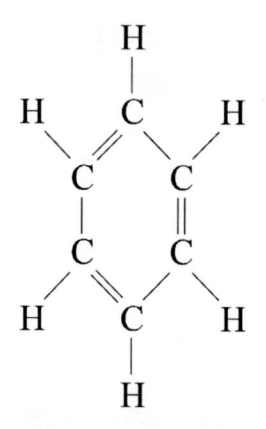

圖 2-13　苯的結構

第 21 節　凱庫勒與苯分子結構

苯環結構的誕生，是有機化學發展史上的一塊里程碑。凱庫勒認為苯環中六個碳原子是由單鍵與雙鍵交替相連的，以保持碳原子為四價。西元 1866 年，他畫出一個單、雙鍵的空間模型，與現代結構式完全等價。

凱庫勒還根據這種結構式進一步論述了苯的六個氫原子應當具有完全等同的效能；並且還說明了當從苯衍生出的許多取代物生成各種同分異構體的時候，根據取代原子或取代基的數目和種類，就可以推斷出生成的同分異構體數目，以及所生成的各同分異構體的性質差異等問題。

西元 1867 年 9 月，凱庫勒應徵波恩大學教授和化學研究所所長，接替霍夫曼（August Wilhelm von Hofmann）的職位。這時的凱庫勒已經是有世界影響的化學家，國內外不少青年到波恩來，投到凱庫勒的門下，這中間的多數人後來都成為有卓越成就的化學家。有資料顯示，凱庫勒的學術後裔中（包括第三、四代學生），到 1950 年代，就有 23 位是諾貝爾化學獎的得主，包括拜爾（Johann Friedrich Wilhelm Adolf von Baeyer）、范特霍夫等一批優秀化學家。凱庫勒身為一代宗師，桃李滿園，代代相傳，對近代化學發展的深遠影響是顯然的。教書育人也是凱庫勒 40 多年學術生涯中最值得稱道的一個方面。

凱庫勒的創造性貢獻，奠定了他在有機化學結構發展史上的顯赫地位，使得人類對有機化學結構的認知產生了一大飛躍。

凱庫勒於夢中發現苯分子結構的故事雖具有傳奇般的色彩，但發現的原因與他的建築學造詣和對空間結構的豐富想像力密切相關。他先立志學建築而後改學化學，用原子的組合構築成分子，這源於他學習建築學時，建築藝術中空間結構美的薰陶，而他所構思的苯的分子結構式也正是具有優美的對稱性的結構形式。所以他的成功絕非偶然，與他的經歷有關，與他的創造性思維有關。

第 2 章　近代化學的全球脈絡

身為一個傑出的科學家，凱庫勒的成就得到了全世界的普遍公認。他的成果不僅受到世界科學家們的重視，而且也為工業家們所採納，成為 19 世紀以來有機化學界的真正權威。

凱庫勒在西元 1896 年 7 月 13 日病逝，終年 67 歲。1903 年，柏林市為他塑了銅像。

第 22 節　貝特洛與有機物合成

化學史上，在有機合成方面貢獻重大的是貝特洛（Pieltte Engene Marcellin Berthelot）的研究。貝特洛研究有機合成是多方面的，如飽和烴、不飽和烴、脂肪、芳香烴的合成以及它們的衍生物的合成等。回顧他成功的歷程，對我們有很大的啟發。

貝特洛西元 1827 年 10 月 25 日生於巴黎。父親是一名醫生，家庭生活不甚富裕，但父母竭盡全力，把聰慧的兒子培育成才。中學時代的貝特洛，初露天資，寫得一手好的哲學論文，熟練掌握幾種外語，說一口流利的英語、德語，對拉丁語和希臘語運用自如。他篤信科學，反對迷信，是個無神論者，堅信「真理存在於科學之中」。

西元 1848 年秋，21 歲的貝特洛考進大學，他遵從父母的意願去學醫。然而，強烈的求知欲促使他對各門學科都感興趣。慢慢地他在學醫之外，擠出時間廣泛旁聽歷史、文學、考古學等許多課程，也研究語言學，研究領域較寬。白天他長時間待在圖書館裡，博覽群書，晚上在實驗室裡常常工作到深夜。由於他勤奮刻苦，學業成績優異。

化學是醫科學生的必修課程，因此，貝特洛也開始學習和研究化學。為了得到進行化學實驗的條件，他曾每月交 100 法郎，在一間私人化學實

第 22 節　貝特洛與有機物合成

驗室裡，開展自己的研究工作。在那裡，他很快掌握了多種實驗技術。最初，他研究一些帶有物理性質的化學問題。例如，他對與氣體液化有關的現象很感興趣，曾研究過二氧化碳、氨以及其他氣體液化的條件，並於西元 1850 年發表了他的研究成果。

19 世紀中期開始，許多化學家都在研究有機化學問題，但他們多限於研究那些天然有機化合物，運用化學方法分離出純淨的有機物。在這些化學家中幾乎還沒有人想到直接從無機物合成有機物。

西元 1828 年，當德國化學家維勒首次宣布人工合成尿素以後，儘管不少化學家還不承認被合成的尿素是真正的有機物，可是貝特洛卻相信維勒的成果及其重大意義。他深信，在一定條件下，試管中必定可能合成某些有機物。對乙醇和松節油的研究取得成果之後，更增強了他的這一信心。之後，他又利用乙烯與硫酸的反應合成了乙醇，這是人類第一次用非發酵方法製得乙醇。

貝特洛真正驚人的創造，是西元 1853 年合成了脂肪。在合成脂肪之前，已有人能將脂肪分解為高級脂肪酸和甘油。貝特洛則認為既然可以分解為高級脂肪酸和甘油兩種成分，當然也有可能把它們結合起來成為脂肪。於是他把一定量的脂肪酸和甘油放在厚壁玻璃管中加熱，確實發生反應生成了脂肪和水。

貝特洛的文章一發表，便成為學術界轟動一時的新聞，不少報紙以「在試管中合成了脂肪」、「自然界被征服了！」「人能按照自己的願望生產迄今是細胞組織的物質」等作為標題，報導了這位青年化學家的成就。法國科學院對這項成就給予高度的評價，由政府授予貝特洛 2,000 法郎的獎金，並授予博士學位。

次年，貝特洛想到，既然在濃硫酸作用下，乙醇能脫水生成乙烯，反

145

過來乙烯與稀硫酸作用下也能生成乙醇，可見脫水反應有其可逆性。而甲酸在濃硫酸的作用下脫水生成一氧化碳，這一反應的逆反應也許能發生。於是他將一氧化碳與氫氧化鉀一起加熱三天合成了甲酸鉀，進一步酸化和蒸餾得到了甲酸。

他驗證了自己的預言──不僅關於脫水反應，更驗證了由無機物合成有機物的可能。

西元 1856 年，他將二硫化碳蒸氣與硫化氫的混合物通過紅熱的銅，製成了甲烷和乙烯。他認為是銅與硫結合而使高活性的碳與氫游離出來，化合為甲烷和乙烯。他進一步在日光照射下使甲烷氯化為 CH_3Cl，再水解製得了甲醇。

後來，他用松節油製取了樟腦，由樟腦再製成冰片。到了 1860 年代，他先後由碳和氫製成乙炔，由乙炔又製成苯。西元 1868 年，他透過乙炔和氮製成了氫氰酸。貝特洛在有機合成領域的一系列成就，幾乎成了神話。

貝特洛對合成工作的進一步研究，是試驗電在合成反應中的作用。起初，他用電火花作用於反應過程，沒有效果，改用電弧後產生了明顯效果。他設法在充滿氫氣的器皿中，安裝兩個碳電極，通電使兩電極間產生電弧，製得了乙炔。這項實驗的成功，使貝特洛受到極大鼓舞，由此開始了一系列新的合成實驗。他由乙炔加氫製成乙烯，乙烯再加氫而得到乙烷。

西元 1860 年，貝特洛發表了他的《有機合成化學》(*Chimie organique fondée sur la synthèse*)，陳述了有機合成的一般原則和方法，提出有機化學家有責任用無機物去設法合成有機物，而不需要動植物活體做媒介。在書中首次使用「合成 (synthesis)」這個詞表達他的主張，概括他已經和將

要實現的反應過程。打破無機物與有機物間的界限,「合成」一詞在當時帶給人們的震撼,不亞於我們現在聽到「殖株(Cloning)」時驚心動魄的感覺。這本專著的出版預示著大規模有機合成時代的來臨——不僅在實驗室,更具意義的是有機合成的工業化。

在法蘭西學院的實驗室裡,貝特洛為自己的化學研究又提出了新的方向,開始研究熱化學問題。他測定了燃燒熱、中和熱、溶解熱以及異構化熱等,試圖從中尋找規律性的東西。「放熱和吸熱反應」的概念就是他首先引入化學領域的。

他還對爆炸問題進行過認真研究。普法戰爭爆發後,巴黎不幸被包圍,法國政府緊急動員,號召所有科學家都來參加巴黎保衛戰。西元1870年9月底,政府要求貝特洛在最短期間內製造出火藥,結果只用了幾天時間,他就向當局交出了一份關於火藥製備工藝過程的報告,此後他一直關心與爆炸現象有關的各種過程。西元1881年,他發明了一種彈式量熱計,並測定了一系列有機化合物的燃燒熱。他首創的那種量熱計一直沿用至今。

精力充沛、能力驚人的貝特洛,除了從事繁忙的科學研究工作外,還是著名的社會活動家。他身為參議員,經常參與國務活動,還擔任過法國科學院祕書長。西元1886年開始在政府任公職,先被任命為教育部長,西元1895年又出任外交部長。國內外許多科學院和研究所都曾選他為名譽成員。到1900年,世界上幾乎所有大學或科學院的名譽成員名單中,無一例外都有他的名字。貝特洛即使到了暮年,對科學事業的熱愛和獻身精神仍旺盛不衰,繼續渴求創造性工作,堅持攀登著科學高峰,撰寫大量文章和專著,直到生命的最後一刻。

這位法國偉大科學家和社會活動家於1907年3月18日結束了他科學

的一生。舉國上下為失去這一科學巨星而感到痛惜，法國政府為這位卓越的科學家和思想家舉行了隆重的非宗教式葬禮。禮炮齊鳴，在一片哀樂聲中，法國向她偉大的兒子表示最後的敬意。

第 23 節　珀金與合成染料

　　100 多年前，生活的色彩還沒有像今天這樣豐富多樣，因為那時染色非常困難。若要把布料染成自己喜愛的顏色，只能用茜草、鬱金、靛藍、大黃、紅花等植物的根、葉和皮之類的汁兒來染色。這些天然染料種類不多，數量也少，而且染出的東西色澤不夠明亮，容易褪色。直到化學合成染料出現後，才實現了人們對色彩的需求。而這項化學上重要的發明，是由英國人珀金（William Henry Perkin）在偶然中首先完成的。

　　珀金 14 歲進入英國皇家化學學校學習。他天資聰穎，讀書勤奮，很快得到校長霍夫曼的垂青，不到一年即以學生的身分被任命為實驗室助手。校長霍夫曼霍夫曼對煤焦油做過研究，知道煤焦油中含「苯」的物質可以製造出一種叫做「苯胺」的新物質。他想繼續透過研究，在實驗室裡人工合成各式各樣的天然物質。他向得意門生珀金講起他的夙願，珀金受老師的影響，決定動手試試。

　　珀金最初是想透過實驗室人工合成奎寧，因為在當時的 1840 年代，非洲的英國殖民地曾流行瘧疾。奎寧是治療瘧疾的特效藥，但是天然的奎寧產量少，滿足不了需求。如果能人工合成，不但能造福人類，發明人也必然因此發財致富。

　　珀金夜以繼日地進行實驗，連假日也不休息。西元 1856 年，他從煤焦油中製取了一種苯的化合物 —— 甲苯胺，想使它再透過一些化學變化

變成奎寧，但失敗卻接踵而至。於是，他又從煤焦油的另一個成分——苯胺鹽上想辦法。在合成的最後階段，加重鉻酸鉀進行氧化時，他沒得到所希望的白色奎寧結晶，卻得到了一種黑色的黏稠液體！要是一般的化學家，恐怕就會因希望落空而搖頭嘆氣，趕緊把令人心煩的骯髒沉澱物倒了，然而珀金沒有灰心喪氣，他想看看這種黑色沉澱物到底是什麼。

於是，他向瓶子裡加了些酒精，頓時，黑色液體沉澱溶解成了鮮豔的紫紅色。這一來，更證明它不會是奎寧。試驗失敗了，但聰明的珀金卻注意到了那鮮豔漂亮的紫紅色。他想，能不能用它來作染料呢？於是，珀金拿塊布片放進去進行試驗。結果，布片被染成了同樣的色彩，用肥皂清洗，再讓太陽曝晒10多天，紫色絲毫不褪，色調鮮豔如初，這就是第一種合成染料——苯胺紫。

珀金獲得合成染料的發明專利後，就說服父親，在哈囉附近建起一個印染廠。經過改進，生產出一種淡紫色染料，深受女士們的歡迎。就連當時的英國女王維多利亞也非常喜歡這種顏色，有一次她穿了這種顏色的裙子出席一個集會，不料卻產生了強烈的廣告效應，人們競相模仿，風靡一時。當時在全世界廣泛流行，創造出了一個稱為「淡紫色十年」的時代。

有意栽花花不發，無心插柳柳成蔭。在化學史上有許多這樣的現象，化學家們懷著一定的目的和計畫去探索未知世界，由於種種原因，卻在探索過程中得到了計畫外意想不到的收穫。這種「無心插柳現象」的產生不是偶然的。一方面，化學世界的複雜性和未知性是這種現象產生的客觀原因；另一方面，這種現象的產生主要得益於科學家們敏銳的觀察力和求真、求實、嚴謹的科學態度，以及他們勇於探索、鍥而不捨的科學鑽研精神。正是由於這種態度和精神，人類才在探索未知世界的道路上取得一個又一個偉大的成就，人類社會才得以不斷向前發展、進步。

珀金35歲時，就因生產這種染料而成鉅富。苯胺紫的發現雖具偶然

性，但這一發現卻是人工合成染料的一個重大突破。它開闢了新的研究道路和新的化學工業，為人類生活增添了絢麗的色彩。

第 24 節　巴斯德與疫苗

從某種角度說，人類的歷史就是不斷認識疾病、戰勝疾病的歷史。巴斯德（Louis Pasteur），法國微生物學家、化學家，近代微生物學的奠基人。像牛頓開闢出經典力學一樣，巴斯德開闢了微生物領域，創立了一整套獨特的微生物學基本研究方法，他是一位科學巨人。

西元 1880 年夏，他的一名助手負責為實驗用的幾隻雞注射霍亂菌，通常雞一旦被注入霍亂菌就會立刻發病而死。當時正值暑假，助手忘了為雞注射，裝有霍亂菌的容器一直擱著，等到暑假結束才拿出來注射。結果出人意料，那些雞並沒有在短時間內死去，牠們只是稍有點不適，但很快就恢復精神了。於是，助手重新為這幾隻雞注射「新鮮」的霍亂菌，結果更是驚人，這回雞根本沒有發病！巴斯德想起 18 世紀末英國鄉村醫生詹納（Edward Jenner）的天花預防接種，看來助手是在無意中為雞注射了疫苗。巴斯德於是又找來幾隻雞，重複同樣的步驟，並且用各種方法進行試驗，終於製造出了有效的疫苗。

接下來的問題是，製作疫苗的技術是否也能用來對抗其他疾病。西元 1881 年，巴斯德著手製造炭疽疫苗。炭疽是侵襲牛、羊、豬等家畜的疾病。巴斯德依照之前處理雞霍亂的方式，首先調製減弱炭疽病原菌的水溶液，注入 25 隻羊的體內，這些羊在幾天之內顯出症狀，卻沒有死。然後，巴斯德又在羊身上注射活的炭疽病菌，羊群果然沒有得病！

既然這種疫苗對動物有效，那麼是否也能做出對人體有用的疫苗？巴

斯德和助手商量後，決定先試做狂犬病的疫苗。狂犬病最可怕的地方是被咬的人也可能發病，而一旦發病就會死去，所以是當時人們最害怕的疾病之一。由於這種疾病能同時傳給動物和人，因此製作的疫苗可以先在動物身上試驗，然後再給人使用。

為了證明狂犬唾液中的某種成分就是病原，巴斯德做了許多實驗。他把得病的狂犬腦部晒乾磨成粉末，調成水溶液，以減弱溶於水中的病原菌，再當成疫苗注射在狗身上。巴斯德重複做了許多次實驗，終於製成預防狂犬病的疫苗。西元 1885 年 7 月初，有一個法國少年被瘋狗咬了，巴斯德在孩子父母的請求下，大膽為這個少年注射了 12 支狂犬病疫苗。在一個狂風暴雨之夜，疫苗真的發揮了效力，少年得救了！從此，人類可以用的最早的狂犬病疫苗誕生了！

於是，許多國家的科學家開始爭先恐後地研究針對其他疾病的疫苗。西元 1897 年誕生傷寒疫苗，1913 年白喉疫苗研製成功。過去，這些疾病一年要奪去幾千名幼童的性命。脊髓灰質炎也稱小兒麻痺症，長期以來都是人們所畏懼的病症，但是在 1950 年代，也因為有了疫苗而幾乎絕跡。到了 1960 年代，麻疹、風疹、流行性腮腺炎等疫苗也紛紛誕生了。

疫苗是將病原微生物（如細菌、病毒等）及其代謝產物，經過人工減毒、滅活或利用基因工程等方法製成用於預防傳染病的自動免疫製劑。疫苗保留了病原菌刺激動物體免疫系統的特性，當人或動物體接觸到這種不具傷害力的病原菌後，免疫系統便會產生一定的保護物質，如免疫激素、活性生理物質、特殊抗體等；當人或動物再次接觸到這種病原菌時，動物體的免疫系統便會循其原有的記憶，製造更多的保護物質來阻止病原菌的傷害。

疫苗具有防控作用，可以預防和抵抗某些病菌，但是不同的疫苗作用

第 2 章　近代化學的全球脈絡

和意義是不同的。比如百白破疫苗可以用來預防百日咳、白喉和破傷風三種疾病；卡介苗可以預防兒童結核病的發生，接種卡介苗後可以產生對結核病的特殊抵抗能力；接種流感疫苗後可預防同型病毒引起的流感；接種脊髓灰質炎疫苗可以預防和消滅脊髓灰質炎；麻疹疫苗可用於預防麻疹疾病。

疫苗的發現可謂是人類發展史上一件具有里程碑意義的事件。因為從某種意義上來說人類繁衍生息的歷史就是人類不斷與疾病和自然災害抗爭的歷史，控制傳染性疾病最主要的方法就是預防，而接種疫苗被認為是最行之有效的措施。

巴斯德被世人稱頌為「進入科學王國的最完美無缺的人」，他不僅是個理論天才，還是善於解決實際問題的人。他於西元 1843 年發表的兩篇論文——「雙晶現象研究」和「結晶形態」，開創了對物質光學性質的研究。西元 1856 年至 1860 年，他提出以微生物代謝活動為基礎的發酵本質新理論，西元 1857 年發表的〈關於乳酸發酵的紀錄〉是微生物學界公認的經典論文。此外，巴斯德的工作還成功地挽救了法國處於困境中的釀酒業、養蠶業和畜牧業。

巴斯德並不是病菌的最早發現者，在他之前已有人提出過類似的假想，但巴斯德不僅熱情勇敢地提出關於病菌的理論，而且透過大量實驗，證明了他理論的正確性，令科學界信服，這是他的重大貢獻。

人體得病顯然病因在於細菌，那麼顯而易見，只有防止細菌進入人體才能避免得病，因此，巴斯德是強調醫生要使用消毒法的第一人。有毒細菌是透過食物、飲料進入人體的，巴斯德還發展了在飲料中殺菌的方法，後稱之為巴氏消毒法。

在巴斯德巨大成功的背後，他所付出的艱辛工作是難以形容的。西元

1868 年 10 月，他突發腦溢血，以致半身不遂。但他病危時仍念念不忘研究工作，病情稍有好轉，又立即投入工作。

當巴斯德對青年學生談到自己的科學成就時，曾經說過：「告訴你使我達到目標的奧祕吧：我的唯一力量就是我的堅持精神。意志、工作、成功，是人生的三大要素。意志將為你開啟事業的大門，工作是入室的路徑，這條路徑的盡頭，有個成功來慶賀你努力的結果。只要有堅強的意志，努力工作，必定有成功的那天。」這是巴斯德關於成功的一段至理名言。

第 25 節　諾貝爾與炸藥

諾貝爾（Alfred Bernhard Nobel）這一名字在世界上幾乎是家喻戶曉，不僅因為諾貝爾在化學化工發展史上做出了傑出的貢獻，更重要的是他為了促進科學的發展而設定了令世界矚目的諾貝爾科學獎。一年一度的物理、化學、生理及醫學、文學、和平的諾貝爾獎是舉世公認的最高科學獎。獲獎科學家得到的不僅僅是獎金，更重要的是榮譽，是為全人類的科學財富做出貢獻的自豪。諾貝爾科學獎的精神光芒四射，諾貝爾的名字流芳百世。

諾貝爾西元 1833 年 10 月 21 日出生在瑞典首都斯德哥爾摩，父親是一位頗有才幹的機械師、發明家，由於經營不佳，在瑞典屢受挫折，就在諾貝爾出世的前一年，一場火災燒毀了他家的全部家當，生活完全陷入窮困潦倒的境地，靠借債度日。諾貝爾的兩個哥哥就像安徒生童話裡賣火柴的小女孩一樣，站在街頭巷尾賣過火柴，以便賺幾個錢幫助維持家庭生計。諾貝爾從出生的第一天起，就體弱多病，由於健康不佳，他的童年沒

第 2 章　近代化學的全球脈絡

有像別的孩童那樣調皮、活潑和歡快，當別的孩童們在一起玩耍時，他只能充當一個旁觀者。童年生活的這一遭遇使他的性格比較孤僻、內向。到了 8 歲他才上學，只讀了一年，這是他受過的唯一正規學校教育。

　　西元 1843 年諾貝爾全家遷居到俄國聖彼得堡，在俄國由於語言不通，諾貝爾和兩個哥哥都進不了當地的學校，只好在家裡請一個瑞典教師指導他們學習俄、英、法、德等語言，當有了一定的俄語基礎後，再跟俄國教師學習自然科學和工程技術。體質虛弱的諾貝爾學習特別勤奮，學識不亞於兩個哥哥，他那好學的態度，不僅得到教師的讚揚，也贏得父兄的喜愛。後來，諾貝爾來到他父親創辦的工廠當助手。他細心地觀察，認真地思索，凡是經他耳聞目睹的那些重要學問都被他敏銳地吸收進去，生活本身成為他的大學。

　　為了進一步擴展他的視野，學到更多的東西，西元 1850 年他父親讓他出國進行旅行學習，兩年中他先後去過德國、法國、義大利和美國。由於他善於觀察、認真學習，知識迅速累積。當他返回俄國時，已成長為一位精通德、英、法及俄語的學者，受過科學訓練的化學家。回家後，他立即投入父親創辦的機械鑄造廠工作。當時工廠正為俄國生產急需的武器裝備，在工廠的實踐訓練中，他考察了地雷、水雷及炸藥的生產流程，研究過大砲和蒸汽機的設計，不僅增添了許多實用的工藝技術，還熟悉了工廠的生產和管理。

　　沒有真正學歷的諾貝爾，正是透過刻苦、持久的自學，逐步成長為科學家、發明家的。西元 1856 年，克里米亞戰爭結束，工廠的生意慘淡，諾貝爾開始全力投入他心愛的發明創造。他廢寢忘食地堅持研究設計，終於在兩年多的時間完成了三項發明並取得了專利。他決心以更大的熱情投入新的發明創造中。據不完全統計，他一生共獲得的專利達 355 項，其中有關炸藥的約 127 項。

第 25 節　諾貝爾與炸藥

　　諾貝爾仔細研究了硝化甘油的性質和製法，還參考了別人的研究成果，明確地認知到要讓硝化甘油變為實用炸藥，一是尋找一種合適的方法來點燃炸藥；二是在不減弱其爆炸力的前提下，使硝化甘油變得盡可能安全。諾貝爾以其活躍的思維，經 50 多次試驗，終於在西元 1862 年完成了一項重要的發明──諾貝爾專利雷管。他先將硝化甘油裝在玻璃管裡，再把玻璃管放進裝滿火藥的錫管內，再裝上導火線。裝好後，邀他兩個哥哥來到河邊，將導火線點燃，投入水中，「轟」的一聲，只見火花四濺，爆炸力果然比黑火藥大。這初步的成功說明他弄清了引爆硝化甘油的辦法，但是這次爆炸的主體仍是黑火藥，為此他繼續潛心研究。

　　研究的道路是不平坦的，西元 1864 年 9 月，試驗中發生了硝化甘油的爆炸，他們的實驗室被炸成一片廢墟，諾貝爾的五位助手，包括他的弟弟都被當場奪去了生命。諾貝爾因當時不在實驗室而倖免於難，他父親也因這一沉重打擊悲傷過度，得中風而半身不遂。這次爆炸事故還使住在周圍的居民對他們的試驗更加恐懼，紛紛要求政府當局封閉這一實驗室，有人甚至直接告誡諾貝爾，不准他在市內做試驗。

　　挫折和不幸並未動搖諾貝爾的決心，他以不屈不撓的勇氣把試驗設備搬到郊外一艘平底船上，繼續研究。經過上百次試驗，終於解決了炸藥的引爆難題，這一發明可以說是爆炸科學中一次重大突破。

　　19 世紀下半葉，歐洲許多國家處於工業革命的高潮，礦山開發、河道挖掘、鐵路修建及隧道的開鑿都需大量烈性炸藥，硝化甘油炸藥的問世受到了廣泛的歡迎。

　　諾貝爾及時在瑞典、英國、挪威、美國等國家申請了專利，並在瑞典建成了世界第一座硝化甘油廠，隨後又在德國建立了國外的生產硝化甘油合資公司，硝化甘油炸藥在許多國家的企業獲得了成功的使用。但是好景

第 2 章　近代化學的全球脈絡

不長，因為硝化甘油存放時間一長就會分解，強烈的震動也會引起爆炸，這就成為運輸或儲藏中的隱患。果然不久在美國舊金山發生運輸硝化甘油的大爆炸，整列火車被炸得粉碎。德國一家工廠因搬運時發生碰撞，爆炸把工廠變成廢墟。一艘滿載硝化甘油的輪船行駛在大西洋，由於遇到大風浪，顛簸引起的爆炸使船和人都沉到了海底。針對上述一系列慘劇，瑞典政府和其他國家先後下令禁止運輸諾貝爾的炸藥，並揚言要追究法律責任。諾貝爾再次面臨考驗。

但諾貝爾沒有被嚇倒，而是決心運用科學和智慧來解決問題，一定要生產出安全的炸藥！經過反覆實驗，他終於找到一種合適的配料──矽藻土，將它與硝化甘油按 1：3 的比例混合，就得到被稱為黃色炸藥的安全炸藥。這一炸藥使諾貝爾重新獲得信譽，生產黃色炸藥的工廠獲得了很快的發展。黃色炸藥研製成功了，諾貝爾的研究仍在繼續。他認為黃色炸藥雖然解決了安全運輸的問題，但是不活躍的矽藻土降低了硝化甘油的爆炸力，應該研製新的配方。西元 1875 年的一天，諾貝爾在試驗中不慎捅破了手，夜裡傷口的疼痛使他無法入眠，於是他默默地思考，怎樣才能使火棉與硝化甘油混合呢？他立即起床做試驗，當天亮時，一種新型的膠質炸藥研製出來了。膠質炸藥的發明在科學技術界引起了重視，實踐證明它是一種兼有安全可靠、爆炸力強的新式炸藥。膠質炸藥的發明已充分顯示諾貝爾在這一領域是優秀的，然而諾貝爾並沒有就此裹足不前。當他獲知無煙火藥的優越性後，又投入混合無煙火藥的研製。

回顧諾貝爾的經歷和成就，有兩點不尋常的特色是耐人尋味的。其一，身為一個化學家，諾貝爾的主要興趣似乎在應用化學方面，他的許多發明創造實際上都是將前人或別人的研究成果，進一步轉化為實用產品或技術。翻閱諾貝爾的專利發明目錄，可以看到他的發明絕大部分都是直接應用於生產、生活的實用化工技術。因為他深刻地認知到，只有把科學上

的成果轉變成生產、生活的實際應用,科學才能造福於人類,科學研究才有意義。

諾貝爾發明創造的另一個特色是他始終站在時代的前面。從1890年代他的書信中可以看到,當時他對透過空中攝影來進行勘測和製作地圖很有興趣。由於當時還沒有飛機,諾貝爾建議採用氣球來實現這一目的。他還清楚地預見到未來的空中交通將不是透過氣球或飛船,而是透過由快速推進器推進的飛機。這說明,諾貝爾時時刻刻都在關注科技的新成果,並準備為它們的應用和發展做出自己的努力。

諾貝爾被人們譽為現代炸藥之父,但他並不是一個一心想發戰爭財的軍火商,從本質上說,他是一個和平主義者,他想透過自己的發明,使人們畏懼武器的巨大破壞力,而不敢發動戰爭。同時,他也希望自己的發明能夠在開山、築路、挖運河等工程中發揮作用。

縱觀諾貝爾的一生,我們不能不為他的纍纍碩果而肅然起敬,他堪稱人類歷史長河中一顆閃爍著耀眼光芒的明星。身為一位科學家,他的最大成功還不是他的發明創造,而是他變阻力為動力的主觀能動性。有主觀能動性的人至少有成功的可能,而喪失動力的人永遠不可能成功。成功的路有千萬條,但是每一條路都不會是順順利利的,都會有阻力,要勇敢地走自己的路才會有突破、有發展。科學發明與發現是創新活動,是做前人未做過的事情,其間充滿風險。創新的科學家其可貴之處在於:明知山有虎,偏向虎山行。

西元1896年12月10日諾貝爾在義大利的聖雷莫去世,終年63歲。諾貝爾立下了讓世人稱頌了一百多年的遺囑:

「我,諾貝爾,經過鄭重的考慮後特此宣布我死後所留財產的遺囑:

在此我要求遺囑執行人以如下方式處置我可以兌換的剩餘財產,將上

第 2 章　近代化學的全球脈絡

述財產兌換成現金，然後進行安全可靠的投資；以這份資金成立一個基金會，將基金所產生的利息每年獎給在前一年中為人類做出傑出貢獻的人。此利息劃分為五等分，分配如下：一份獎給在物理界有最重大發現或發明的人；一份獎給在化學上有最重大發現或改進的人；一份獎給在醫學和生理學界有最重大發現的人；一份獎給在文學界創作出具有理想傾向的最佳作品的人；最後一份獎給為促進民族團結友好以及為和平會議的召集和宣傳盡到最大努力或做出最大貢獻的人。物理學獎和化學獎由斯德哥爾摩瑞典科學院頒發；醫學或生理學獎由斯德哥爾摩卡羅林斯卡醫學院頒發；文學獎由斯德哥爾摩文學院頒發；和平獎由挪威議會選舉產生的 5 人委員會頒發。對於獲獎候選人的國籍不予任何考慮，誰最符合條件誰就應該獲得獎金。我在此宣告，這樣授予獎金是我的迫切願望，這是我唯一有效的遺囑。在我死後，若發現以前任何有關財產處置的遺囑，一概作廢。」

　　諾貝爾的遺囑所反映的崇高思想遠遠超過了一般人的精神境界，是造福於人類子孫後代，也是具有國際主義精神的。諾貝爾留給人類的不僅是輝煌的科技發明成果和大量的物質財富，而且還留下了哺育高尚人格的精神財富。因此，諾貝爾獲得了全人類的尊敬，他的名字和諾貝爾獎一樣將永遠留在人們的心中！

　　一百多年來，一年一度的諾貝爾科學獎是舉世公認的最高獎項，獲獎科學家得到的不僅僅是獎金，更重要的是榮譽，是為全人類的科學事業做出貢獻的自豪。諾貝爾科學獎極大促進了 20 世紀自然科學的發展！

第 3 章
現代化學的變革之路（上篇）

　　現代化學是從 19 世紀末至今，特點是從宏觀發展到微觀，從描述發展到推理，從定性發展到定量，從靜態發展到動態。這一時期美國作為世界頭號大國，也是世界化學研究的中心。

　　20 世紀的化學與 19 世紀有顯著的不同。在 19 世紀，道爾吞的原子論、門得列夫元素週期表、貝吉里斯相對原子質量，都是原子層面上的，到了 20 世紀情況變了，原子的地盤已被物理學家奪走，化學家主要耕耘在分子的層次上。

　　可是，若要使化學真正取得進步，還須藉助物理上的新概念、新思想和新成果。決定性的時期還是 19 世紀的最後幾年到 20 世紀的最初 25 年。這個時期物理上出現了三大成就：一是 1901 年普朗克的量子論和 1924 年的量子力學；二是 1905 年到 1915 年愛因斯坦的相對論；三是原子核物理，知道原子裡面有電子、原子核，原子核裡面有中子、質子，原子核也能變化。在諸多科學家的努力下，逐漸揭開了原子內部的奧祕，創立了嶄新的測定物質結構的多種方法，促進化學向微觀、理論、定量的方向發展。

　　30 年代高分子的合成、結構和效能的研究應用，使高分子化學得以迅速發展。各種高分子材料如：塑膠、橡膠和纖維的合成和應用，為現代工農業、交通運輸、醫療衛生、軍事技術以及人們衣食住行各方面，提供了多種效能優異而成本低廉的重要材料，成為現代物質文明的重要代表。

第 3 章　現代化學的變革之路（上篇）

　　20 世紀是有機合成的黃金時代，化學的分離方法和結構分析方法經歷了高度發展，許多天然有機化合物的結構紛紛獲得圓滿解決，還發現了許多新的重要有機反應和專一性有機試劑，在此基礎上，精細有機合成，特別是在不對稱合成方面取得了很大進展。這些成就對促進科學的發展、增進人類的健康和延長人類的壽命，發揮了巨大作用。

　　本章將重點介紹 20 世紀上半葉的化學發展，希望從前人的發明、創造成果中獲得一些成功的啟示。

第 1 節　范特霍夫與物理化學

　　1901 年，諾貝爾化學獎的第一道靈光降臨在荷蘭化學家范特霍夫（J. H. Van't Hoff）身上。這位一生痴迷實驗的化學巨匠，不僅在化學反應速度、化學平衡和滲透壓方面取得了傲人的研究成果，而且開創了以有機化合物為研究對象的立體化學。成功的范特霍夫身上，自然有許多成功的啟示，走進這位大師的世界，聆聽他生命的節律，或許會有不小的收穫。

　　西元 1852 年 8 月 30 日，范特霍夫出生於荷蘭的鹿特丹市，父親是當地的名醫。他自幼聰明過人，被家族人譽為「神童」。上中學時，范特霍夫的實驗興趣就表現出來，看到老師在實驗室中做的各種變幻無窮的化學實驗，他的探索欲望被激發起來，他想探究這些實驗背後的奧祕。

　　可是光看著老師做實驗太不過癮，范特霍夫很想親自動手做化學實驗，這成了他做夢都想做的事情。一天，范特霍夫從化學實驗室的窗前走過，忍不住往裡看了一眼。那排列整整齊齊的實驗器皿，一瓶瓶的化學試劑，多麼誘人啊！這些器材無異於整裝列隊的士兵，正等著總指揮范特霍夫的檢閱。他的雙腳不由停了下來，在心裡對自己拚命大喊：「沒有人看見，

第 1 節 范特霍夫與物理化學

進去做個實驗吧！」

范特霍夫的腦海裡忘掉了學校的禁令，忘掉了犯禁後的嚴厲懲罰，他只想著一件事：進去做個實驗。

實驗室正好有一扇窗開著。他猶豫片刻，縱身跳上窗臺，鑽進實驗室。看到那些儀器就擺在面前，他的每一根神經都興奮起來，支起鐵架臺，架起玻璃器皿，尋找試劑，范特霍夫就像一位在實驗室裡待了多年的老教授，對一切都很熟悉。他全神貫注地看著那些藥品所引起的化學反應，發自內心的喜悅使他臉上露出了笑容。

「我成功了，成功了！」

范特霍夫正專心致志地做實驗時，管理實驗室的老師來了，他被當場抓住。根據校規，他要受到嚴厲的處罰。幸好這位老師知道范特霍夫平時是一個勤奮好學又尊敬老師的學生，因此並沒有向校長報告此事。老師心裡也清楚，是對化學實驗的濃厚興趣驅使這樣一個好學生違反了校規。范特霍夫因為自己的興趣換來了老師的一次「包庇」。實驗室的那扇窗，應該是上帝為范特霍夫開啟的，一個天才的化學家從那扇窗裡誕生了！

父母並不想讓他成為一名化學家，而想把他培養成一名工程師。幾經周折，范特霍夫進入荷蘭的臺夫特務業專科學校就讀，這個學校雖然是專門學習工藝技術的，但講授化學課的奧德曼卻是一位很有水準的教授。他推理清晰，論述有序，很能激發學生對化學的興趣。范特霍夫在奧德曼教授的指導下進步很快。由於他的努力，僅用兩年時間就學完了一般人三年才學完的課程。西元 1871 年，范特霍夫畢業了，他說服父母，全力進行化學研究。

為了打好基礎，找準研究的方向，必須拜師求教。范特霍夫隻身來到德國的波恩，拜當時世界著名的有機化學家凱庫勒為師。凱庫勒是個富有傳奇色彩的化學家，他在夢中見蛇在狂舞，首尾相接，從而解決了苯環

的結構問題。在波恩期間,范特霍夫在有機化學方面受到良好的訓練。隨後,他又前往法國巴黎向醫學化學家武爾茨(Charles Adolphe Wurtz)請教,西元 1874 年回到荷蘭,在烏特勒支大學獲得博士學位。從此他就開始了更深入的研究工作。

19 世紀中葉,人們越來越多地發現了某些有機化合物具有旋光現象。范特霍夫在巴黎由武爾茨指導,分別對某些有機化合物會有旋光異構現象問題進行了廣泛的實驗和探索。一天,范特霍夫坐在烏德勒支大學的圖書館裡,認真閱讀著一篇論文,他隨手在紙上畫出乳酸的化學式,當他把視線集中到分子中心的 2 號碳原子上時,立即聯想到如果將這個碳原子上的不同取代基都換成氫原子的話,那麼這個乳酸分子就變成了一個甲烷分子。由此他想像,甲烷分子中的氫原子和碳原子若排列在同一個平面上,情況會怎樣呢?這個偶然產生的想法,使范特霍夫激動地奔出圖書館。他在大街上邊走邊想,讓甲烷分子中的 4 個氫原子都與碳原子排列在一個平面上是否可能呢?這時,具有廣博的數學、物理學等知識的范特霍夫突然想起,在自然界中一切都趨向於最小能量的狀態。這種情況,只有當氫原子均勻地分布在一個碳原子周圍的空間時才能達到。那麼在空間裡甲烷分子是個什麼樣子呢?范特霍夫猛然領悟,正四面體(圖 3-1)!

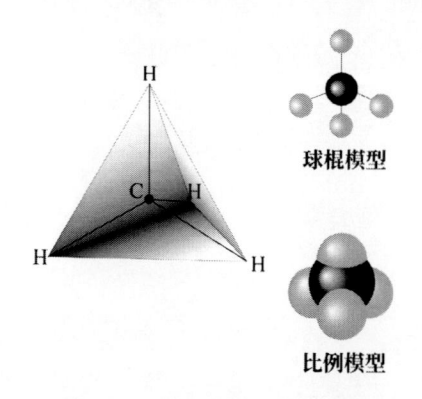

圖 3-1　甲烷分子立體結構

當然應該是正四面體！

這才是甲烷分子最恰當的空間排列方式，他由此進一步想像出，假如用 4 個不同的取代基換去碳原子周圍的氫原子，顯然，它們可能在空間有兩種不同的排列方式。

想到這裡，范特霍夫重新跑回圖書館坐下來，在乳酸的化學式旁畫出兩個正四面體，並且一個是另一個的映像。他把自己的想法歸納了一下，驚奇地發現，物質的旋光特性的差異，是和它們的分子空間結構密切相關的，這就是物質產生旋光異構的祕密所在。

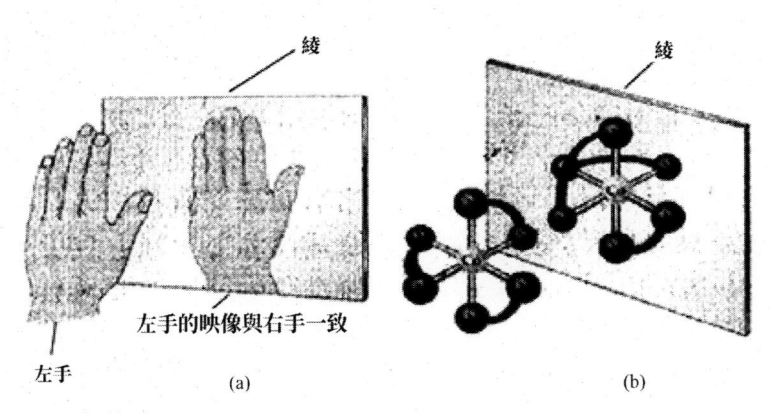

圖 3-2　旋光異構現象

范特霍夫關於分子空間立體結構的假說，不僅能夠解釋旋光異構現象（圖 3-2），而且還能解釋諸如二氯甲烷沒有異構現象的問題。平面的結構理論推測二氯甲烷應該有兩個異構體，一個分子中兩個氯原子是相鄰的關係，另一個分子中兩個氯原子是相對的關係，但從碳的四面體理論來看，兩個氯原子位於四面體的兩個頂點，總是相鄰，沒有相對的關係。所以二氯甲烷只有一種，沒有異構體，這與事實是相符的。

分子空間結構假說的誕生，立刻在整個化學界引起了巨大迴響，一些有識之士看到新假說的深刻含義，紛紛稱讚范特霍夫這一創舉。荷蘭教

第 3 章　現代化學的變革之路（上篇）

授巴洛稱：「這是一個出色的假說！我認為，它將在有機化學方面引起變革。」

范特霍夫首創的「不對稱碳原子」概念，以及碳的正四面體構型假說，經以後的實踐證明，成為立體化學誕生的代表。不久，范特霍夫就被阿姆斯特丹大學聘為講師，西元 1878 年成為化學教授。

范特霍夫對化學的另一重大貢獻是對物理化學理論的發展。西元 1884 年出版了他寫的《關於化學動力學的研究》一書，西元 1885～1886 年間又發表了一系列稀溶液理論研究論文，正是這些在物理化學上取得的成績，使他獲得首屆諾貝爾化學獎。

西元 1878～1896 年間，范特霍夫在阿姆斯特丹大學先後擔任化學、礦物學、地質學教授，並曾任化學系主任。這期間，他又集中精力研究了物理化學問題。他對化學熱力學與化學親和力、化學動力學和稀溶液的滲透壓及有關規律進行了深刻而又廣泛的探索。他和奧士華（Friedrich Wilhelm Ostwald）、阿瑞尼斯（Svante August Arrhenius）被後人稱為建立「物理化學」的三劍客。

自西元 1885 年以後，范特霍夫一直被選為荷蘭皇家科學院成員。還先後當選為哥廷根皇家科學院、倫敦化學會、美國化學會以及德國研究院的外籍成員，獲得了許多榮譽獎章。

1901 年 12 月 10 日，對於范特霍夫來說是一個值得紀念的日子，對於人類也是一個值得紀念的日子，這一天，首次頒發諾貝爾獎，范特霍夫是第一位諾貝爾化學獎的獲獎者。

這一年瑞典皇家科學院收到的 20 份諾貝爾化學獎候選人提案中，有 11 份提名范特霍夫。這一年的諾貝爾化學獎頒發給范特霍夫，他當之無愧！有趣的是，范特霍夫創立的碳的四面體結構學說並不是獲獎原因，而

是他的另外兩篇著名論文〈化學動力學研究〉和〈氣體體系或稀溶液中的化學平衡〉使他獲得首屆諾貝爾化學獎。

1911 年 3 月 1 日,年僅 59 歲的范特霍夫由於長期超負荷工作,不幸逝世。一顆科學巨星隕落,化學界為之震驚。為了永遠紀念他,范特霍夫的遺體火化後,人們將他的骨灰安放在柏林達萊姆公墓,供後人瞻仰。

第 2 節　阿瑞尼斯與電離理論

阿瑞尼斯(Svante August Arrhenius),西元 1859 年 2 月 19 日出生於瑞典,父親是烏普薩拉大學的總務主任。阿瑞尼斯 3 歲就開始識字,並學會了算術。父母並沒有特地教他學什麼,他看哥哥寫作業時逐漸學會識字和計算。他的啟蒙教育可以算得上「無師自通」,6 歲時就能夠幫助父親進行複雜的計算。

他聰明、好學、精力旺盛,有時候也惹是生非。在教會學校上小學時,常惹老師生氣。

進入中學後,阿瑞尼斯各門功課名列前茅,特別喜歡物理和化學。遇到疑難問題他總喜歡多想一些為什麼?經常與同學們爭論一番,有時候也和老師辯個高低。

西元 1876 年,17 歲的阿瑞尼斯中學畢業,考取了烏普薩拉大學。他最喜歡數學、物理、化學課程,只用兩年就通過學士學位考試。西元 1878 年開始專門攻讀物理學博士學位。他的導師塔倫教授是一位光譜分析專家,在導師的指導下,阿瑞尼斯學習了光譜分析。但他認為,身為一個物理學家還應該掌握與物理有關的其他各科知識。因此,他常去聽一些教授們講授的數學與化學課程。漸漸地,他對電學產生濃厚興趣,遠遠超過對

第 3 章　現代化學的變革之路（上篇）

光譜分析的研究,他確信「電的能量是無窮無盡的」,他熱衷於研究電流現象和導電性。這引起導師塔倫教授的不滿,他要求阿瑞尼斯務正業,多研究一些與光譜分析有關的課題。俗話說「人各有志,不可強留」,目標不同,使阿瑞尼斯只好告別這位導師。

西元 1881 年,他來到了首都斯德哥爾摩以求深造,當時瑞典科學院艾德倫德教授（Erik Edlund）正在研究和測量溶液的電導。教授非常歡迎阿瑞尼斯的到來。在教授的指導下,阿瑞尼斯開始研究濃度很稀的電解質溶液的電導。這個選題非常重要,如果沒有這個選題,阿瑞尼斯就不可能創立電離學說。在實驗室裡,他夜以繼日地重複著枯燥無味的實驗,整天與溶液、電極、電流計、電壓計打交道,這樣的工作他一做就是兩年。阿瑞尼斯成了埃德倫德教授的得力助手。每當教授講課時,他就協助導師進行複雜的實驗;每當從事科學研究時,他就配合教授進行某些測量工作。他的才幹很得教授賞識。幾乎所有空閒時間,他都在埋頭從事自己的獨立研究,在電學領域中,他對把化學能轉變為電能的電池很有研究興趣。

年輕的阿瑞尼斯刻苦鑽研,具有很強的實驗能力,長期的實驗室工作,養成他對任何問題都一絲不苟、追根究柢的鑽研習慣。因而他對所研究課題,往往都能提出一些具有重大意義的假說,創立新穎獨特的理論。

電離理論的建立,是阿瑞尼斯在化學領域中最重要的貢獻。19 世紀上半葉,已經有人提出電解質在溶液中產生離子的觀點,但較長時期內,科學界普遍贊同法拉第的觀點,認為溶液中「離子是在電流的作用下產生的」。阿瑞尼斯在研究電解質溶液的導電性時發現,濃度影響許多稀溶液的導電性。後來他又發現了一些更有趣的事實,氣態的氨是根本不導電的,但氨的水溶液卻能導電,溶液越稀導電性越好。大量的實驗事實顯示,氫鹵酸溶液也有類似情況。多少個不眠之夜過去了,阿瑞尼斯緊緊抓住稀溶液的導電問題不放。他的獨到之處就是,把電導率這一電學屬性,始終與溶液

的化學性質連結起來，力圖以化學觀點來說明溶液的電學性質。

「濃溶液和稀溶液之間的差別到底是什麼？」阿瑞尼斯反覆思考著這個簡單的問題。「濃溶液加了水就變成稀溶液了，可能水在這裡發揮了很大的作用。」阿瑞尼斯順著這個思路往下想：「純淨的水不導電，純淨的固體食鹽也不導電，把食鹽溶解到水裡，鹽水就導電了。水在這裡發揮了什麼作用？」他想：「是不是食鹽溶解在水裡就電離成為氯離子和鈉離子了呢？」這可是一個非常大膽的設想！因為法拉第認為：「只有電流才能產生離子。」

可是現在食鹽溶解在水裡就能產生離子，與法拉第的觀點不一樣。雖然法拉第西元 1867 年已經去世，但是他的一些觀點在當時還是金科玉律。另外，還有一個問題要想清楚，氯是一種有毒的黃綠色氣體，鹽水裡有氯，並沒有哪個人因為喝了鹽水而中毒，看來氯離子和氯原子在性質上是有區別的。因為離子帶電，原子不帶電。那時候，人們還不清楚原子的構造，也不清楚分子的結構。阿瑞尼斯能有這樣的想像力已經是很不簡單了。

西元 1883 年 5 月，阿瑞尼斯帶著論文向化學教授克利夫（Per Teodor Cleve）請教。阿瑞尼斯向他詳細地解釋了電離理論，但是克利夫對於理論不感興趣，只說了一句：「這個理論純粹是空想，我無法相信。」

克利夫是一位很有名望的實驗化學家，已經發現兩種化學元素：鈥和銩。他的這種態度給滿懷信心的阿瑞尼斯當頭一棒，他知道要通過博士論文並非易事，雖然他認為自己的觀點和實驗數據並沒有錯，但是要說服烏普薩拉大學那一幫既保守又挑剔的教授談何容易？

阿瑞尼斯小心翼翼地準備著他的論文，既要堅持自己的觀點，又不能過分與傳統理論對抗。4 小時的答辯終於過去了，阿瑞尼斯如坐針氈，因為論文的資料和數據都很充分，教授們又檢視了他大學讀書時所有的成績，他的生物學、物理學和數學的考試成績都非常好，答辯委員會認為雖

第 3 章　現代化學的變革之路（上篇）

然論文不是很好，但仍然可以給「及格」的成績，勉強獲得博士學位。

阿瑞尼斯認為：當溶液稀釋時，由於水的作用，它的導電性增加，要解釋電解質水溶液在稀釋時導電性的增強，必須假定電解質在溶液中具有兩種不同的形態，非活性的 —— 分子形態，活性的 —— 離子形態。實際上，稀釋時電解質的部分分子就分解為離子，這是活性的形態；而另一部分則不變，這是非活性的形態。當溶液稀釋時，活性形態的數量增加，所以溶液導電性增強。這真是偉大的發現！

阿瑞尼斯終於突破了法拉第的傳統觀念，提出了電解質自動電離的新觀點。為了從理論上概括和闡明自己的研究成果，他寫了兩篇論文。第一篇是敘述和總結實驗測量和計算的結果，題為〈電解質的電導率研究〉。第二篇是在實驗結果的基礎上，對於水溶液中物質形態的理論總結，題為〈電解質的化學理論〉，專門闡述電離理論的基本思想。阿瑞尼斯把這兩篇論文，送到瑞典科學院請求專家們審議。西元 1883 年 6 月 6 日經過瑞典科學院討論後，被推薦予以發表，刊登在西元 1884 年初出版的《皇家科學院論著》雜誌上。

博士學位得到了，但是電離學說卻不被人理解，特別在瑞典國內幾乎沒有人支持，他決定向國外尋找有力的支持者。當然是要找一些有創新能力、有新觀點的人。他想到了德國物理化學學家克勞修斯（Rudolf Julius Emanuel Clausius），克勞修斯對熱力學第二定律做出很大貢獻，又被認為是電化學的預言者，但是克勞修斯年老體弱，對新鮮事物已缺乏了敏感。阿瑞尼斯又想到了德國化學家邁耶爾（Julius Lothar Meyer），邁耶爾曾提出元素週期律，也是一位很有威望的化學家，但是邁耶爾對此沒有任何表示。

幸運的是並不是所有的科學家都麻木不仁，在里加工學院任教的奧士

第 2 節　阿瑞尼斯與電離理論

華教授 (Friedrich Wilhelm Ostwald) 對阿瑞尼斯的態度卻是另一番景象。奧士華反覆看了好幾遍他的論文，覺得這個年輕人的觀點是可取的，並且立刻意識到，阿瑞尼斯正在開創一個新的領域——離子化學。

喜歡動手做實驗的奧士華立刻著手透過實驗來證實阿瑞尼斯電離理論的正確性。隨後，奧士華決定去瑞典會見阿瑞尼斯，探討一些共同感興趣的問題。這一年暑假，兩位學者在烏普薩拉會面了，這是他們畢生友誼和合作的開端。

由於奧士華的影響，阿瑞尼斯獲得了出國做五年訪問學者的資格。阿瑞尼斯先後在里加和萊比錫的奧士華實驗室工作，又與當時著名的科學家科爾勞施 (Rudolf Hermann Arndt Kohlrausch)、波茲曼 (Ludwig Eduard Boltzmann)、范特霍夫等人進行了工作接觸。特別是范特霍夫，他的研究工作中經常需要用電離學說來解釋一些發生的現象。當他們相見的時候，非常熱切，有很多問題需要探討。

阿瑞尼斯在困難的時候找到了知音。著名學者奧士華和范特霍夫的支持，使他的電離學說開始逐步被世人所承認。隨著他們三個人的共同努力和科學技術的發展，特別是原子內部結構的逐步探明，電離學說最終被人們所接受。

1901 年，開始首屆評選諾貝爾獎的時候，阿瑞尼斯是物理學獎的 11 個候選人之一，可惜落選了。1902 年他又被提名諾貝爾化學獎，也沒有被選上。1903 年，評獎委員會很多人都推舉阿瑞尼斯，但對於他應獲物理學獎還是化學獎發生了分歧。

諾貝爾化學獎委員會提出給他一半物理學獎，一半化學獎，這一方案過於奇特，被否定了。電離學說在物理學和化學兩個學科都具有很重要的作用，人們一時很難確定他應該獲得哪一個獎項。最後，阿瑞尼斯獲得了

第 3 章　現代化學的變革之路（上篇）

1903 年諾貝爾化學獎。

阿瑞尼斯在物理化學方面造詣很深，他所創立的電離理論流芳於世，直到今天仍常青不衰。他是一位多才多藝的學者，對自己國家的經濟發展也做出重要貢獻，親自參與國內水利資源和瀑布水能的研究與開發，使水力發電網遍布瑞典。他的智慧和豐碩成果，得到了國內廣泛的認可與讚揚，就連一貫反對他的克利夫教授，自西元 1898 年以後也轉變成為電離理論的支持者和擁護者。那年，在紀念瑞典著名化學家貝吉里斯逝世 50 週年集會上，克利夫教授在其長篇演說中提道：「貝吉里斯逝世後，從他手中落下的旗幟，今天又被另一位卓越的科學家阿瑞尼斯舉起！」

他還提議選舉阿瑞尼斯為瑞典科學院院士。由於阿瑞尼斯在化學領域的卓越成就，1903 年他榮獲諾貝爾化學獎，成為為瑞典第一位獲此科學大獎的科學家。1905 年以後，他一直擔任瑞典諾貝爾研究所所長，直到生命的最後一刻。他還多次榮獲國外的其他科學獎章和榮譽稱號。

1927 年 10 月 2 日，這位 68 歲的科學巨匠與世長辭。阿瑞尼斯科學的一生，給後人很大的思想啟迪。首先，在哲學上他是一位堅定的自然科學唯物主義者，終生不信宗教，堅信科學。當 19 世紀的自然科學家們還在深受形而上學束縛的時候，他卻能打破學科的局限，從物理與化學的關聯上去研究電解質溶液的導電性，衝破傳統觀念，獨創電離學說。其次，阿瑞尼斯知識淵博，對自然科學的各個領域都學有所長，早在學生時代就已精通英、德、法和瑞典語等，這對他周遊各國，廣泛求師進行學術交流發揮重大作用。另外，他對國家的熱愛，為報效國家而放棄國外的榮譽和優越條件，在當今仍不失為科學工作者的楷模。

第 3 節　拉塞福與原子核模型

　　有人說，如果世界上設立培養人才的諾貝爾獎的話，那麼拉塞福（Ernest Rutherford, 1st Baron Rutherford of Nelson）是第一號候選人。拉塞福被公認為是 20 世紀最偉大的實驗學家，在放射性和原子結構等方面，都做出重大貢獻。他還是最先研究核物理的人，他的發現在很大範圍內有重要的應用，如核電站、放射標誌物以及運用放射性測定年代等。他對世界的影響力極其重要，而且這種影響還將持久保持下去。

　　拉塞福，西元 1871 年 8 月 30 日生於紐西蘭的一個手工藝工人家庭。兄弟姐妹一共 12 人，他排行老四，12 個兄弟姐妹的生計全靠父母工作。拉塞福兄弟姐妹從小就知道生活的艱難，他們都知道若要生活得好一點就得自己動手、動腦去創造，需要踏踏實實做事。春天耕地、播種，秋天收割農作物都是全家出動，每一個家庭成員都要分擔一些責任。拉塞福通常去做農場的一些雜務如劈柴、擠牛奶等。全家人在工作中互相幫助團結合作，很少發生爭吵。拉塞福在這種家庭中成長，養成了相互合作、尊重別人的良好品格。後來拉塞福成名之後，他的這種品格仍然保留。他被科學界譽為「從來沒有樹立過一個敵人，也從來沒有失去過一個朋友」的人。

　　拉塞福的父親是一個聰明又肯動腦的人，勤奮又富有創造性。在創辦亞麻廠時，試驗用幾種不同方法浸漬亞麻，利用水力驅動機器，選用本地優良品種，結果他的產品被認為是紐西蘭最好的。

　　在父親的潛移默化薰陶下，拉塞福也喜歡動手動腦，顯示出他非同尋常的創造天賦。家裡有一個用了多年的鐘，經常停下來，很耽誤事。大家都認為無法修理了，但拉塞福卻不肯輕易把它丟掉。他把舊鐘拆開，把每一個零件調整到位，清理鐘內多年的油泥，重新裝好。結果不僅修好，而

第 3 章　現代化學的變革之路（上篇）

且還走得很準。

當時照相機還是比較貴重的商品，拉塞福竟然自己動手製作。他買來幾個透鏡，七拼八湊製成了一臺照相機，自己拍攝、自己沖洗，成了一個小攝影迷。拉塞福這種自己動手製作、修理的本領，對他後來的科學研究極為有用，很多場合顯得高人一籌。

當拉塞福遠渡重洋到英國從事研究工作取得成績後，他曾應邀做學術報告，正當他以實驗來證明自己說法時，儀器突然出了故障。拉塞福不慌不忙地抬起頭來，對觀眾說：「出了一點小毛病，請大家休息 5 分鐘，散散步或抽支香菸，你們回來時儀器就可以恢復正常了。」果然幾分鐘後恢復了實驗。沒有多年培養起來的動手能力和經驗是很難有這樣自信心的。

拉塞福的母親出身於知識家庭，身為教師的母親對孩子們的教育有著關鍵的作用，她的一舉一動始終影響著孩子們的情緒。在生活重負面前，她始終保持樂觀態度，任勞任怨，以自己對待困難的態度教育孩子們。正是這種行動的教育使得拉塞福始終保持刻苦學習和熱愛工作的本色，即使在成名之後，仍然保持著這種純樸。有記者在採訪他之後表示，拉塞福除了那雙充滿智慧的眼睛之外，其餘的地方和典型的農民幾乎沒有什麼區別。

幼年時的拉塞福與他兄弟姐妹沒有什麼太明顯區別，如果說有什麼不同，那就是喜歡思考、喜歡讀書。在拉塞福一生中曾有過重要作用的一本書，便是他 10 歲時從他母親那兒得到的、由曼徹斯特大學教授司徒華寫的教科書《物理學入門》，是這本書把他引上了研究科學的道路。這本書裡不單單給讀者一些知識，為了訓練智力，書中還描述了一系列簡單的實驗過程。

拉塞福被書中的內容所吸引並從中悟出一些道理，即從簡單的實驗中

第 3 節　拉塞福與原子核模型

探索出重要的自然規律。這些對拉塞福一生的研究工作都產生了重大的影響。讀完書之後，拉塞福將自己的年齡和姓名歪歪斜斜地寫在書頁上，那時他 11 歲。拉塞福的母親一直珍藏著這本書，並且常常自豪地捧著這本書向孩子講述當年的故事。

由於家庭收入有限，相當一部分學費要靠自己來解決。上小學的時候，拉塞福就利用暑假參加工作。他深深地理解父母的困難，他知道，若要上學就要靠自己工作賺錢，後來他聽說學業成績優秀就可以得到獎學金，就更加努力讀書。他讀書的時候特別專心致志，即使有人用書本敲他的腦袋也不會分散他的注意力。

後來進入紐西蘭大學坎特伯雷學院之後，拉塞福更加努力，他的數學和物理成績都名列前茅。由於學業成績優秀，大學畢業時拉塞福獲得了文學學士、理科學士和碩士學位，若要賺錢養家已經是足夠了，但拉塞福決心在科學研究中取得更大成績。

在校讀書的時候他已經申請進入劍橋深造的獎學金。拉塞福申請的是大英博覽會獎學金，這項獎學金是授予學業成績特別出色，具有培養前途的學生，使他們能夠進入久負盛名的英國高等學府深造，拉塞福參加了這項考試。

這年 9 月，拉塞福籌借了路費，告別了雙親，登上開往英國的客輪，開始了他獻身科學的航程。

西元 1898 年，拉塞福被指派擔任加拿大麥基爾大學物理系主任，在那裡的工作使他獲得了 1908 年諾貝爾化學獎。他證明了放射性是原子的自然衰變。他注意到在一個放射性物質樣本裡，一半的樣本衰變的時間幾乎是不變的，這就是「半衰期」，並且他還就此現象建立了一個實用的方法，以物質半衰期作為時鐘來檢測地球的年齡，結果證明地球要比大多數

第 3 章　現代化學的變革之路（上篇）

科學認為的老得多。

1909 年拉塞福在英國曼徹斯特大學與他的學生用 α 粒子撞擊一片薄金箔，發現大部分粒子都能透過金箔，只有極少數會跳回。最後他提出了一個類似於太陽系行星系統的原子模型，認為原子空間大都是空的，電子像行星圍繞原子核旋轉，推翻了當時所使用的原子模型。拉塞福根據 α 粒子散射實驗現象提出的「原子核式結構模型」的實驗被評為「最美的實驗」之一。

1918 年，拉塞福繼湯木生之後，擔任卡文迪許實驗室主任，將卡文迪許實驗室發展到一個新的高峰，將物質微觀結構的研究推向嶄新的階段，同時也培養出許多青年科學家。

人工核反應的實現是拉塞福的另一項重大貢獻。自從元素的放射性衰變被證實後，人們一直試圖用各種方法，如用電弧放電，來實現元素的人工衰變，而只有拉塞福找到了實現這種衰變的正確途徑。這種用粒子或 γ 射線轟擊原子核來引起核反應的方法，很快成為人們研究原子核和應用核技術的重要方法。在拉塞福的晚年，已能在實驗室中用人工加速粒子來引起核反應。

拉塞福不僅在科學研究上取得了劃時代的成就，而且在造就大量優秀科學人才方面也取得了豐碩成果。在他的培養和指導下，他的學生和助手中有十多位獲得諾貝爾獎，創下個人培養諾貝爾獎科學家人數最多的「世界紀錄」。他的學生卡皮查（Pyotr Leonidovich Kapitsa）曾指出：「拉塞福不僅是一個偉大的科學家，而且是一個偉大的導師。除去拉塞福之外，沒有一個人在他的實驗室中培養出這樣多的卓越科學家。科學史告訴我們，一個卓越的科學家不一定是一個偉人，但一個偉大的導師必須是一個偉人。」

第 3 節　拉塞福與原子核模型

的確，拉塞福身為一個有偉大科學家和偉大導師光輝形象的人，吸引了來自世界各國的大量優秀青年科學家到他的周圍。在他的實驗室裡，猶如一個和睦的國際大家庭，為了共同的目標——科學發現，齊心協力，世界一流的研究成果泉湧般地展示在各國科學家面前。他在曼徹斯特和劍橋的實驗室，被公認為培養優秀青年科學家的「苗圃」。

據統計，由他直接培養並沿著他指導的研究方向進行研究而獲諾貝爾獎的達 14 人之多。這在諾貝爾獎史上是絕無僅有的。拉塞福身為偉大導師的思想和實踐，對我們今天的啟示是：

第一，嚴格要求培養人才。科學是老老實實的學問，來不得半點虛假，培養科學人才必須從基礎抓起，嚴格訓練，嚴格要求。拉塞福在培養人才方面，繼承和發揚了卡文迪許實驗室的優良傳統，十分重視實驗的觀察和研究，放手讓學生去思考和動手實驗。在培養研究生時，凡屬重要實驗，特別在發現新現象時，他總是要親自做一遍，以弄清真實情況。每當學生陷入錯誤理論或對實驗情況說不清楚時，拉塞福就讓「回到實驗室去！重做實驗！」拉塞福告誡學生：「做實驗和理論，首要的是實驗結果的可靠性。」只有可靠的實驗才是科學研究和建立理論大廈的牢固基礎，實驗是建立理論、發展理論和鑑定理論的唯一標準。他允許助手和學生大膽提出各種設想，但在實驗時不得苟且，一定要拿出可靠的結果來。此外，他又非常重視學生的洞察力和構思影像的能力，強呼叫直接簡單的方法說明問題，用簡單的實驗和設備做出重要的結果。拉塞福把他的知識、智慧和誠摯的心獻給他的學生，他幫助學生選好研究題目，鼓勵和關心他們的實驗研究，對他們的發現象對自己的發現一樣高興，但在發表時卻沒有自己的名字。

第二，獨具慧眼識人才。拉塞福教育助手和研究人員「不要羨慕或忌妒別人的地位和工作」，而要依靠自己的切實努力做出成績。拉塞福招收

第 3 章　現代化學的變革之路（上篇）

學生和研究人員，主要根據原學校、推薦人的意見和面談，按科學能力與創造性的素養進行選擇。逐個面談有助於在考分之外了解考生實際掌握和運用知識的能力、實際水準和創造性的素養，可以避免高分低能的弊端。例如，蘇聯的卡皮查隨約費院士（Abram Ioffe）到該室訪問，他提出願留下來學習，拉塞福說該室招收的 20 個研究生已滿額了，卡皮查問道：「教授！您的實驗誤差有多大呢？」拉塞福說：「百分之五。」卡皮查又說：「那麼再增加一個還在實驗誤差之內呀！」拉塞福一聽，感到這個青年很機敏，思想活躍，在得知他有科學才能後決定接收下來。後來，他在高壓電磁場和低溫物理方面果然才華出眾，在人才濟濟之中，拉塞福首先推薦他當選皇家學會會員。1934 年，專為卡皮查建立的劍橋蒙德實驗室落成後不到一年，卡皮查回國參加一次會議，會後蘇聯政府沒有再讓他返回英國。拉塞福立即寫了一封信，呼籲蘇聯政府容許卡皮查回英國，繼續他的研究工作。在蘇聯政府拒絕後，拉塞福沒有絲毫民族偏見，在他看來，最重要的是卡皮查的科學生涯，卡皮查必須繼續進行已經有了良好開端的研究工作。因此，他派一個代表團把卡皮查所設計的儀器全部運到蘇聯，保證他可以繼續完成關於低溫學的研究。卡皮查深受鼓舞，重新振奮起來進行科學研究，終於在 1978 年因低溫方面的突出貢獻獲諾貝爾物理學獎。

第三，消除偏見，不分國家、種族，無私真誠合作。拉塞福認為，那些對自己感興趣課題進行研究的人，在民主學風和自由氣氛中取得豐碩成果的機率更大。為了營造學術氣氛，拉塞福繼承了卡文迪許實驗室每天下午「茶時」漫談會，並將此發揚光大。每天下午四時為實驗室「茶時」休息時間，人們不分職務和級別，隨意參加，上自天文下至地理，時事新聞無所不談，當然也談論各人的實驗和研究情況。這時是討論問題最活躍的時刻，常常在談論中產生出許多重要的思想和觀念，很多疑難此時攤開，它被認為是實驗室一天中最美好的時光。正如英國文豪蕭伯納（George Bernard Shaw）所言：「如果你有一個蘋果，我有一個蘋果，彼此交換，那麼每人還是一個蘋果；如果你有一個思想，我有一個思想，彼此交換，我們每個人就有兩個思想，甚至多於兩個思想。」學識和見解需要互相啟發，問題和疑難有待共同探討，興趣和愛好可以互相激勵。在討論中，一個人的獨創見解可能開啟很多人的眼界，某人走過的彎路又可能成為他人的借鑑。

1937 年 10 月 19 日拉塞福因患腸阻塞併發症逝世，葬於倫敦西敏寺牛頓墓旁，人類將永遠懷念他！

第 4 節　瑪里・居禮與鐳

瑪麗亞・斯克沃多夫斯卡（Maria Sklodowska），即著名的瑪里・居禮（Marie Curie），被譽為「鐳的母親」。

西元 1867 年 11 月 7 日，瑪麗亞生於波蘭華沙一個正直、愛國的教師家庭。父親是中學數學教師，母親是女子寄宿學校校長。瑪麗亞排行第五，上有三姐一兄。瑪麗亞 1 歲時，體弱的母親患了傳染性肺病，不得已辭去校長一職，西元 1878 年，長期患病的母親去世了。

生活中充滿了艱難，這樣的生活環境不僅培養了她獨立生活能力，也使她從小就磨練出堅強的性格。西元 1884 年，因為當時俄國沙皇統治下的華沙不允許女子入大學，加上家庭經濟困難，瑪麗亞隻身來到華沙西北農村做家庭教師。三年家庭教師生活中，她除了教育主人的幾個孩子外，還擠出時間教當地農民子女讀書，並堅持自學。

瑪麗亞生活十分儉樸，節省下來的錢幫助二姐去巴黎求學，並為自己升學累積費用——她和姐姐都有去法國留學的夢想，姐姐為了去留學已

經存了一部分錢，但這些錢只夠在法國就讀一年。瑪麗亞為了完成自己和姐姐的夢想，她向姐姐提議：自己先去當家庭教師為她提供上學的資金，等到姐姐畢業找到工作後，再為她籌備留學的資金。

瑪麗亞為了留學的夢想，整整做了 8 年的家庭教師。西元 1891 年，24 歲的瑪麗亞在二姐的經濟支持下來到巴黎。瑪麗亞在巴黎大學理學院讀書期間，非常勤奮用功。她每天乘坐 1 個小時馬車早早來到教室，選一個離講臺最近的座位，以便清楚聽到教授講的全部知識。

為了節省時間和集中精力，也為了省下乘馬車的費用，入學 4 個月後，瑪麗亞從姐姐家搬出，遷入學校附近一所住房的閣樓。這閣樓間沒火、沒燈、沒水，只在屋頂上開了一個小天窗，依靠它屋裡才有一點光明。一個月僅有 40 盧布的她，對這種居住條件已很滿足。她一心投入在學習上，雖然清貧艱苦的生活日益削弱她的體質，然而豐富的知識使她心靈日趨充實。

西元 1893 年，瑪麗亞終於以第一名的成績畢業於物理系。第二年，又以第二名的成績畢業於該校的數學系。就這樣，經過近四年的努力，瑪麗亞於巴黎大學取得了物理及數學兩個學位。

她的勤勉、好學和聰慧贏得了李普曼教授（Gabriel Lippmann）的器重，在榮獲物理學碩士學位後，她來到李普曼教授的實驗室，開始了科學研究活動。

西元 1894 年初，瑪麗亞接受了法蘭西共和國國家實業促進委員會提出的關於各種鋼鐵磁性的科學研究專案。在完成這個科學研究專案過程中，她結識了理化學校教師皮耶‧居禮（Pierre Curie）——他是一位很有成就的青年科學家，1880 年就發現了電解質晶體的壓電效應。由於志趣相投、相互敬慕，瑪麗亞和皮耶之間的友誼發展成愛情。

第 4 節　瑪里‧居禮與鐳

西元 1895 年，28 歲的瑪麗亞與 36 歲的皮耶‧居禮結為伉儷，組成了一個和睦、相親相愛的幸福家庭。瑪麗亞結婚後，人們都尊敬地稱呼她居禮夫人。

瑪里‧居禮注意到法國物理學家貝克勒（Antoine Henri Becquerel）的研究工作。自從倫琴（Wilhelm Conrad Röntgen）發現 X 射線之後，貝克勒在檢查一種稀有礦物質「鈾鹽」時，又發現一種「鈾射線」，朋友們都叫它貝克勒射線。這引起瑪里‧居禮極大興趣。射線放射出來的力量是從哪來的？瑪里‧居禮看到當時歐洲所有的實驗室還沒有人對鈾射線進行深入研究，決心闖進這個領域。

理化學校校長經過皮耶多次請求，才允許瑪里‧居禮使用一間潮溼的小屋做實驗。在攝氏 6 度的室溫裡，她完全投入到鈾鹽的研究中。瑪里‧居禮受過嚴格的高等化學教育，她想，沒有什麼理由可以證明鈾是唯一能發射射線的化學元素。她根據門得列夫的元素週期律排列的元素，逐一進行測定，結果很快發現另外一種釷元素的化合物，也能自動發出射線，與鈾射線相似，強度也相像。瑪里‧居禮認知到，這種現象絕不只是鈾的特性，必須為它取一個新名稱。她提議叫它們「放射性」，於是，鈾、釷等具有這種特殊「放射」功能的物質，統一叫做「放射性元素」。

一天，瑪里‧居禮發現一種瀝青鈾礦的放射性強度比預計的大得多，單純用這些瀝青鈾礦中鈾和釷的含量，絕不能解釋她觀察到的放射性的強度。這種反常而且過強的放射性是哪裡來的呢？只能有一種解釋：這些瀝青礦物中含有一種少量的比鈾和釷的放射性作用強得多的新元素。瑪里‧居禮在以前所做的試驗中，已經檢查過當時所有已知的元素了。因此她斷定，這是一種人類還不知道的新元素，她要找到它！

瑪里‧居禮的發現吸引了皮耶的注意，居禮夫婦一起向未知元素進軍。

第 3 章　現代化學的變革之路（上篇）

　　在潮溼的工作室裡，經過居禮夫婦的合力突破瓶頸，西元 1898 年 7 月，他們宣布發現了這種新元素，它比純鈾放射性要強 400 倍。為了紀念瑪里‧居禮的祖國 —— 波蘭，新元素被命名為釙（波蘭的意思）。

　　西元 1898 年 12 月，居禮夫婦根據實驗事實宣布，他們又發現了第二種放射性元素。這種新元素的放射性比釙還強。他們把這種新元素命名為「鐳」。可是，當時誰也不能確認他們的發現，因為按化學界的傳統，一個科學家在宣布他發現新元素的時候，必須拿到實物，並精確測定出它的相對原子質量。

　　而瑪里‧居禮的報告中卻沒有釙和鐳的相對原子質量，手頭也沒有鐳的樣品。

　　居禮夫婦決定拿出實物來證明。當時，藏有釙和鐳的瀝青鈾礦，是一種很昂貴的礦物，主要產在波希米亞的聖約阿希姆斯塔爾礦，人們煉製這種礦物，從中提取製造彩色玻璃用的鈾鹽。對於生活十分清貧的居禮夫婦來說，哪有錢來支付這項工作所必需的費用呢？智慧補足了財力，他們預料，提出鈾之後，礦物裡所含的新放射性元素一定還存在，那麼一定能從提煉鈾鹽後的礦物殘渣中找到它們。經過無數次的周折，奧地利政府決定餽贈一噸廢礦渣給居禮夫婦，並答應若他們將來還需要礦渣，可以在最優惠的條件下供應。

　　居禮夫婦的實驗室條件極差，夏天，因為頂棚是玻璃的，裡面被太陽晒得像一個烤箱；冬天，又冷得人都快凍僵了。他們克服了難以想像的困難，為了提煉鐳，辛勤地奮鬥著。每次把 20 多公斤的廢礦渣放入冶煉鍋熔化，連續幾小時不停地用一根粗大的鐵棍攪動沸騰的材料，而後從中提取僅含百萬分之一的微量物質。他們從西元 1898 年一直工作到 1902 年，經過幾萬次的提煉，處理了幾十噸礦石殘渣，終於得到 0.1 克的鐳，測定

出了它的相對原子質量是 225。鐳宣告誕生了！

居禮夫婦證實了鐳元素的存在，使全世界都開始關注放射性現象，鐳的發現在科學界爆發了一次真正的革命。

瑪里·居禮以〈放射性物質的研究〉為題，完成了她的博士論文，1903 年，獲得巴黎大學的物理學博士學位。同年，居禮夫婦和貝克勒共同榮獲諾貝爾物理學獎，這是何等的榮耀，又是何等的來之不易！

1906 年皮耶·居禮不幸被馬車撞死，但瑪里·居禮並未因此倒下，她仍然繼續研究，1910 年與德比埃爾內（André-Louis Debierne）一起分離出純淨的金屬鐳。

1911 年，瑪里·居禮又因發現元素鐳和釙、分離出純鐳和對鐳的性質及化合物的研究獲得諾貝爾化學獎。同一個課題、同一個人兩次獲得諾貝爾獎，這在諾貝爾獎的歷史上是絕無僅有的，可見這個發現具有何等重要的意義！

1914 年第一次世界大戰爆發時，瑪里·居禮用 X 射線設備裝備了救護車，並將其開到了前線。國際紅十字會任命她為放射學救護部門的主管，在她女兒伊雷娜（Irène Joliot-Curie）和克萊因的協助下，瑪里·居禮在鐳研究所為部隊醫院的醫生和護理員開了一門課，教他們如何使用 X 射線這項新技術。1920 年代末期，瑪里·居禮的健康狀況開始走下坡路，長期受放射線的照射使她患上白血病，終於在 1934 年 7 月 4 日不治而亡。在此之前幾個月，她的女兒伊雷娜和女婿約里奧（Jean Frédéric Joliot-Curie）宣布發現人工放射性，他們倆因此而榮獲 1935 年諾貝爾化學獎。

瑪里·居禮一生獲得各種獎金 10 次，各種獎章 16 枚，各種名譽頭銜 107 個，但她並不看重。有一天，她的一位朋友來她家做客，忽然看見她的小女兒正在玩英國皇家學會剛剛頒發給她的金質獎章，於是驚訝地說：「夫

人呀，得到一枚英國皇家學會的獎章，是極高的榮譽，妳怎麼能給孩子玩呢？」

瑪里‧居禮笑了笑說：「我是想讓孩子從小就知道，榮譽就像玩具，只能玩玩而已，絕不能看得太重，否則就將一事無成。」

瑪里‧居禮還聯合一大批科學家，許多是諾貝爾科學獎得主，組成科學講師團，向孩子們開放他們的實驗室，親自對孩子們進行科學啟蒙教育，激發孩子的科學興趣，鼓勵孩子樹立遠大科學理想，傳授科學方法，使孩子們在少年時代形成極高的智力潛能。她最終培養出了10多位諾貝爾科學獎得主。

瑪里‧居禮一生從事放射性研究，是原子能時代的開創者之一，是世界上第一個兩次諾貝爾獎得主。身為一位偉大的女性，她贏得了世界人民的支持和敬仰，她的事蹟鼓舞和教育著千千萬萬後來人，她的科學方法同樣給我們以深刻的啟迪。

瑪里‧居禮的名言是：「在成名的道路上，流的不是汗水而是鮮血，他們的名字不是用筆，而是用生命寫成的。弱者坐待時機，強者製造時機。」

第 5 節　格林尼亞與格氏試劑

提起格林尼亞（François Auguste Viccor Grignard），人們自然就會聯想到以他的名字命名的格氏試劑，無論哪一本有機化學課本和化學史著作都有著關於格林尼亞的名字和格氏試劑的論述。

西元1871年5月6日，格林尼亞出生在法國美麗的海濱小城瑟堡市，一位很有名望的造船廠業主的家裡。父母看著這個孩子心裡有說不出的高興，哪個父母不疼愛自己的孩子，更何況家裡經濟條件又這麼好。於是孩

第 5 節　格林尼亞與格氏試劑

子想要什麼就給什麼，一切都聽命於孩子。夫妻倆以為只要孩子過得痛快就行了，從來也不責備和管教孩子。

到了上學的年齡，父母早早就送他去上學，希望他成為一個有知識、有教養的人，還請了家庭教師輔導。無奈格林尼亞已經養成了嬌生慣養、遊手好閒的壞習慣，小學、中學從來就不知道好好讀書，當然也沒有學到什麼知識。更糟糕的是父母管不了，別人也不敢管，又有誰願意得罪這位財大氣粗的老闆呢？

西元 1892 年秋，格林尼亞已經 21 歲，仍然整天無所事事，尋歡作樂。一天，瑟堡市上流社會舉行舞會，無事可做的格林尼亞自然不會放過這個機會。似乎這種活動就是特地為他舉辦的，他可以任意挑選中意的舞伴，盡情地狂舞。舞場上，他發現坐在對面的一位姑娘美麗端莊，氣質非凡，在瑟堡市是很少見到的，不知不覺動起心來。何不請她共舞呢？格林尼亞很瀟灑地走到這位姑娘面前，說道：「請您跳舞？」姑娘端坐不動，似乎頗有心事。格林尼亞近身細語道：「小姐，請您賞光。」

姑娘微微轉動一下眼珠，流露出不屑的神態。格林尼亞的劣跡，這位姑娘早有耳聞，她不想與這種不學無術的紈褲子弟共舞。格林尼亞長這麼大，還沒有碰過這麼實實在在的釘子，更何況這是在大庭廣眾之下，臉往哪兒放啊？這當頭一棒打得格林尼亞有點不知所措了。他氣、惱、羞、怒、恨五味俱全，一時竟站在那裡不知如何是好。

這時，一位好友走上來悄悄耳語：「這位姑娘是巴黎來的著名波多麗女伯爵。」格林尼亞不禁吸一口涼氣，定了定神，走上前向波多麗伯爵表示歉意，總得為自己找個臺階下吧。誰知這位女伯爵早就想教訓這個無人敢管的小子了，她並不買格林尼亞的帳，只是冷冷地一笑，臉上顯示出鄙夷的神態，用手指著格林尼亞說：「請快點走開，離我遠一點，我最討厭像

第 3 章　現代化學的變革之路（上篇）

你這樣不學無術的花花公子擋住我的視線！」

被人寵壞了的格林尼亞此時已無地自容，他的威風、傲氣一掃而空。在瑟堡市稱雄稱霸多年的格林尼亞被波多麗女伯爵三言兩語打得落花流水。女伯爵的話如同針扎一般刺痛了他的心。他猛然醒悟，開始悔恨過去。於是，他離開了家庭，留下的信中寫道：「請不要探詢我的下落，容我刻苦努力學習，相信將來會創造出一些成就來的。」

格林尼亞的父母早已認知到自己教育的失敗，卻無從下手。現在兒子覺悟了，要走一條重新做人的道路，他們從心裡感到高興。

格林尼亞來到里昂，想進大學讀書，但他學業荒廢得太多，根本達不到入學的資格。在他為難之際，華特教授收留了他。經過兩年刻苦讀書，格林尼亞終於補上過去所耽誤的全部課程，進入里昂大學插班就讀。

在大學期間，他苦學的態度贏得了有機化學權威巴比耶（Philippe Antoine Barbier）的器重。在巴比耶指導下，他把老師所有著名的化學實驗重新做了一遍。在師徒二人大量的實驗中格氏試劑誕生了。這是一種烷基鹵化鎂，由鹵代烷和金屬鎂在無水乙醚中作用而製得。準確地說，這種試劑首先是由巴比耶製得並注意到它的活潑性，他指導格林尼亞繼續研究它的各種反應。

1901 年格林尼亞以此作為他的博士論文課題，證實了這種試劑有極為廣泛的用途。它能發生加成－水解反應，使甲醛及其他醛類、酮類或羧酸酯等分別還原為一級、二級、三級醇；它能與大部分含有極性雙鍵、三鍵的有機物發生加成反應；它還能與含有活潑氫的有機物發生取代反應以製取烷烴。利用格氏試劑可以合成許多有機化學基本原料，如醇、醛、酮、酸和烴類。這些反應最初被稱為巴比耶－格林尼亞反應，但巴比耶堅持認為這一試劑得以發展和廣泛應用，主要歸功於格林尼亞大量艱苦的工作，

第 5 節　格林尼亞與格氏試劑

後來便稱為格氏試劑。由此我們看到，一個新的發現固然重要，然而將這一發現推廣，找到它廣泛的應用領域，同樣意義重大。

格林尼亞出色地完成了關於格氏試劑的研究而獲得里昂大學的博士學位。這個訊息傳到瑟堡，引起家鄉市民很大的震動。昔日紈褲子弟，經過八年的艱苦努力，居然成了傑出的科學家，瑟堡為此舉行了慶祝大會。

格林尼亞一旦進入科學的大門，他的科學研究成果就像泉水般湧了出來。僅從 1901 年至 1905 年，他發表了大約 200 篇有關論文。鑑於他的重大貢獻，瑞典皇家科學院 1912 年授予他諾貝爾化學獎。對此殊榮，他認為自己應該與老師巴比耶同享。

這年，他突然收到波多麗女伯爵的賀信，信中只有寥寥一句：「我永遠敬愛你！」多年來，格林尼亞始終牢記女伯爵的嚴厲訓斥，假使沒有當年女伯爵的逆耳忠言，他也不會有今天。一個人犯錯誤並不可怕，怕的是沒有自尊，波多麗女伯爵罵倒了一個紈褲子弟，罵出了一個諾貝爾獎得主。

格林尼亞由一個「問題少年」成為一名成功的化學家，他所發明的格氏試劑，是目前化學家們所發現的最有用、最多能的有機合成中間體之一。

格林尼亞的成才歷程對我們具有很好的啟示作用：人的成長並不可能是一帆風順，他浪子回頭，知恥而後勇，這是非常難能可貴的。人和事物一樣，都是發展變化的，在發展過程中，內因是根據，外因是條件，外因透過內因發揮作用。格林尼亞變化的內因在於他的自尊心和後來的埋頭苦讀鑽研，如果沒有這個內因，也無法發奮自強。如果沒有女伯爵的嚴厲責備和強烈刺激這個外因的作用，或許他還是那樣一如既往地生活。

格林尼亞的成功還要歸功於他的兩位導師，一位是曾熱心教授他實驗技術的華特教授，另一位是巴比耶教授。他們對格林尼亞進行了極為嚴格的訓練和熱情的幫助，並指導他的研究，終使他成為諾貝爾獎最年輕的得

主。可見，在科學研究的道路上，導師的作用是促進成功的重要因素之一。導師的作用一是教給我們獲取知識的能力，二是教會我們怎樣把思維方法和科技知識結合起來。更重要的是，導師在教我們做學問和做人等方面都有著潛移默化的作用。另外，有名的導師還能依靠自己的名聲所產生的無形資產，帶給弟子一筆巨大的「財富」。

第 6 節 勒沙特列與平衡移動

西元 1850 年 10 月 8 日勒沙特列（Henry Louis Le Chatelier）出生於巴黎的一個化學世家。他的祖父和父親都從事跟化學有關的事業，當時法國許多知名化學家是他家的座上客。

因此，他從小就受化學家們的薰陶，中學時代他特別愛好化學實驗，一有空便到祖父開設的水泥廠實驗室做化學實驗。

良好的家庭教育環境造就了勒沙特列的成功。他的父親是一位出色的工程師，任過礦山總監，參加過許多鐵路的修建設計工作，歐洲當時的鐵路設計幾乎都凝結著他的智慧和貢獻。在勒沙特列上大學學習了高等數學和物理等課程以後，就經常幫助父親做一些設計和計算工作。

他的母親很有藝術修養，在她的培養下，孩子們對藝術都很感興趣。西元 1867 年，勒沙特列參加文學院的入學考試，成績不錯。但父親卻堅持認為，獻身崇高的科學事業才是男子漢的天職，於是，第二年他又考入了巴黎工業學院。

他的家是個人口眾多的大家庭，在巴黎擁有庭院寬敞的住宅，全家人的生活很有規律。每天早上，勒沙特列都是早早起床，吃過早飯後便到父親的大辦公室去，在那裡預習工業學院的功課。有空的時候，他也喜歡到

父親的書房,那是父親接待來訪者的地方。經常來拜訪父親的客人中有企業家、科學家和工程技術人員,他們討論的問題五花八門,有工業問題、農業問題、化學問題、醫學問題,當然還有鐵路、礦山和冶金方面等問題。勒沙特列對這些問題都非常感興趣,充滿了好奇心。

當時,法國科學院定期舉辦一些科學技術的報告會,勒沙特列總是按時去旁聽,從不錯過學習機會。父親和德維爾(Henri Deville)、杜馬、謝布瑞等知名科學家始終保持著友好的交往,因此,勒沙特列常常能夠得到他們發表的研究論文,並且總是一篇不漏地拜讀。正是在這樣的家庭背景薰陶,他具有了多方面的知識和才能。

勒沙特列的大學學業因普法戰爭而中途輟學。戰後回來,他決定去專修礦冶工程學,西元 1875 年以優異的成績畢業於巴黎工業大學,西元 1887 年獲博士學位,隨即在高等礦業學校取得普通化學教授的職位。1907 年還兼任法國礦業部長,在第一次世界大戰期間出任法國武裝部長。

勒沙特列是一位精力旺盛的科學家,他研究過水泥的煅燒和凝固、陶器和玻璃器皿的退火、磨蝕劑的製造以及燃料、玻璃和炸藥的發展等問題,還有怎樣從化學反應中得到最高的產率。從他研究的內容可看出他對科學和工業之間的關係特別感興趣。西元 1877 年他提出用熱電偶測量高溫,這是由兩根金屬絲組成的,一根是鉑,另一根是鉑銠合金,兩端用導線相接。一端受熱時,即有一微弱電流通過導線,電流強度與溫度成正比。

迄今這種鉑銠熱電偶還在工業中使用。他還發明了一種測量高溫的光學高溫計,可順利測定 3,000°C 以上的高溫。此外,他對乙炔氣的研究,致使他發明了氧炔焰發生器,如今也還用於金屬的切割和銲接。

對熱學的研究很自然將他引導到熱力學的領域中去,使他得以在西元

1888年宣布了一條因他遐邇聞名的定律，那就是至今仍被廣泛應用的勒沙特列原理。勒沙特列原理的應用可以使某些工業生產過程的轉化率達到或接近理論值。這個原理表述為：如果改變影響平衡的一個條件（如濃度、壓強或溫度等），平衡就向能夠減弱這種改變的方向移動。

（1）濃度：增加某一反應物的濃度，則反應向著減少此反應物濃度的方向進行，即反應向正方向進行。減少某一生成物的濃度，則反應向著增加此生成物濃度的方向進行，即反應向正方向進行。反之亦然。

（2）壓強：增加某一氣態反應物的壓強，則反應向著減少此反應物壓強的方向進行，即反應向正方向進行。減少某一氣態生成物的壓強，則反應向著增加此生成物壓強的方向進行，即反應向正方向進行。反之亦然。

（3）溫度：升高反應溫度，則反應向著減少熱量的方向進行，即放熱反應逆向進行，吸熱反應正向進行；降低溫度，則反應向著生成熱量的方向進行，即放熱反應正向進行，吸熱反應逆向進行。

（4）催化劑：催化劑僅改變反應進行的速度，不影響平衡的改變，即對正逆反應的影響程度是一樣的。

勒沙特列原理因可預測特定變化條件下化學反應的方向，所以有助於化學工業的合理安排和指導化學家們最大限度地減少浪費，生產所希望的產品。例如哈伯藉助於這個原理設計出從大氣氮中生產氨的反應，這是個關係到戰爭與和平的重大發明，也是勒沙特列本人差不多比哈伯早二十年就曾預料過的發明。

勒沙特列是發現吉布斯（Josiah Willard Gibbs）的歐洲人之一，又是第一個把吉布斯的著作譯成法文的人。他致力於透過實驗來研究相律（phase rule）的含義。

他還提出反應速度理論和化學平衡理論，不但是把過去化學家的化學

變化知識改建在數學基礎上的一次深刻改革，也促進了在應用化學方面生產方法的發展，從而帶來了不少經濟效益。

勒沙特列不僅是一位著名的化學家，還是一位著名的愛國者。當第一次世界大戰發生時，法蘭西處於危急中，他勇敢地擔任武裝部長，為保衛國家而戰鬥，這一英勇行為被傳為美談。

勒沙特列一生獻身科學。1936年9月17日，是勒沙特列離開人世的日子，在逝世前的幾個小時，還強撐著病弱的身體，仔細修改著他一生中最後一篇文章。幾個小時之後，這位偉大的科學家走完了他的人生旅途，安靜地去世了，享年86歲。勒沙特列一生共發表了500餘篇科學論文和10餘部專著，培養了大批的科學人才。身為一位科學家，他成功地實現了自己的諾言：「科學應當為人類服務，科學的一切成就都應促進工業和技術的發展。」

第7節　奧士華與催化

西元1853年9月2日，奧士華（Wilhelm Ostwald）出生於俄國統治下的拉脫維亞首府里加。他的雙親都是德國移民的後裔，父親是以製木桶為生的手藝人，曾在俄羅斯各地流浪，經受各種艱難困苦，在多年漂泊生活中，逐漸變得脾氣暴躁，但意志堅強。

老奧士華在實際生活中悟出，若要生活得好一些，一定要有知識，自己教育程度不高，但一定要把孩子培養好。

在離家不遠的地方有一條小河，那是奧士華小時候和他的小朋友們遊戲的場所。他許多「科學研究」就是從這裡開始的。奧士華與自己的兄弟和幾個好朋友，一有空就到河邊玩耍，河裡的魚兒、水草都是他們的「研

究」對象，每天都會有新發現。他們幾乎考察河中的一切，每一個新的發現都會引起大家極大的興趣和廣泛的討論。這個活動為他們帶來了歡樂，奧士華對大自然的熱愛就是從這裡開始的。這一群小孩經常到河邊玩耍，常常為家裡惹下許多麻煩，因此老奧士華有點不滿，但是他並沒有阻攔孩子們的活動。

少年時代的奧士華精力充沛，有探索科學的興趣，便開始向各個能施展能力的地方發展。11歲時，他偶爾得到一本製作煙花的舊書，立刻興趣盎然地研究起來。他原本想向老師請教一下書中的疑難問題，但老師並沒有解答。這樣一來，他只好在無人指導下自己動手，試做各種顏色的煙花。

他和朋友開始收集各種有用材料，父母也很支持這一行動。母親把省下的錢交給他，讓他購買硝石、硫黃和能夠產生各種顏色的金屬粉末，還把一些可以做實驗用的器皿讓他使用。製作煙花相當危險，特別是容易引起火災。父親再三考慮之後還是把地下室的一間屋子專門用作實驗室，供兒子製作煙花使用。

父母的支持使奧士華更有信心。經過試驗，煙花終於飛上了天空。當奧士華看著那五顏六色的煙火在夜空中飛舞時，他心裡得到了極大的滿足。他第一次感到自己有能力、有力量去完成自己想做的事情。

煙花製作成功，大大地提升了奧士華的興趣，他開始考慮製作一枚火箭，但火箭製作難度和危險程度更大。在猶豫一段時間後，他還是按捺不住激動的心情，決定動手製作。

在小夥伴們的共同努力下，一枚像樣的火箭製作成功了，但是還需要試驗，到底在哪兒發射呢？小夥伴們經過討論，認為應當在煙囪管道裡發射，這樣可能不會造成傷害。火箭發射成功了，它在煙囪裡直衝而上。

這一成功鼓舞了奧士華，引發了他對化學實驗的興趣。在試驗的過程中不僅訓練了他實驗的技能，更重要的是悟出了一些書上沒有講的解決問題的途徑和方法，這些活動使奧士華一生受益匪淺。若干年後，他成為了很知名的化學家，由於他會吹玻璃，會木工和金工技術，尤其是善於為預定的目標設計和製造儀器設備，並靈活地裝配和使用它們，所以總能得到所需要的實驗結果。他的同事和學生無不為他超群和嫻熟的實驗技巧所折服。

在興趣的驅使下，不久奧士華又迷上了照相，那時照相底板都得由攝影者自己製作，奧士華就根據當時已經發明的照相原理，自己動手製作了照相機底板和相紙。家人都認為這不過是一時頭腦發熱，不會有什麼結果，但奧士華卻洗出了照片，令老師和家長倍感驚奇，大家都認為他是一個既聰明又有才幹的孩子。

這些有趣的活動鍛鍊了奧士華解決問題的能力，也養成了他鑽研問題的習慣，但是並沒有促進他學業上的進步。

本來是五年制的中學，奧士華卻花費了七年。畢業考試他遇到了更大麻煩，俄語考試沒有及格。雖然他得到了畢業證書，但是無法升入大學，必須再補習半年俄語，重新考試。可能是老師看奧士華實在是過不了關，發了慈悲之心，才高抬貴手，這樣奧士華總算有資格上大學了。

西元 1872 年 1 月，奧士華進入多爾帕特大學學習，雖然有了中學的教訓，他仍然對自己很放縱。大學的學制為 3 年，共 6 個學期。第一學期很快就過去了，他常常是在樂隊裡度過的，還參加了其他各種娛樂活動和各種討論會。第二、第三個學期基本上也是這樣過去的，他不經常去聽課，即使去也基本上是在課堂上睡覺。這樣的學生是不會有什麼好結果的，他的父親也為此深感憂慮。

第 3 章　現代化學的變革之路（上篇）

幸好奧士華不是一個荒唐到底的年輕人，只是他太多的興趣愛好使他不能集中時間和精力。在困境面前他終於振作起來，透過自學和向老師請教，他的學業有了很大的進步。他申請參加候補學位的考試，這種考試通常有三部分。

第四學期他通過了第一部分的考試。第六學期末，他通過了第二部分的考試。成功使他受到了巨大的鼓舞，他宣布要參加最後一部分考試。

在很多人聽來，這似乎有點吹牛，因為離考試時間只有兩個星期了。被逼急了的奧士華只得拿人格來擔保，並在考試結果上打了一箱香檳酒的賭。

第二天早上起來，奧士華冷靜下來，細細一想，確實不容樂觀。他想打退堂鼓，但一想起眾人對他的嘲笑，想起在眾人面前信誓旦旦的賭咒，已經沒有退路可走。平心而論，面前困難是不少，但還沒努力就退下來，實在不應該。他憑藉著勇氣和毅力以及極強的記憶力和自學能力，終於通過了第三部分考試。西元 1875 年 1 月，他終於大學畢業了！

西元 1887 年奧士華接受聘請，擔任德國萊比錫大學的化學教授，他一直任職到 1906 年。在將近二十年的時間，奧士華傑出的研究能力和學術整合才能充分展現出來。他組建了先進的物理化學實驗室，吸引整個歐洲乃至美國的年輕研究者前來進行研究。在他的帶領下，萊比錫大學成為當時歐洲物理化學研究的中心。

這一階段他的研究方向主要有化學熱力學、化學動力學、溶液的依數性和催化現象等。

奧士華邀請阿瑞尼斯和范特霍夫來訪問和工作；邀請電學理論和實驗基礎都很扎實的能斯特（Walther Nernst）作為助手以繼續對於電離理論和質量作用定律的實驗論證。西元 1888 年，奧士華從質量作用定律和電離

第 7 節　奧士華與催化

理論出發，推匯出描述電導、電離度和離子濃度關係的奧士華稀釋定律。

這一定律使質量作用定律和電離理論成功地應用在處理部分電離弱酸弱鹼體系，為這兩個當時尚是假設的觀點提供了支持。同時奧士華敏銳地感覺到化學反應的級數問題，和范特霍夫共同提出了透過濃度隨時間的變化來估算化學反應級數的方法，又提出了孤立法以解決複雜反應的級數問題。西元 1891 年，奧士華使用電離理論成功解釋了酸鹼指示劑的作用原理。

奧士華是催化現象研究的開創者。「催化」這一概念是由瑞典化學家貝吉里斯最先提出的，提出後就遭到李比希的反對，隨後的幾十年中，對於催化劑和催化現象本質的爭論一直沒有停止。西元 1888 年奧士華提出他所認為的催化劑本質，即「可以加快反應的速度，但不是反應發生的誘因」，這一定義被當時的化學界普遍接受。西元 1890 年他發表文章，提出了自然界廣泛存在的「自催化」現象。之後他和助手布瑞迪希（Georg Bredig）合作，對異相催化過程進行了研究。西元 1895 年他發表了《催化過程的本質》，提出了催化劑的另一個特點：在可逆反應中，催化劑僅能加速反應平衡的到達，而無法改變平衡常數。

由於在催化研究、化學平衡和化學反應速率方面的卓越貢獻，奧士華獲得了 1909 年諾貝爾化學獎。他一生共著書 77 部，三百多篇論文。主要著作有：《普通化學概論》、《電化學》、《自然哲學年鑑》、《顏色學》、《生活的道路》等，還與范特霍夫一起創辦了《物理化學雜誌》。

1932 年 4 月 4 日一個星光閃爍的春夜，奧士華在萊比錫城平靜、安詳地去世了，終年 79 歲。一個活躍的大腦停止了思維，一顆天才巨星隕落了！他生前留下遺囑，把全部房地產捐贈給德國科學院。後來，他的宅第便以「奧士華檔案館」聞名於世。

第 3 章　現代化學的變革之路（上篇）

　　在 1933 年 1 月 27 日的紀念演講中，唐南（Frederick George Donnan）對奧士華做了這樣的評價：「在他一生中，新思想沒有一刻不在他的頭腦裡噴湧，他流利的筆鋒沒有一刻不在把他洞見到的真理傳播到光亮未及之處。他的一生是豐富的、充實的、成功的，他盡最大限度地使用了他的旺盛精力。我們可以懷著深深的真誠和敬意說，奧士華為偉大的事業進行了持久的、勇敢的奮鬥。」

　　他是一個偉大的人，做出了偉大的工作，值得更多的人愛戴和尊重。

第 8 節　能斯特與能斯特方程

　　西元 1864 年 6 月 25 日，能斯特生於德國西普魯士的布里森，是一位法官的兒子。他的誕生地離哥白尼誕生地僅 20 英哩。

　　西元 1887 年能斯特獲維爾茨堡大學博士學位，後來當了奧士華的助手。西元 1889 年，25 歲的他在物理化學上初露頭角，將熱力學原理應用到了電池上。這是自伏打在將近一個世紀以前發明電池以來，第一次有人能對電池電動勢做出合理解釋。他推匯出一個簡單公式，稱之為能斯特方程式（Nernst equation）。能斯特方程式將電極電勢和離子活度、溫度連繫起來，奠定了電化學的理論基礎，為電化學分析的發展開闢了新的思路，沿用至今。此後電沉積重量法、電位分析法、電導分析法、安培滴定法、庫侖滴定法、極譜分析法等相繼出現，其中尤以極譜分析法最為顯著。

　　能斯特自西元 1890 年起成為哥廷根大學的化學教授，1904 年任柏林大學物理化學教授，後來又被任命為那裡的實驗物理研究所所長。

　　他用量子理論的觀點研究低溫現象，得出光化學的「原子鏈式反應」理論。1906 年，他根據對低溫現象的研究，得出熱力學第三定律，這個定

理有效地解決了計算平衡常數問題和許多工業生產難題。因此獲得了 1920 年諾貝爾化學獎。

此外，還研製出含氧化鋯及其氧化物發光劑的白熾電燈；設計出用指示劑測定介電常數、離子水化度和酸鹼度的方法；發展了分解和接觸電勢、鈀電極性狀和神經刺激理論。

能斯特於 1930 年與西門子公司合作開發了一種電子琴，當中用無線電放大器取代了發聲板。該電子琴使用的電磁感應器產生電子放大的聲音，跟電吉他是一樣的。

能斯特開發的電燈，稱為「能斯特燈」，這項技術產品的銷售為他帶來可觀的收入。

反觀能斯特取得重要成就的歷程，我們可以得到一些有益的啟示：能斯特思維敏捷，多才多藝，興趣廣泛。在科學及日常生活中沒有一個問題他不感興趣，對這些問題，他幾乎都能夠做出突出的貢獻。能斯特對科學的發現以及它們在工業上的應用有著不可抑制的熱情，他發現的熱力學第三定律在生產實踐中得到了廣泛的應用，有效地指導了生產，解決了許多疑難問題。

能斯特的成功也離不開他的導師奧士華的培養和訓練，他又隨後培養了 1923 年諾貝爾物理學獎得主密立坎（Robert Andrews Millikan）。接著密立坎進入加利福尼亞大學後，又培養了 1936 年諾貝爾物理學獎得主安德森（Carl David Anderson），而安德森的學生格拉澤（Donald Arthur Glaser）在 1960 年也獲得諾貝爾物理學獎。這五位光彩照人的巨星形成了師徒五代相傳獲諾貝爾獎歷史最長的延續，在諾貝爾獎的史冊上是空前的。

據美國哥倫比亞大學的朱克曼教授（Harriet Anne Zuckerman）的調查，在 1972 年以前獲得諾貝爾物理學、化學、生理醫學獎的 92 名美籍科

學家中,有 48 人曾是前諾貝爾獎得主的學生、博士後研究生或助手。

92 名美國獲獎者的平均獲獎年齡是 51 歲,但不容忽視的事實是,受前諾貝爾獎得主指導的獲獎者比未受指導的獲獎者獲獎時,平均年齡要小 7.2 歲,證明名師的指導和良好的師徒合作關係是加速培養人才、快速取得成果的重要一環。所以自古以來虛心拜師求教和精心培育新人,就被看作是一種崇高的人生美德和風尚。在諾貝爾獎壇上,也留下了許多這方面的美談。

由於納粹迫害,能斯特於 1933 年離職,1941 年 11 月 18 日在德國逝世,終年 77 歲。1951 年,他的骨灰移葬哥廷根大學。

第 9 節　路易斯與活度

美國物理化學家路易斯(Gilbert Newton Lewis),西元 1875 年 10 月 25 日生於麻薩諸塞州的一個律師家庭。他智力超群,西元 1896 年在哈佛獲學士學位,西元 1898 年獲碩士學位,西元 1899 年獲博士學位。1900 年在德國哥廷根大學進修,回國後在哈佛任教。

1905 年到麻省理工學院任教,1911 年升任教授。1912 年起擔任加利福尼亞大學柏克萊分校化學學院院長。曾獲戴維獎章、瑞典阿瑞尼斯獎章、美國的吉布斯獎章和理查茲獎章。

路易斯喜歡採用非正統的研究方法,他具有很強的分析能力和直覺,能設想出簡單而又形象的模型和概念。有時他未充分查閱數據文獻就開展研究工作,他認為,若徹底掌握了文獻數據,就有可能帶著前人的許多偏見,從而窒息了自己的獨創精神。他培養了許多化學家,他不但是一位科學家,而且是卓越的導師和領袖。

第 9 節　路易斯與活度

路易斯於 1901 年和 1907 年，先後提出了逸度（fugacity）和活度（activity）的概念，對於真實體系用逸度代替壓力，用活度代替濃度。這樣，原來根據理想條件推導的熱力學關係式便得以推廣用於真實體系。

1916 年，路易斯和科塞爾（Walther Kossel）同時研究原子價的電子理論。路易斯主要研究共價鍵理論，該理論認為，兩個（或多個）原子可以「共有」一對或多對電子，以便達成惰性氣體原子的電子層結構，而形成共價鍵。路易斯在 1916 年《原子和分子》（*The Atom and the Molecule*）和 1928 年《價鍵及原子和分子的結構》中闡述了他的共價鍵電子理論的觀點，並列出無機物和有機物的電子結構式。路易斯提出的共價鍵的電子理論，基本上解釋了共價鍵的飽和性，明確了共價鍵的特點。共價鍵理論和電價鍵理論的建立，使得 19 世紀中葉開始應用的兩元素間的短線開始有明確的物理意義。

1921 年他又把離子強度的概念引入熱力學，發現了稀溶液中鹽的活度係數取決於離子強度的經驗定律。1923 年他與朗德爾（Merle Randall）合著《化學物質的熱力學和自由能》（*Thermodynamics and the Free Energy of Chemical Substances*）一書，對化學平衡進行深入討論，並提出了自由能和活度概念的新解釋，該書曾被譯成多種文字。1923 年他從電子對的給予和接受角度提出了新的廣義酸鹼概念，即所謂路易斯酸鹼理論。

路易斯十分重視基礎教育，他要求化學系的所有教師都要參加普通化學課程的教學和建設，要求低年級學生必須打好基礎，為此他選派一流的教師為低年級學生上課。路易斯認為這就好像建造萬丈高樓必須打好堅實的地基一樣，學生只有在低年級時打下扎實的底子，包括實驗基本功，才能學好高年級和研究生課程。

路易斯重視化學教育還表現在十分支持美國化學教育雜誌，他不僅自己帶頭在美國化學教育雜誌上發表有分量的化學教育論文，而且還派出知

名教授去指導並編輯美國化學教育雜誌。在路易斯的大力支持下，美國化學教育雜誌蒸蒸日上，享譽國內外，成為一本世界化學教育最有權威的雜誌。

由於路易斯指導有方，教學得法，加利福尼亞大學柏克萊分校化學系培養出大量優秀人才。雖然路易斯自己沒有得到諾貝爾獎，但在他指導的研究生中有 5 位諾貝爾獎得主。

在整個科學世界裡，這是很高的殊榮！

1946 年 3 月 23 日，路易斯在加州柏克萊市永遠地閉上了眼睛，結束了他不平凡的一生。路易斯教授安葬的那一天，唁電從世界各地像雪片般地飛到伯克利市。路易斯的親友、同事和學生們蜂擁而來，加入為路易斯教授送葬的行列。尤里（Harold Clayton Urey）—— 重氫重水的發現者，1934 年諾貝爾化學獎得主；吉奧克（William Francis Giauque）—— 超低溫化學的發明者，1949 年諾貝爾化學獎得主；西博格 —— 鎿、鈽、鋦和鈚等元素的發現者，1951 年諾貝爾化學獎得主；利比（Willard Frank Libby）—— 用碳 14 測定歷史年代的發明者，1960 年諾貝爾化學獎得主；卡爾文（Melvin Calvin）—— 光合作用機理的研究和發現者，1961 年諾貝爾化學獎得主。這是科學史上最榮耀的送葬隊伍之一了，因為有 5 位諾貝爾獎得主。而這一切都源於路易斯教授誨人不倦的教學精神，堪稱當今化學界最傑出的「伯樂」。

第 10 節　尤里與氘

1912 年，路易斯在加利福尼亞大學柏克萊分校任化學系主任時，收了一個年紀較大的研究生，名叫尤里。經路易斯了解，尤里出身於印第安納州

第 10 節　尤里與氘

農村一個農民家庭，中學畢業後，因無力上學，曾去當了三年小學教師，後來才考上蒙大拿大學。畢業以後他改攻化學專業，考上了路易斯的研究生。

但路易斯並不因為尤里年齡大、化學基礎較差而輕看他，相反卻慧眼獨識，認為在尤里身上有著獨特的堅韌不拔、吃苦耐勞等農家子弟的特色，是一個好人才，於是，他對待尤里十分親切。當時路易斯正在研究有關氫元素和水的課題，這直接影響了尤里後來的研究方向。果然，在老師的引導和啟示下，尤里在這方面做出了傑出貢獻，尤里因發現氘（重氫，氫的同位素）而榮獲 1934 年諾貝爾化學獎。

西元 1893 年 4 月 29 日，尤里出生於美國印第安納州沃克頓一位牧師家裡。6 歲時，尤里的父親不幸去世，母親再嫁後，他就隨繼父移居到加拿大蒙大拿州的一個農場。由於農場所在地是一個相當荒僻的落後地區，因此，受過高等教育的人大都不願意到這個地區來，結果各級學校都非常缺乏教師。尤里在上中學時，竟然沒有一個老師安下心來教過他一年以上。

1911 年，尤里讀完高中，正值 18 歲，對前途的憧憬、嚮往，和各種美妙的夢幻，縈繞在年輕人的心頭！尤里盼望著讀大學，他的老師也多次對他說：「尤里同學，你很聰明，應該讀大學深造。你的前途不可限量呀！」

可是繼父的農場經營得不順利，經濟日益拮据，想靠家庭支持他讀大學，幾乎是不可能的事情。正好，這時蒙大拿公立學校缺乏教師，尤里的老師認為尤里學業成績優異，於是推薦尤里去任教。尤里覺得這是一個難得的好機會，一方面可以在任教期間賺點錢，籌集進大學的費用，另一方面也可以進一步鞏固所學的知識和鑽研一些新知識，於是他同意任教。

尤里教了三年書，他踏實肯做，一絲不苟，教學效果非常好。三年結束，校長極力挽留他繼續任教。在這個荒涼落後的地區，找一個好教師是多麼的困難啊！尤里的父母也很高興尤里能繼續任教，這樣可以緩解家中

第3章 現代化學的變革之路（上篇）

經濟上的困難。但尤里的志向是上大學，他從沒有放棄深造的打算。

1914年秋，尤里終以優異的成績考取了蒙大拿州立大學，學習動物學和化學。但上大學得花費不少錢，他存的錢還是不夠，只得自己想辦法：一是盡可能節省，沒錢租公寓，他就在一處空地上搭一個帳篷，在帳篷裡讀書；二是在假期到修路隊做工，賺了錢可以補上不足；三是發奮努力，把四年的課三年讀完。西方大學是學分制，只要拿到足夠的學分，就可以畢業。

經過這一番苦讀，尤里在1917年獲得了大學學士學位。1921年，考取美國加利福尼亞大學柏克萊分校化學系研究生，在著名化學家路易斯的指導下攻讀博士學位。1923年，30歲的尤里終於取得了他夢寐以求的博士學位。

在尤里準備向科學研究的前沿衝鋒時，化學界正好有一個非常吸引人的未解之謎，等待各路豪傑來解決。尤里雄心勃勃，當然也想透過自己的研究，解開這個謎。

化學中有一個名詞，叫「同位素」。同位素是指一些原子，它們的原子核外有相同數量的電子繞核旋轉，但這些原子的質量卻不相同。核外的電子數決定了這個原子的化學性質，因此，幾種同位素雖然質量彼此不同，但化學性質很相似，這些同位素在「元素週期表」上占有同一位置，因此叫「同位素」。

例如，氖氣有兩個同位素，一個質量是20（用 ^{20}Ne 表示），一個質量是22（用 ^{22}Ne 表示），但 ^{20}Ne 和 ^{22}Ne 都有10個電子在核外旋轉，因此，它們化學性質幾乎完全相同，但質量卻不同。氖的同位素是1919年發現的，有兩種；氧的同位素是1929年發現的，有三種。那麼，氫，它有沒有同位素呢？這個問題使化學家們非常感興趣，因為氫原子最簡單，利用

第 10 節　尤里與氘

它的同位素進行研究，一定特別方便。

尤里的導師路易斯，堅決認為氫一定有同位素。路易斯的觀點，明顯地影響了尤里，所以尤里也一直相信氫有同位素。

時間過得很快，一晃就到了 1930 年。這時，關於同位素的研究已經成了大熱門，很多科學家都在積極研究各式各樣原子的同位素，而且由於同位素研究的進展，原子核物理也迅速發展起來。

尤里一直相信老師路易斯的判斷。不過，也不能認為尤里只是盲目相信老師，他有他的道理。在尤里的實驗室牆上，掛有一個圖表，在這個圖上：實心黑圓圈是當時已經知道的原子核，而空心圓圈是當時還不知道的原子核。尤里按照連線實心黑圓圈的折線樣式，依樣畫葫蘆地再往下畫，整個線就連通了，而且看起來也挺連貫。正是根據這條折線，尤里預言，空心圓圈處代表還有氫的同位素 ^{2}H 和 ^{3}H（圖 3-3），氦原子也還有同位素 ^{5}He。

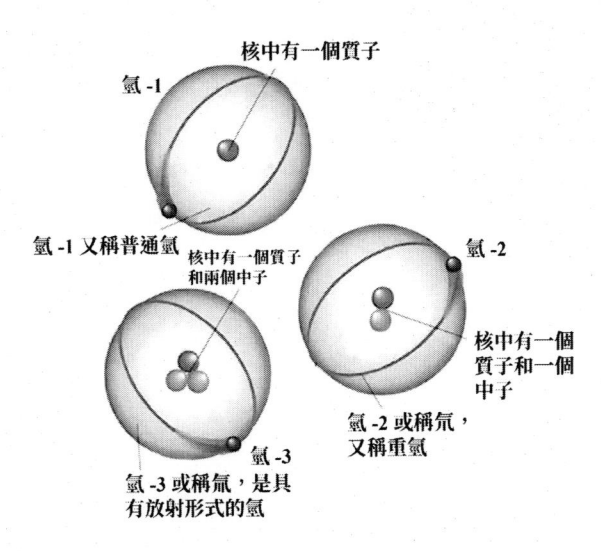

圖 3-3　氫的同位素

201

第 3 章　現代化學的變革之路（上篇）

　　實際上，科學家做出重要的發現，用的方法稀奇古怪，並沒有一定之規。有的是因為在山上看到大霧而得到靈感；有的是做了一個夢而受到啟發；有的是出外遊玩，突然茅塞頓開。由科學家發現的故事，我們可以得到一個重要的發現，勤奮當然是第一個先決條件，但如果他的興趣太窄，知識面不廣，思路不開闊，也很難做出重大發現。

　　尤里把 ^2H 稱為氘［音刀］，氘是氫原子的同位素之一，它的核外電子像氫 ^1H 一樣，只有一個，因而氘和氫的化學性質相同，但氘的質量是 2，比氫質量 1 要大一倍。雖說尤里相信有氘，但由於種種原因，1931 年以前，一直沒有去尋找氘。

　　到 1931 年，物理學家伯奇（Raymond Thayer Birge）和天體物理學家門澤爾（Donald Howard Menzel）用兩種方法測氫的相對原子質量，結果他們發現，測出的兩個相對原子質量的值不相同！於是伯奇和門澤爾認為，這充分說明氫有同位素氘，而且氘只占 1/4500。

　　尤里知道這件事後的第二天，就設計了一個光學實驗，希望能夠找到氘。不久，他得到了一個結果，證明氘的確存在。

　　但是，尤里是一位非常慎重的科學家，他認為這個光學實驗雖然說明氘可能存在，但也可能出錯，最好再用另外一種叫「分餾」的方法來尋找氘。「分餾」是一種加熱液體產生蒸氣後又凝成液體的方法。例如，加熱石油，就可以由石油蒸氣中，分別得到高級汽油、汽油、煤油……等等不同的物質，現在尤里讓液體氫蒸發，想用這種方法分開氫和氘。結果，尤里大獲成功，他用分餾法順利找到了氘。他還估計，氘約占氫的 1/4000。

　　這兩種實驗方法完全不同，一個是光學方法，一個是熱學方法，但它們得出的結果，都證明氘的確存在。尤里這時不再擔心出錯，於是在 1931 年公布了自己的發現。

很快，尤里的發現引起了注意，人們都熱烈討論他這異乎尋常的發現。科學發現之路從來就不是平坦的，任何一種發現，都要經過重重困難的考驗。尤里宣布他發現氘後，英國化學家索迪（Frederick Soddy）立即提出反對意見，認為尤里發現的根本不是氫的同位素。

索迪於1921年獲諾貝爾化學獎，而且他獲獎的原因還是因為他發現了同位素。可以說，索迪是研究同位素的「開山祖師」。

他為什麼反對呢？索迪在發現同位素時，為同位素下了一個定義，即：同一原子的同位素，不可能用化學方法將它們分開，這就是「化學上的不可分離性」。而尤里的發現正好違背了索迪的這條定義，因為尤里是用加熱分餾方法把氫和氘這兩種同位素分開的，而加熱分餾是一種化學方法。因此索迪說：「尤里發現的氘是用化學方法從氫中分離出來的，所以氘並不是氫的同位素，只不過是另一種氫罷了。雖然它們的相對原子質量不同，但肯定不是同位素！」

雖然索迪在十多年前就得到過諾貝爾化學獎，是化學界的一大權威，但尤里並不盲目崇拜權威。尤里對於自己的發現很有信心，他發表自己的發現是非常慎重的，經過認真的多年思考，不是心血來潮的行動。因此，他不相信索迪的意見，認為索迪一定是弄錯了。於是，尤里決心到各種科學會議上報告自己的發現。

那時科學家想參加大型科學會議，是很難籌備到路費的！尤里沒有路費，可是，如果不參加會議，許多問題不當面講清楚，那索迪的反對意見豈不會占了優勢，甚至危及氘的命運嗎？

尤里決心向人求援，這時有兩位行政官員慷慨解囊，解決了尤里的燃眉之急。尤里順利出席了會議，為自己的發現做了報告，對一些具體反對意見做了回答。人們逐漸了解和承認了尤里的發現，並認知到這一發現的

重大價值。1934 年，尤里就被授予諾貝爾化學獎。一個發現提出之後，這麼短的時間就授予了諾貝爾獎，這在化學史上還是很少見的。

1969 年，美國太空人登上了月球，取回了月球上岩石的樣品。科學家想利用這些岩石的樣品，分析月球上是不是有過生命。這種分析極其困難，稍不注意，就會得出錯誤結論。科學家們感到非常棘手。尤里知道後，說：「我有辦法。」結果，他又成功了。這時尤里已是 76 歲高齡的人了！他的智慧和能力，在這麼大年齡還不減當年，真令人驚奇和佩服！

第二次世界大戰期間，尤里參加了美國政府研製原子彈的「曼哈頓計畫」，利用他掌握的同位素化學方面豐富的知識，對第一顆原子彈的研製發揮了很大作用。尤里最初是懷著對德意志法西斯強烈的憤恨參加「曼哈頓計畫」的，他和其他科學家一道努力製造出了原子彈。但是後來原子彈的巨大破壞力給平民帶來了可怕的災難，因此，尤里堅決反對使用原子武器。特別是他在生命最後十多年裡，透過公開演講和發表文章呼籲禁止核武器，他在臨終之前還一再強調，原子能只能用於和平目的。尤里於 1981 年 1 月 6 日以 87 歲的高齡病故，他的業績將永垂於化學史。

第 11 節　費雪與蛋白質多肽結構

19 世紀下半葉和 20 世紀之初，有機化學領域中，德國的費雪（Hermann Emil Fischer）是最知名的學者之一。他在對苯肼、糖類、嘌呤類有機化合物的研究中取得了突出的成就，因而榮獲 1902 年諾貝爾化學獎。他是第二個榮獲此項殊榮的化學家，可見科學界對他的推崇。對於大多數諾貝爾獎得主來說，獲獎的成果可以說是一生中在科學上最主要的貢獻。然而對費雪來說，他在科學征途上更令人敬仰的成就，卻是在他獲得諾貝

爾獎之後完成的。他的研究領域集中在對有機化學中那些與人類生活、生命有密切關係的有機物質的探索，可以說是生物化學的創始人。

費雪於西元 1852 年 10 月 9 日生於德國科隆市。兩個哥哥早亡，餘下的是五個姐姐，所以他既是幼子又是獨子，在家裡受到大家的喜愛。父親老費雪是個富有商人，除經營葡萄酒、啤酒外，還是水泥廠、毛紡廠、鋼管廠、玻璃廠及礦山企業的董事。

費雪少年時代，他父親傾注全力發展他的毛紡廠，親自動手建立了一個小染坊，把買來的染料反覆調和進行實驗。由於缺乏化學知識，實驗總不像做買賣那麼順心，為此他常嘮叨：

「如果家裡有一個化學家，這些困難便好解決了。」

後來相繼建立的鋼鐵廠、水泥廠也迫切需要化學知識，致使他對化學這門科學更加崇拜。父親的這一想法讓費雪留下了深刻印象，他暗暗下定決心，將來一定要做一名化學家。

西元 1869 年費雪以第一名的成績從中學畢業，他沒有忘記父親的囑咐「要把自己的一生獻給科學，你就應該選擇化學」，毅然決定投考化學系。但當他將這一決定付諸行動時，父親卻猶豫了，那麼大的家產和企業由誰來繼承？只能是費雪。於是父親改變了主張，說服費雪從商：「你還不滿 17 歲，這麼小的歲數就入大學也沒什麼意思，是不是花一年半載時間學點商業事務？」

父命難違，費雪只好到他姐夫經營的一個木材公司見習。

此時的費雪心早已投入在了化學裡，所以他來到木材場後，很快自建了一個簡易的化學實驗室。白天就關在實驗室裡照著書本埋頭做實驗，什麼商業買賣，他根本不去考慮。他姐夫不得不向他父親匯報：「費雪在商業上不會有什麼出息。」面對這一狀況，他父親實在沒辦法，只好讓步：

第 3 章　現代化學的變革之路（上篇）

「既然他不願意做買賣，就讓他上學吧！」

就這樣，費雪實現了自己的志願，進入波恩大學化學系。在波恩大學，化學教授是著名的凱庫勒（Friedrich August Kekulé von Stradonitz）。凱庫勒的講課水準很高，給學生們留下深刻的印象，但是該校的化學實驗室卻非常簡陋，連天平都是不準的。對此費雪有自己的看法，他認為學習化學就必須做化學實驗，只有掌握了高超的實驗技術，才能成為一個有作為的化學家。他的這一觀點幾乎貫穿於他一生的治學活動。他對於創立一整套假說或某一學說絲毫不感興趣，而是致力於發現和闡明新的實驗事實，依靠堅韌不拔的毅力和出類拔萃的實驗技巧，開闢有機化學研究的新領域。

為此，他在波恩大學讀了一年之後，就忍痛離開了他尊敬的老師凱庫勒，轉學到史特拉斯堡大學，從學於實驗有機化學家拜爾。

當時，正是德國以染料為中心的有機合成工業蓬勃發展的時候，許多化學家都把合成染料的研究選作自己的課題，拜爾當時主要研究對象就是曙紅、靛藍等有機染料。費雪在拜爾指導下所做的許多實驗大多與染料有關，他的畢業論文就是關於酚染料的研究。在拜爾指導下，費雪不僅全面掌握了化學的最基礎知識，同時獲得了化學實驗技巧的嚴格訓練。西元1874年他以優異成績從大學畢業，隨後留校做拜爾的助手。

西元1875年拜爾應徵去慕尼黑大學，接替剛去世的李比希的教職。留戀自己老師的費雪跟著來到慕尼黑大學，在這裡他開始研究鹼性品紅。由於成績突出，西元1878年被任命為講師，第二年被提升為副教授，當時他還不滿27歲。

西元1882年，他接受愛爾朗根大學的聘書，出任化學教授。

兩年後又轉到烏茲堡大學，之所以選擇這所大學，是因為這裡為他創

第 11 節　費雪與蛋白質多肽結構

造了較好的實驗研究條件,在他完成教學任務後,可以專心致志地從事所喜愛的研究。在烏茲堡大學的 10 年中,他在糖類和嘌呤類化合物的研究取得了突破性的成就。

西元 1892 年,柏林大學化學教授霍夫曼去世。柏林大學是當時德國的最高學府,化學教授一職必是聘請德國化學界最有威望的教授出任,所以誰來接替霍夫曼的空缺是化學界所關注的。

第一位候選人是凱庫勒,第二位候選人是拜爾,但是他們兩位均因年歲已高而不願離開原地。費雪是大家公認最合適的候選人,但他對自己在烏茲堡的工作環境很滿意,無意離開。柏林大學和教育當局熱切邀請,費雪的父親和妻子也鼓勵他去柏林應徵,尤其是柏林大學擁有更豐富的科學活動,更可觀的研究經費和一大批優秀的學生,這使他動心了。思索了 10 天,最後決定去柏林接受聘任。

僅 40 歲的費雪成了德國化學界的最高權威,關於蛋白質和胺基酸的研究就是在這裡開始的。身為當時柏林大學的化學教授,除了完成本校教學任務外,必須兼任軍醫學院的化學教授,還必須參加醫師、藥劑師、教師的資格審定以及醫療事故的裁定。他經常參加普魯士科學院組織的活動,連續幾屆被選為德國化學會會長。

西元 1899 年開始,費雪選擇了對胺基酸、多肽(polypeptide)及蛋白質的研究。蛋白質與人類的生活、生命關係密切,蛋白質的結構非常複雜,一個分子往往有幾千個原子。面對這一難題,費雪決定從它的基本組成胺基酸開始研究。為了認識所有的胺基酸,他發展和改進了許多分析方法,將各種胺基酸分離出來進行鑑別。由於他的辛勤工作,人們認識了 19 種胺基酸,自然界中有幾十萬種蛋白質,而它們都是由 20 種胺基酸以不同數量比例和不同排列方式結合而成的。在進一步探索蛋白質的組成和結

第 3 章　現代化學的變革之路（上篇）

構及合成方法時，他發現將胺基酸合成，首先得到的不是蛋白質，而是他命名為多肽的一類化合物。將蛋白質進行分解首先得到的也是多肽類化合物。隨後他合成了 100 多種多肽化合物，由簡單到複雜，開始只採用同一胺基酸使其鏈逐步增加，發展到採用多種胺基酸使其胺基雙鏈伸長。1907 年，他製取了由 18 種胺基酸分子組成的多肽，成為當時的重要科學新聞。

費雪是世界上第二位諾貝爾化學獎得主，但他在德國並非是獲得諾貝爾獎的第一人。在此我們不得不思考，為什麼在 20 世紀初期，德國人屢獲諾貝爾獎？在 1901～1939 年的諾貝爾獎得主中，德國就占了 16 人，其獲獎的學術成就囊括了分析測試、化學熱力學、動力學、合成有機化學、天然有機化學、生物化學等諸多研究方向。這對我們當今的創新教育有什麼啟發呢？

第一，留給我們思考。20 年代德國剛剛經受一戰的破壞、處於經濟最困難的時候，一系列嚴重社會問題的產生，最終導致希特勒上臺。可是為什麼 20 世紀重要的科學發現又恰好在德國的土地上發生？那時候德國教授的生活水準並不如我們現在的專家教授，所以不能單單說一定要達到美國的生活水準和工作條件才能做出拿諾貝爾獎的貢獻。

第二，條件和機制。首先，德國人非常重視實驗和數據的分析；其次，德國有很強的數學傳統；另外德國有非常強的哲學傳統。這幾個條件，對於德國能產生 20 世紀最偉大的科學發現發揮了決定性的作用。但單有這樣一些條件是不夠的，德國在體制上最先做出了兩件事：一是在大學中設立研究機構；二是德國很早就採取完全開放的學術政策。

第三，我們需要努力。沒有這樣一些條件的組合，沒有非常開放的學術空氣和思想的交流，沒有多種特長的研究中心和一大批天才的學者在裡面受到各種薰陶和訓練，要培養出大批諾貝爾獎得主是不容易的。我們應當盡一切努力創造條件，把中華民族的創造力發掘出來，爭取做出劃時代

的科學工作。

由於長期的勞累，費雪終於拖垮了身體，到 1919 年他的身體完全垮了，經搶救、療養都無濟於事，7 月 15 日不幸病逝，終年 67 歲。費雪臨終前仍念念不忘化學的發展，在遺囑中他吩咐從他的遺產中拿出 75 萬馬克，獻給科學院，作為基金提供給年輕化學家使用，鼓勵他們為發展化學科學而努力。

第 12 節　埃爾利希與化學療法

埃爾利希（Paul Ehrlich）是科學史上罕見的奇才，他不只屬於某一學科，他是有機化學家、組織學家、免疫學家和藥物學家。他在組織和細胞的化學染色方面進行了開創性的研究；他是白喉抗毒素標準化的權威，提出了抗體形成的「側鏈」理論，因此 1908 年獲諾貝爾生理與醫學獎；1912 年和 1913 年兩度獲諾貝爾化學獎提名，雖未獲獎，但他被公認為是化學療法之父。

西元 1854 年 3 月 14 日，埃爾利希出生在德國西利西亞一個富有的猶太人家庭。他是家中唯一的男孩，上有三個姐姐，下有一個妹妹。埃爾利希的父親是釀酒商，也經營過小旅館，他勤於思考，富有眼光，頗受當地人敬重。母親聰慧漂亮，精明幹練。

埃爾利希的祖父，是富有的酒商，擁有一個藏書豐富的私人圖書館，晚年常向當地居民進行科普演講。埃爾利希的家庭中，出過不少傑出的教育家和科學家。他的表兄威格特，是著名的組織病理學家，比埃爾利希大 9 歲，既是埃爾利希的終身摯友，又是埃爾利希崇拜的偶像。

埃爾利希 6 歲那年入當地一所小學就讀，10 歲到離家 20 英哩的一所

第 3 章　現代化學的變革之路（上篇）

人文中學求學，寄宿在一位教授家裡。那時他並不很出眾，討厭聽課和考試。假期裡，他喜歡與其他同學玩耍打鬧，愛到鄉間的田野裡抓小動物。

但埃爾利希很早就表現出對治療病人的興趣，當他還是 11 歲孩子的時候，就自己開了一張處方，讓鎮上的一位藥劑師配製出一種止咳藥水。

埃爾利希特別喜歡數學和拉丁文，並且成績優異。解數學難題，他最得心應手，而拉丁文因其嚴密的邏輯結構，深得他的偏愛。他一生都迷戀拉丁文，在他後來的寫作中，常在德文中夾雜些拉丁文詞句，還常用拉丁語格言表述他的思想。

他最感惱火的是德語作文。畢業考試的時候，老師出了一道作文題「生活：一個夢」，他是最後交卷的。他寫道：「生活是化學事件，是普通的氧化過程；而夢則是發生在腦中的化學過程，是一種腦的磷光現象。」由此可見，科學的種子已深深地埋在他腦海中。然而，這篇作文令校長和老師非常生氣，被判為劣等。幸好埃爾利希的拉丁文和其他幾科成績優良，校方才勉強讓他畢業。

西元 1872 年夏，埃爾利希進入布雷斯勞大學，表兄威格特就在這裡任教。埃爾利希受到年輕解剖學家瓦爾代爾（Wilhelm Waldeyer）的關照，兩人結下終身友誼。或許是受瓦爾代爾和威格特的影響，埃爾利希立志學習醫學。按照德國大學的慣例，學生可以自由轉學，無任何限制。

幾個月後，瓦爾代爾被史特拉斯堡大學聘為教授，埃爾利希隨同轉入該大學就讀，在史特拉斯堡大學讀了三個學期，這對他一生的發展具有決定性的影響。

瓦爾代爾是傑出的解剖學家，他在德國第一個將化學引入醫學；西元 1863 年，他第一個用蘇木紫進行組織染色；他利用顯微鏡，研究了神經纖維、聽覺器官、結膜及喉的組織學，創造了神經細胞、染色體、原生細胞

等新術語,他提出的神經元理論,至今仍被普遍接受。他認為埃爾利希天資聰穎,思維獨特,不同於一般的醫科學生,因此經常給予鼓勵,激發其天賦。埃爾利希在他的影響下,對生物染色產生了濃厚的興趣。

埃爾利希是瓦爾代爾最得意的門生之一,經常被邀請到家裡做客,兩人建立起了長期的親密關係。瓦爾代爾預言,埃爾利希前程似錦,無可限量。

埃爾利希不願去聽那些枯燥刻板的課程,但是,他貪婪地閱讀他感興趣的有關組織學和鉛中毒方面的著作,並具有從中快速吸收精華的能力。

在準備醫學預科考試的時候,埃爾利希對結構有機化學和染料化學產生了濃厚的興趣,然而,他很少去聽拜爾主講的化學課,這多少有些讓人不可思議。拜爾是凱庫勒和本生的學生,在染料化學方面的造詣,深不可測,被尊稱為「德國染料化學之父」,後於 1905 年獲諾貝爾化學獎。

但期末的化學考試,埃爾利希卻獲得了「極優」的成績,拜爾向同事瓦爾代爾極力稱讚埃爾利希是個化學天才。後來每每談起這件事,埃爾利希都感到非常自豪,既是為這個極優的成績,又是為自己是拜爾的「學生」。

透過醫學預科考試後,西元 1874 年埃爾利希接受表兄威格特的勸告,返回布雷斯勞大學攻讀病理解剖學,他在這裡完成了博士論文的研究。在布雷斯勞,埃爾利希讓實驗解剖學家柯亨海姆、組織學家威格特、生理學家赫登海姆、植物學家和細菌學家科恩(Ferdinand Julius Cohn)留下了深刻的印象,同時又幸運地受到這些名師的指導和影響。他在最合適的時候來到最合適的地方,因為這是布雷斯勞大學最輝煌鼎盛時期,人才濟濟,名師如雲。

柯亨海姆——偉大的病理學家,在布雷斯勞大學建立了著名的病理學研究所。他創立了冷凍新鮮組織用於顯微研究的方法,用銀鹽和金鹽標

第 3 章 現代化學的變革之路（上篇）

記神經末梢，對骨骼進行了研究，在炎症和栓塞等方面的研究，造詣精深。他是一位足智多謀的研究者，也是一位循循善誘的教師，培養出許多才華超群的學生。他對埃爾利希獨立思維的能力和對染料、細胞相互作用的不尋常的探索，非常欣賞並給予了熱情的鼓勵。

埃爾利希的表兄威格特，因生物染色和神經組織學的貢獻聞名於世，他對苯胺染料和顯微染色的興趣，直接影響了埃爾利希，他對埃爾利希在布雷斯勞的學業和研究關懷備至。

在布雷斯勞，對埃爾利希產生重大影響的第三位偉大學者赫登海姆，是卓越的生理學家和獨立的思想家，對埃爾利希從事染料化學及染料和細胞相互作用的研究給予了大力支持。在他那裡，埃爾利希知道了在生物學中進行可靠的實驗、定量測定和獨立思考的重要性。

對埃爾利希產生重大影響的第四位人物是科恩，他是生理植物學研究所的教授，被認為是繼林奈之後最偉大的植物學家。

他是最早認知到新發現的微生物世界之重要意義的，他發表的關於細菌分類和細菌生物學的論文，被認為是該領域的經典。

科恩樂於助人，一直支持埃爾利希。從科恩那裡，埃爾利希知道了微生物、植物細胞、顯微染色的重要性和具有開放頭腦的價值，知道如何提出科學假說並進行思考。

西元1878年，他在柯亨海姆教授的實驗室裡，完成了博士論文〈關於組織染色的理論和實踐〉。他證明，所有選擇性的組織染色，即能使組織之間產生差異的染色，都可以分為兩類：一類是直接染色，色素不改變地進入一種組織；第二類即所謂的附屬染色，有色物質先與另一化合物（媒染劑）結合，然後色澱與組織結合。埃爾利希深入研究了第一類染色，因為大多陣列織染色屬於這一類。這篇論文，顯示出身為化學家的埃爾利希

第 12 節　埃爾利希與化學療法

獨特的思維能力，幾乎包含了他後來所有的科學思想的胚芽，並最終得出他一生中最偉大的科學發現。

同年他被任命為助理教授，供職在柏林費里克醫院，後來任該院的副院長。西元 1890 年起先後擔任柏林大學副教授兼傳染病研究所實驗室主任。

埃爾利希的科學才幹，受到普魯士教育與醫學事務大臣阿爾索夫的賞識。阿爾索夫是位性格直率、睿智而有魅力的政治家，對支持大學和科學研究不遺餘力。他把埃爾利希這樣天才的年輕科學家，看成是德國最寶貴的財富，即便無法為其謀得與其才能相匹配的學術職位，也要設法提供施展才華的機會。西元 1899 年，德國政府在法蘭克福創辦了皇家血清研究所，設備條件極為優越，還建有寬敞的實驗大樓，阿爾索夫立即任命埃爾利希為皇家血清研究所所長。面對如此先進的設備和優良的條件，埃爾利希又有了新的想法，想實現 10 年前的夙願，即利用染料與有毒基因結合的化學產物來治療疾病的實驗和研究，簡言之就是化學療法的研究和實驗。故而在他請求下，研究所名稱被改為皇家試驗治療方法研究所。

於是，埃爾利希由柏林來到法蘭克福，開始了化學療法的研究。化療藥物是人工合成產生的「神奇的子彈」，當機體無法對某種病原體產生抗體時，用人工合成的化療製劑用來補充和維持機體的防禦機制，成為生物醫學界追求和研究的目標，這就是化學療法的研究意義之所在。

此外，他還對癌細胞與細菌進行了比較研究，認為癌細胞是一種寄生蟲，它直接影響寄主的營養和免疫力。關於這方面的研究成果都發表在 1905～1909 年間的論文中。這些成果對以後的癌症研究具有一定的參考價值。

埃爾利希手下擁有一批科學研究人才，組建了一支屬於他自己的科學

研究隊伍，一些化學人才和得力助手紛紛投奔他的門下。其實埃爾利希在化學療法研究所建成之前，就已經在進行化學療法的研究和實驗。他讓化學家們根據他的構想研製出了數千種化學製品及合成化合物，還讓染料公司好友提供大量染料，以供研究之用。埃爾利希運用這些化學製品、合成化合物及染料，在動物體內進行了無數次實驗。

他在組織和細胞的化學染色方面進行了開創性的研究；1909年他發明了治療梅毒的特效藥「606」（試驗了606才成功），開創了化學療法的先河；他是白喉抗毒素標準化的權威，提出了抗體形成的「側鏈」理論，因此1908年獲諾貝爾生理與醫學獎。他發明的驅梅特效藥「606」及其改進劑「914」，為千千萬萬的梅毒患者解除了痛苦，被看成醫學的救星，1912年和1913年兩度獲諾貝爾化學獎提名。

在法蘭克福，他受到極大尊敬，他的研究所和家所在的那條街更名為埃爾利希大街。二次大戰以後，試驗治療方法研究所以他的名字重新命名，並設立了享有很高聲譽的埃爾利希醫學獎。

第13節　貝克蘭與塑膠

塑膠的發明是20世紀人類的一大傑作，塑膠無疑成為現代文明社會不可或缺的重要原料，目前已廣泛應用於航空、航太、通訊工程、電腦、軍事、農業和輕工業等各行各業。第一種完全合成的塑膠出自美籍比利時人貝克蘭（Leo Hendrik Baekeland），1907年7月14日，他註冊了酚醛塑膠的專利。

貝克蘭是鞋匠的兒子，西元1863年11月14日生於比利時港口城市根特。西元1884年，21歲的貝克蘭獲得根特大學博士學位，24歲時就成

第 13 節　貝克蘭與塑膠

為比利時布魯日高等師範學院的物理化學教授。西元 1889 年，剛剛娶了大學導師的女兒，貝克蘭就獲得一筆旅行獎學金，到美國從事化學研究。

在哥倫比亞大學錢德勒教授鼓勵下，貝克蘭留在美國，為紐約一家攝影供應商工作。這使他幾年後發明了一種相紙，這種相紙可以在燈光下而不必在陽光下顯影。西元 1893 年，貝克蘭辭職創辦了一個化學公司。

在新產品衝擊下，攝影器材商柯達吃不消了，西元 1898 年，經過兩次談判，柯達方以 1,500 萬美元的價格購得這種相紙的專利權。不過柯達很快發現配方不靈，貝克蘭的回答是：這很正常，發明家在專利檔案裡都會省略一兩步，以防被侵權使用。柯達被告知：他們買的是專利，但不是全部知識。又付了 10 萬美元，柯達方知祕密在一種溶液裡。

賺得第一桶金，貝克蘭買下紐約附近一座俯瞰哈德遜河的豪宅，將一個穀倉改成設備齊全的私人實驗室，還與人合作在布魯克林建起試驗工廠。

幾個世紀以來，紫膠蟲積存在樹上的樹脂狀分泌物為南亞的家庭小工業提供了原料，該地區農民把樹脂分泌物加熱過濾，生產一種用作油漆和保護木製品的清漆。紫膠恰巧還是一種有效的絕緣物，早期的電力工人將它用於隔離纏繞在一起的線圈，還將注滿了紫膠的紙一層層地壓緊製成絕緣物材料。當電氣化在 20 世紀初真正開始發展時，紫膠很快就變得供不應求。貝克蘭獨具慧眼，他迫切希望找到紫膠的合成替代物。

1904 年貝克蘭和助手開始了尋找工作。三年後，在實驗室的記錄本上記滿了一頁又一頁的失敗試驗後，貝克蘭終於製造出了一種他在記錄本上暱稱為「Bakelite（酚醛塑膠）」的材料。開始加熱時，酚和甲醛便產生了像紫膠樣的液體，能像清漆一樣塗於物體表面。再加熱，液體變成了糊狀的更具黏性的東西。當貝克蘭將這種東西放進了合成器後，他獲得了一種

第 3 章　現代化學的變革之路（上篇）

堅硬的、半透明的、具有無限可塑性的物質，它就是——塑膠。

貝克蘭將它用自己的名字命名為「貝克萊特」（Bakelite）。他很幸運，英國同行斯溫伯爵士只比他晚一天提交專利申請，否則英文裡酚醛塑膠可能要叫「斯溫伯萊特」。1909 年 2 月 8 日，貝克蘭在美國化學協會紐約分會的一次會議上公開了這種塑膠。

酚醛塑膠絕緣、穩定、耐熱、耐腐蝕、不可燃，貝克蘭稱為「千用材料」。特別是在迅速發展的汽車、無線電和電力工業中，它被製成插頭、插座、收音機和電話外殼、螺旋槳、閥門、齒輪、管道。在家庭中，它出現在把手、按鈕、刀柄、桌面、菸斗、保溫瓶、電熱水瓶、鋼筆和人造珠寶上。

這相當於 20 世紀的錬金術，從煤焦油那樣的廉價產物中，得到用途如此廣泛的材料。1924 年《時代週刊》（*Time*）的一則封面稱：那些熟悉酚醛塑膠潛力的人表示，數年後它將出現在現代文明的每一種機械設備裡。1940 年 5 月 20 日的《時代週刊》則將貝克蘭稱為「塑膠之父」。當然，酚醛塑膠也有缺點，它受熱會變暗、變軟。

1910 年，貝克蘭創辦了通用酚醛塑膠公司，在紐澤西的工廠開始生產。但很快就有了競爭對手。假冒酚醛塑膠的出現使貝克蘭很早就在產品上採用了類似今天的防偽標籤。1926 年專利保護到期，大批同類產品湧入市場，經過談判，貝克蘭與對手合併，擁有了一個真正的酚醛塑膠帝國。

貝克蘭可謂名利雙收，他擁有超過 100 項專利，榮譽職位數不勝數，死後也位居科學和商界兩類名人堂。他身上既有科學家少有的商業精明，又有科學家太多的生活遲鈍。除了電影和汽車，他最大的愛好是穿著襯衫、短褲流連於遊艇上。不過據說他只有一套西裝，而且總是穿一雙舊運動鞋。為了讓他換套行頭，身為藝術家的妻子在服裝店挑了一件 125 美元

的英國藍斜紋西服套裝，預付了店主 100 美元，要他把這套衣服陳列在櫥窗裡，掛上一個 25 美元的標籤。當晚，貝克蘭從妻子口中獲悉這等價廉物美的好事，第二天就買了下來。回家路上碰到鄰居、律師昂特邁耶 (Untermeyer)，貝克蘭的新衣服立刻被對方以 75 美元買走，成為他向妻子顯示精明的得意事例。

1939 年，貝克蘭退休時，兒子喬治・貝克蘭無意從商，公司以 2 億美元出售給聯合碳化物公司 (Union Carbide Corporation)。1945 年，貝克蘭死後一年，美國的塑膠年產量就超過 40 萬噸，1979 年又超過了鋼的產量。今天，塑膠幾乎用於各個領域，從補牙材料到電腦的晶片，從生活用品到電器產品。它製造成本低，耐用、防水、質輕，容易被製成不同形狀，是良好的絕緣體。

第 14 節　維爾納與配位理論

西元 1866 年 12 月 12 日維爾納 (Alfred Werner) 出生於瑞士。他從小熱愛化學，12 歲時就在自己家的車庫內建立了一個小小的化學實驗室。西元 1878～1885 年在德國卡爾斯魯爾高等技術學校攻讀化學，在讀書過程中他逐漸對分類體系和異構關係產生了興趣。後在卡爾斯魯爾德國部隊服兵役，一年後進入瑞士蘇黎世大學深造。他的數學和幾何考試總是不及格，令人費解的是，在他一生的科學經歷中，卻表現出幾何空間概念和豐富想像力在化學方面的創造性應用。

他還發展范特霍夫碳原子四面體結構的概念，擴展到氮原子，從而建立起了氮的立體化學的理論基礎。

西元 1891 年維爾納回到巴黎，在法蘭西學院研究熱化學，提出了化

合物的配位理論，認為在配位化合物的結構中，存在兩種類型的原子價：一種是主價，一種是副價。並且擴大了同分異構體的概念。他還製備了新體系的許多新化合物。維爾納一直從事分子化合物價鍵理論的研究，為化學鍵的現代理論開闢了道路。由於維爾納在研究配位理論上的貢獻，為無機化學開闢了新的研究領域，他獲得了 1913 年諾貝爾化學獎，成為第一位獲得諾貝爾獎的瑞士人。

配位化合物舊稱絡合物，「絡」字意思是「網兜、包圍」的意思。西元 1890 年維爾納首先提出絡合物的配位理論。他發表了很重要的論文〈關於化學親和力和化學價理論問題〉，但當時未引起科學家們的注意。直到 1904 年，透過對維爾納的《立體化學手冊》中基本概念的討論，才引起科學界重視。他發表另一篇論文〈論無機化合物的結構〉，提出劃時代的分子結構的配位場理論，這是無機化學和絡合物化學結構理論的開端。他最早提出了「配位數」的概念，指出除了金屬的普通電價以外，還有第二種結合力，它能供給一定數目的配合基圍繞金屬原子形成新的絡合離子，因此對於晶體結構中的一個原子或離子來說，其周圍與之相鄰結合的原子團或異號離子數，稱為該原子或離子的配位數。

他研究了絡合物內界的幾何構型，指出：內界的構型可以是立體的，也可以是平面的，因此，它們可能形成幾何異構體。在探討幾何異構的基礎上，他還研究了物質的旋光異構現象。他的理論幾乎遍及整個無機化學系統，並且發現有機化學中也可應用。他是首先揭示出「立體化學是一種普遍存在的現象，不限於含碳化合物」的科學家。美國化學家路易斯（Gilbert Newton Lewis）在著作中評價說：「維爾納在無機化學上的新觀點，象徵著一個新化學時期的開始……」

維爾納提出絡合物配位理論時年僅 26 歲，他專業為有機化學，從事含氮有機化合物的研究。他發表了多篇引人矚目的論文，可從未開展過無

機化合物的研究,他所提出的配位理論所引用的數據皆是別人的研究成果。他以超人的智慧和創造性思維提出了具有劃時代意義的配位理論,給後人留下了關於創造性思維的啟示。

維爾納在對各種無機化學現象、實驗事實以及各種理論與學說進行研究分析的基礎上,進行歸納整理,從中發現了現象後面的一些本質東西,認為化合物中的金屬原子價鍵間一定還有餘力,而這種餘力是與其他原子結合的泉源。正是從這樣的思想出發,再結合許多實驗事實,提出了化合物配位結合的假說,再檢驗實驗事實並加以認證,最後形成配位理論。從這個範例我們可以看出,所謂歸納學說,是探究者透過實驗觀察的事實,運用假說思維方法為指導進行歸納整理而提出的,是通向科學發現的一種創造性思維方法。

科學理論的貢獻一般有兩方面:一是總結和說明已知的事實,二是用形成的理論推論和預測未知的新知識。維爾納的配位理論雖沒有自己的實驗過程,但他在已確定的理論上進行創新,用以總結和說明已知的實驗事實,這本身就是一個偉大的發明,而且維爾納的理論確實較完美地解釋了許多事實。

維爾納一生共發表論文170餘篇,重要著作有《立體化學手冊》和《無機化學領域的新觀點》。他的主要成就有兩大方面:一方面是他創立了劃時代的配位學說,這是對近代化學鍵理論做出的重大發展。他大膽地提出了新的化學鍵——配位鍵,並用它來解釋配合物的形成,其重要意義在於結束了當時無機化學界對配合物的模糊認知,而且為後來電子理論在化學上的應用以及配位化學的形成開了先河。另一方面,維爾納建立了碳元素的立體化學,可以用它來解釋無機化學領域中立體效應引起的許多現象,為立體無機化學奠定了扎實的基礎。

維爾納的名言是：「真正的雄心壯志幾乎全是智慧、辛勤、學習、經驗的累積，差一分一毫也不可能達到目的。至於那些一鳴驚人的專家學者，只是人們覺得他們一鳴驚人，其實他們下的功夫和潛在的智慧，別人是領會不到的。」

第 15 節　哈伯與合成氨

這是一位充滿爭議的化學家，他雖早已長眠地下，卻給世人留下關於他功過是非的激烈爭論。讚揚他的人說：他是天使，為人類帶來豐收和喜悅，是用空氣製造麵包的聖人。詛咒他的人說：他是魔鬼，給人類帶來災難、痛苦和死亡。他就是 20 世紀初世界聞名的德國物理化學家、合成氨的發明者哈伯（Fritz Haber）。

哈伯西元 1868 年 12 月 9 日生於波蘭東南部的布雷斯勞，父親是猶太染料商人。由於染料業和化學關係密切，家庭環境的薰陶使哈伯從小就獲得許多化學知識。哈伯天資聰穎，在學業上更是無人能比。高中畢業後，先後到柏林、海德堡、蘇黎世上學。上學期間，他還在幾個工廠實習，得到了許多實踐經驗。他喜愛德國農業化學之父李比希的偉大職業——化學工業。讀大學期間，哈伯在柏林大學霍夫曼教授的指導下，寫了一篇關於有機化學的論文，因此獲得博士學位。1906 年起哈伯任卡爾斯魯爾工業大學物理化學教授。

在 19 世紀以前，農業上所需氮肥的來源主要來自有機物的副產品，如糞類、種子餅（seed cake）及綠肥。隨著農業的發展，對氮肥的需求量迅速增加。一些有遠見的化學家指出：考慮到將來的糧食問題，為了使子孫後代免於飢餓，我們必須寄望於科學家能實現大氣固氮。因此將空氣中豐富

第 15 節　哈伯與合成氨

的氮固定下來並轉化為可被利用的形式，在 20 世紀初成為一項受到眾多科學家注目和關切的重大課題。哈伯就是從事合成氨的工藝條件試驗和理論研究的化學家之一。利用氮、氫為原料合成氨的工業化生產曾是一個較難的課題，從第一次實驗室研製到工業化投產，約經歷 150 年的時間。

西元 1795 年有人試圖在常壓下進行氨合成，後來又有人在 50 個大氣壓下試驗，結果都失敗了。法國化學家勒沙特列第一個試圖進行高壓合成氨的實驗，但是由於氮氫混合氣中混進了氧氣，引起爆炸，使他放棄了這一危險的實驗。

哈伯成功地設計出一套適合高壓實驗的設備和合成氨的工藝流程：在熾熱的焦炭上方吹入水蒸氣，可以獲得幾乎等體積的一氧化碳和氫氣的混合氣體。其中的一氧化碳在催化劑的作用下，進一步與水蒸氣反應，得到二氧化碳和氫氣。然後將混合氣體在一定壓力下溶於水，二氧化碳被吸收，就製得較純淨的氫氣。同樣將水蒸氣與適量的空氣混合通過紅熱的炭，空氣中的氧和碳便生成一氧化碳和二氧化碳而被吸收除掉，從而得到所需要的氮氣。

氮氣和氫氣的混合氣體在高溫高壓及催化劑的作用下就會合成氨。但什麼樣的高溫和高壓條件為最佳？以什麼樣的催化劑為最好？還必須探索。經過不斷的實驗和計算，哈伯終於在 1909 年取得了鼓舞人心的成果。這就是在 600°C 的高溫、200 個大氣壓、以鋨為催化劑，能得到產率約為 8% 的合成氨。8% 的轉化率不高，當然會影響生產的經濟效益。哈伯知道合成氨反應不可能達到像硫酸生產那麼高的轉化率，在硫酸生產中二氧化硫氧化反應的轉化率幾乎接近於 100%。怎麼辦？哈伯認為若能使反應氣體在高壓下循環加工，並從這個循環中不斷地把反應生成的氨分離出來，則這個工藝過程是可行的。於是他成功地設計了原料氣的循環工藝，這就是合成氨的哈伯法（圖 3-4）。

走出實驗室，進行工業化生產，仍要付出艱辛的工作。哈伯將他設計的工藝流程申請專利後，把它交給德國當時最大的化工企業——巴登苯胺和純鹼製造公司。這個公司原先計劃採用電弧法生產氧化氮，然後合成氨。兩相比較，公司立即取消原先的計畫，整合工程技術人員將哈伯的設計付諸實施。

首先，根據哈伯的工藝流程，他們找到了較合理的方法，生產出大量廉價的原料氮氣、氫氣。透過試驗，他們認知到鋨雖然是非常好的催化劑，但是它難於加工，因為它與空氣接觸時，易轉變為揮發性的四氧化物，另外這種稀有金屬在世界上的儲量極少。哈伯建議的第二種催化劑是鈾。鈾不僅很貴，而且對氧和水都很敏感。為了尋找高效穩定的催化劑，兩年

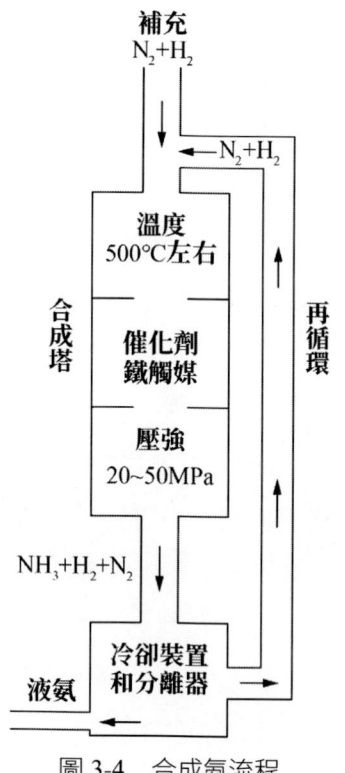

圖 3-4　合成氨流程

間，他們進行了多達 6,500 次試驗，測試了 2,500 種不同配方，最後選定了含鉛鎂促進劑的鐵催化劑。開發適用的高壓設備也是工藝的關鍵，當時能經受住 200 個大氣壓的低碳鋼，卻害怕氫氣的脫碳腐蝕。最後在低碳鋼的反應管子裡加一層熟鐵的襯裡，熟鐵雖沒有強度，卻不怕氫氣的腐蝕，這樣總算解決了難題。

哈伯合成氨的設想終於在 1913 年得以實現，一個日產 30 噸的合成氨工廠建成並投產，從此合成氨成為化學工業中發展較快的一個部分。哈伯的發明震撼了全球，並產生劃時代的效應。他的發明使大氣中的氮變成生產氮肥永不枯竭的廉價來源，從而使農業生產依賴土壤的程度減弱。哈伯因此被稱作解救世界糧食危機的化學天才。這是具有世界意義的人工固氮

第 15 節　哈伯與合成氨

技術的重大成就,是化工生產實現高溫、高壓、催化反應的第一個里程碑。合成氨的原料來自空氣、煤和水,因此是最經濟的人工固氮法,從而結束了人類完全依靠天然氮肥的歷史,為世界農業發展帶來了福音;為工業生產、軍事工業需要的大量硝酸、炸藥解決了原料問題;在化工生產上推動了高溫、高壓、催化劑等一系列的技術進步。合成氨的成功也為德國節省了鉅額經費支出,哈伯一舉成名。

哈伯從此成為世界聞名的大科學家,為表彰哈伯的這一貢獻,瑞典皇家科學院把 1918 年的諾貝爾化學獎頒給了哈伯。這樣偉大的成績獲得諾貝爾獎是當之無愧的,但是哈伯獲獎卻受到最為廣泛的爭議。一些科學家,尤其是英法兩國的科學家認為,哈伯沒有資格獲得諾貝爾獎,甚至當時獲得諾貝爾其他獎項的科學家拒絕與哈伯同臺領獎。這是為什麼呢?其原因在於哈伯在第一次世界大戰中的表現。

身為合成氨工業的奠基人,哈伯深受當時德國統治者的青睞,他數次被德皇召見,委以重任。第一次世界大戰爆發後,德皇為了征服歐洲,要哈伯全力研製最新式的化學武器,哈伯首先研製出軍用毒氣氯氣罐。1915 年 4 月,根據哈伯的建議,德軍把盛裝氯氣的鋼瓶放在陣地前沿,藉助風力把氯氣吹向敵陣。這股毒氣使英法軍隊士兵普遍感到鼻腔、咽喉不適,緊接著就是一些人窒息死亡。英法士兵從來沒有見過這樣的戰鬥,被嚇得驚慌逃跑,大敗而歸。據估計,15,000 人在這次戰鬥中受害。

不僅如此,在第一次世界大戰期間,哈伯擔任化學兵工廠廠長,負責研製、生產氯氣、芥子氣等毒氣,並用於戰爭中。由於戰爭雙方都使用化學武器,共造成近百萬人傷亡。這樣,哈伯的建議和行為拉開了軍事史上使用殺傷性化學毒劑的序幕,此後化學戰就成為戰爭的一種。

哈伯受到世人的強烈譴責,其功績也因此蒙羞。儘管如此,1919 年,

第 3 章　現代化學的變革之路（上篇）

　　瑞典科學院考慮到哈伯發明的合成氨對全球經濟巨大的推動作用，決定頒發 1918 年的諾貝爾化學獎給哈伯。訊息傳來，全球譁然。一些科學家指責這一決定玷汙了科學界。但也有一些科學家認為，科學總是受制於政治，科學史上許多發明都是既可用來造福人類，也可用於毀滅人類文明。哈伯發明合成氨，可以將功抵過。

　　透過對戰爭的反省，後來哈伯把全部精力都投入到科學研究中。在他卓有成效的帶領下，威廉皇帝物理化學研究所成為世界上化學研究的學術中心之一。根據多年科學研究工作的經驗，他特別注意創造一個毫無偏見、並能獨立進行研究的環境，在研究中他又強調理論研究和應用研究相結合，從而使他的研究所成為一流的科學研究單位，培養出眾多高水準的研究人員。

　　為了改變大戰中帶給人的不光彩印象，哈伯積極致力於加強各國科學研究機構的聯繫和各國科學家的友好往來。他的實驗室有將近一半成員來自世界各國。友好的接待、熱情的指導，不僅使他得到了科學界的諒解，同時使他的威望日益升高。

　　然而，不久悲劇再次降落在他身上。1933 年，希特勒篡奪了德國政權，建立了法西斯統治，開始推行以消滅「猶太科學」為己任的鬧劇。儘管哈伯是著名的科學家，但因為他是猶太人，和其他猶太人同樣遭到殘酷的迫害。法西斯當局命令在科學和教育部門解僱一切猶太人。哈伯這位偉大的化學家被改名為「猶太人哈伯」，他所帶領的威廉研究所也被改組。

　　隨後，哈伯被迫離開他為之熱誠服務幾十年的祖國，流落他鄉。首先他應英國劍橋大學的邀請，到鮑波實驗室工作。4 個月後，以色列的希夫研究所聘任哈伯去指導研究工作。在去希夫研究所的途中，哈伯心臟病發作，於 1934 年 1 月 29 日逝世。

第 15 節　哈伯與合成氨

哈伯雖然被迫離開了德國，但是德國科學界和人民並沒有忘記他，就在他逝世 1 週年的那天，德國的許多學會和學者不顧納粹的阻撓，紛紛集會，緬懷這位偉大的科學家。事實上，在世界人口膨脹的今天，無論哈伯的過去如何，糧食問題都是得益於哈伯的傑出貢獻，但其一生也確實給人們無限的思考。

氨的高壓合成法是個劃時代的工業方法，它開闢了人類直接利用空氣游離態氮的途徑，開創了高壓合成氨的化學方法，直到現在，世界各國的氮肥工業在基本原理上還沿用著這種方法。1918 年，哈伯因此獲得諾貝爾化學獎，他的合作者博施（Carl Bosch）在促進實施與完善大規模合成氨工業化生產工藝中的傑出貢獻，於 1931 年也被授予諾貝爾化學獎。同一項目先後兩次獲得了諾貝爾化學獎，可見其意義重大。他留給我們的啟示是：

第一，以創造思維為指導、突破前人的研究方法，有效地選擇新的突破方向，是哈伯發明氨合成法的關鍵。哈伯認真分析前人方法的利弊，總結正反兩方面的經驗和教訓，以獨到的眼光，敏銳的洞察力毅然決定選擇新的合成路線，開闢了新的領域。透過多向思維打破定勢，發現新的方向，產生新的思路。

第二，及時吸收最新理論，並以此指導研究實踐，是哈伯在合成氨研究中取得突破性進展的根本原因。19 世紀下半葉，物理化學這門學科的崛起，在化學熱力學、化學動力學、催化研究等方面取得了一定的進展。哈伯及時吸收、消化這方面的最新理論成果，並以此作為合成氨實踐的理論指導。運用新理論研究合成氨過程，明確認知到由氮氫合成氨的反應是可逆的，催化劑及催化作用將對合成氨反應產生重要影響。基於這些理論研究，對合成氨的反應條件做出了創造性的選擇。

第三，鍥而不捨的精神是哈伯做出氨合成發明的前提。在合成氨的研

究過程中，困難和失敗始終伴隨，不少科學家面對難以解決的理論和實踐問題，有的放棄，有的停滯不前。而哈伯面對困難和失敗不是退卻，而是總結經驗和教訓，尋找新的突破口，以失敗為成功之母，堅持不懈地進行研究，最終做出氨合成法的偉大發明。

第四，關於哈伯的爭議。哈伯在研製化學武器上為人類帶來災難，世界許多科學家曾提出異議，終因其對人類的特殊貢獻而獲殊榮。但當納粹政府排斥猶太人後，現實使他意識到過去的錯誤，哈伯本人也為此付出了沉重的代價，了解情況的人們還是對他表示理解和讚許，因此哈伯獲得諾貝爾獎這個殊榮也是當之無愧的。

第 16 節　施陶丁格與高分子化學

施陶丁格（Hermann Staudinger）這個名字，總是與高分子化學密切連繫在一起。1953 年 12 月 10 日，他因在這一領域的開創性成果，榮獲諾貝爾化學獎。他提出的聚合物結構理論，以及對生物大分子的研究，為高分子化學、材料科學和生物科學的現代發展奠定了基礎，同時促進了塑膠工業的迅速成長。

今天，施陶丁格的理論，還在不斷地刺激著現代科學和技術的進步，他的高聚物「分子設計」思想，仍是研製新結構、新功能高分子材料的重要基礎和指南。

施陶丁格，西元 1881 年 3 月 23 日生於德國沃爾姆斯，其父是新康德主義哲學家。由於對植物學和顯微鏡工作感興趣，西元 1899 年中學畢業後，施陶丁格入哈勒大學跟隨柯勒勃斯教授（Georg Klebs）攻讀植物學。他的父親告訴他，只有學好化學，才能更好地研究植物學問題。施陶丁格

第 16 節　施陶丁格與高分子化學

聽從父親的勸告，轉而學習化學，但他依然對植物學懷有濃厚的興趣。後來他在高分子化學方面的許多成果，對植物學和生物學領域都產生了重大影響。他一直在不斷地探索化學和植物學、生物學之間的連繫。

施陶丁格在哈勒大學的時間很短，西元 1899 年秋，其父移居達姆斯特，施陶丁格轉學到達姆斯塔特技術大學，跟隨科爾貝教授（Adolph Wilhelm Hermann Kolbe），學習兩個學期的分析化學課程。隨後又到慕尼黑大學拜爾實驗室學習兩個學期的有機化學。1901 年，施陶丁格返回哈勒大學，在福爾蘭德爾教授（Daniel Vorländer）的指導下，從事丙二酸酯加成產物的研究。

1903 年夏，施陶丁格獲博士學位。這年秋天，他到史特拉斯堡大學，任著名有機化學家提艾利（Friedrich Karl Johannes Thiele）的助手，在學問和人格方面都受到提艾利的影響。這期間，他的工作是多方面的，但主要研究將羧酸轉化成醛的方法。1905 年，他發現一類新的化學物質──烯酮，他用鋅處理二苯氯乙醯氯，成功地分離和鑑別出二苯乙烯酮。

1907 年春，他向史特拉斯堡大學提交有關烯酮化學的「任職資格」論文，獲得大學授課資格，被聘為副教授，年僅 26 歲。

在極短的時間內，他身為從事小分子有機化學研究的化學家，獲得了令人矚目的國際聲譽。施陶丁格在小分子化學領域取得了豐碩的成果，共發表研究論文 215 篇，獲專利 51 項。

1910 年，施陶丁格與（Lavoslav Stjepan Ružička）（1939 年諾貝爾化學獎得主）合作，成功分離出馬提亞人使用的殺蟲粉除蟲菊的有效成分。這種除蟲殺蟲劑，是用菊花粉透過石油醚提取製成的粉末。他們測定出除蟲菊素的化學結構。施陶丁格的研究成果，為現代除蟲菊酯殺蟲劑的發展，打下了堅實的基礎。

第 3 章　現代化學的變革之路（上篇）

　　一戰期間，協約國海軍的海上封鎖，使德國天然胡椒的供應嚴重短缺。他製備出一種哌啶和它的氫化衍生物，發現兩者都具有典型的胡椒味道，弄清楚分子結構與胡椒味道之間的基本關係。1917 年，施陶丁格研製的一種哌啶氫化衍生物，成為商品的合成胡椒，改善了食品短缺的戰爭時期德國人的口味。

　　合成胡椒取得的成功，刺激施陶丁格解決德國戰時天然咖啡供應中斷的問題。施陶丁格透過高真空裝置，從烤咖啡中成功蒸餾分離出 70 餘種芳香化合物。從大量化合物中，他驚奇地發現，咖啡香味中最重要、最有效的成分竟是痕量的糠硫醇。

　　這種化合物在極低濃度下，具有純正的咖啡香味，而在高濃度下，則因奇臭無比聞名於世。透過不斷試驗，將 40 餘種化合物混合稀釋，得到一種具有典型咖啡味道的合成咖啡。二戰爆發前，德國一家公司商業推出施陶丁格的合成咖啡。二戰後，施陶丁格才公開發表相關成果。

　　1920 年施陶丁格開始對大分子化合物，尤其是聚甲醛、橡膠和聚苯乙烯的研究。1926 年，施陶丁格接替威蘭德（Heinrich Otto Wieland）（1927 年諾貝爾化學獎得主）任弗萊堡大學教授，並擔任化學實驗室主任。從此以後，施陶丁格完全投入到高分子化學領域的研究中。為了促進大分子化學和聚合物科學新領域的發展，他費盡心血。

　　1940 年，他在弗萊堡大學創立高分子化學研究所，這是歐洲第一個完全致力於聚合物研究的科學研究機構。1943 年，他創辦第一份聚合物期刊《高分子化學學報》，為這一新領域的研究者搭建了交流研究成果的平臺。施陶丁格還編寫出版數部高分子化學著作，如《高分子有機化合物——橡膠和纖維素》（*The High Molecular Weight Organic Compounds Rubber and Cellulose*）、《高分子化學、物理與技術進展》、《高分子化學》和《高分子

化學與生物學》等。

1950 年，施陶丁格舉辦了第一次學術界和工業界的科學家參加的高分子學術討論會，如今的「施陶丁格高分子討論會」是德國最大的學術年會，每年吸引眾多與會者。

1951 年，施陶丁格任弗萊堡大學榮譽教授和高分子化學研究所榮譽所長，直到 1956 年 75 歲生日時正式退休。為了創立高分子化學，從 1920 年開始，年已 39 歲的施陶丁格孤軍奮戰了 10 年，而像他這樣的年齡，或許已經超過了在科學上做出重大貢獻的高峰期，但施陶丁格於 1922 年以後在高分子研究方面的文章占總論文的 80%，一生中有四分之三的工作集中在高分子領域。因為創立高分子化學的貢獻而登上 1953 年諾貝爾化學獎領獎臺時，施陶丁格已是 73 歲高齡，這是他一生榮譽的頂峰。

第 17 節　卡羅瑟斯與尼龍纖維

卡羅瑟斯（Wallace Hume Carothers），西元 1896 年 4 月 27 日出生於美國愛荷華州的伯靈頓，1914 年從北方中學畢業。他的父親在得梅因商學院任教，後來擔任該院的副院長。受父親的影響，卡羅瑟斯 18 歲時進入該院學習會計，他對這一專業並不感興趣，倒是很喜歡化學等自然科學，因此，一年後轉入一所規模較小的學院學習化學。1920 年獲理學學士學位。

1921 年在伊利諾伊大學取得碩士學位。1923 年到伊利諾伊大學攻讀有機化學專業的博士學位，在導師亞當斯教授（Roger Adams）的指導下，完成了關於鉑黑催化氫化的論文，初步顯露才華，獲得博士學位後隨即留校工作。1926 年到哈佛大學教授有機化學。

1928 年杜邦公司在德拉瓦州威爾明頓總部所在地成立了基礎化學研究

所，年僅 32 歲的卡羅瑟斯博士受聘擔任該所有機化學部的負責人。卡羅瑟斯來到杜邦公司的時候，正值國際上對德國有機化學家施陶丁格提出的高分子理論展開激烈的爭論，卡羅瑟斯讚揚並支持施陶丁格的觀點，決心透過實驗來證實這一理論的正確性，因此他把對高分子的探索作為有機化學部的主要研究方向。一開始卡羅瑟斯選擇了二元醇與二元羧酸反應，想透過這一被人熟知的反應來了解有機分子的結構及其性質間關係。在進行縮聚反應的實驗中，得到了分子量約為 5,000 的聚酯分子。為了進一步提升聚合度，卡羅瑟斯改進了高真空蒸餾器並嚴格控制反應配比，使反應進行得很完全，在不到兩年時間裡使聚合物分子量達到 10,000～20,000。

1930 年，卡羅瑟斯用乙二醇和癸二酸縮合製取聚酯，在實驗中卡羅瑟斯的同事希爾（Julian Hill）在從反應器中取出熔融的聚酯時發現了一種有趣的現象：這種熔融的聚合物能像棉花糖那樣抽出絲來，而且這種纖維狀的細絲即使冷卻後還能繼續拉伸，拉伸長度可以達到原來的幾倍，經過冷拉伸後纖維的強度和彈性大大增加。這種從未有過的現象使他們預感到這種特性可能具有重大的應用價值，有可能用熔融的聚合物來紡製纖維。他們隨後又對一系列的聚酯化合物進行了深入研究。由於當時所研究的聚酯都是脂肪酸和脂肪醇的聚合物，具有易水解、熔點低、易溶解在有機溶劑中等缺點，卡羅瑟斯因此得出了聚酯不具備製取合成纖維的錯誤結論，最終放棄了對聚酯的研究。就在卡羅瑟斯放棄了這一研究以後，英國的溫費爾德（T. R. Whinfield）在汲取這些研究成果的基礎上，改用芳香族羧酸與二元醇進行縮聚反應，1940 年合成了聚酯纖維，這對卡羅瑟斯不能不說是一件很遺憾的事情。

為了合成出高熔點和高效能的聚合物，卡羅瑟斯和他的同事們將注意力轉到二元胺與二元羧酸的縮聚反應上，他們從二元胺和二元酸的不同聚合反應中製備出多種聚醯胺，然而這些物質的效能並不太理想。1935 年

初，卡羅瑟斯決定用戊二胺和癸二酸合成聚醯胺，實驗結果顯示，這種聚醯胺拉製的纖維其強度和彈性超過了蠶絲，而且不易吸水，不足之處是熔點較低，所用原料價格很高，不適宜於商業生產。緊接著卡羅瑟斯又選擇己二胺和己二酸進行縮聚反應，終於在1935年2月28日合成出聚醯胺（俗稱尼龍）。這種聚合物不溶於普通溶劑，具有263°C的高熔點，由於在結構和性質上更接近天然絲，拉製的纖維具有絲的外觀和光澤，其耐磨性和強度超過當時任何一種纖維，而且原料價格也比較便宜，杜邦公司決定進行商品生產開發。

當時的化學家們為研製廉價的人造纖維已經努力了好多年。1938年，尼龍女襪上市，大受歡迎。製造商宣稱「尼龍纖維細如蛛絲，堅如鋼鐵」。

1937年4月29日，也就是卡羅瑟斯為自己的發明申請專利權後的20天，困擾他多年的憂鬱症終於迫使他自殺。他沒有機會知道自己的發明稱為「尼龍」，也從未想到這種聚合物竟開創了「原料革命」。

人造纖維具有天然纖維的許多特性，可用來製造起絨織物和人造毛皮，彈性好，製成的織物不會起皺。人造纖維與天然纖維混紡，製成的織物快乾免熨，穿在身上舒服感如天然纖維，人造纖維比羊毛和棉花更易於大量成批生產。

第18節　列別捷夫與合成橡膠

人類使用天然橡膠的歷史已經好幾個世紀。哥倫布在發現新大陸的航行中，發現南美洲土著人玩的一種球是用硬化了的植物汁做成的，他和後來的探險家無不對這種有彈性的球驚訝不已。一些樣品被視為珍品帶回歐洲。後來，人們發現這種彈性球能擦掉鉛筆痕跡，因此便給它取了一個名

叫「擦子」（rubber），這仍是現在這種物質的英文名字。這種物質就是橡膠。西元 1820 年，蘇格蘭化學家赫斯尼思發現了煤焦油、石腦油等便宜的橡膠溶劑。由於橡膠在遇熱時發黏、寒冷時又發脆，他把溶解在石腦油中的橡膠放在兩層布中，這樣避免了做成橡膠衣服後衣服之間的黏合。西元 1823 年他在英國的格拉斯哥建立了第一個製造雨衣的工廠。

美國科學家固特異（Charles Goodyear）為了消除天然橡膠變硬、發黏的缺點，進行了大量的實驗。焦炭鍊鋼的技術給他很大啟示，鋼比鐵的效能優異，原理是其中加入少量焦炭。他想，如果在生膠中加入少量的其他物質，是否可以改變效能呢？他進行了加入各種物質的實驗，多次失敗。西元 1839 年，他把橡膠、硫黃和松節油摻在一起用鍋煮，因放出難聞的臭氣，他不得不停止試驗，把橡膠塊扔進垃圾箱。他偶然發現灑落在燒紅爐子上的橡膠顆粒不發黏，在高溫下仍具有彈性，於是立刻找回剛被拋棄的那塊橡膠，詳細研究橡膠與硫黃的最佳比例，西元 1884 年因此獲得了硫化橡膠的專利。硫化橡膠的發明對橡膠工業的發展發揮了很大的促進作用。

列別捷夫（Sergei Vasilievich Lebedev），蘇聯化學家，西元 1874 年 7 月 25 日生於波蘭盧布林，1900 年畢業於聖彼得堡大學，1902 年在該校工作。1915 年在女子師範學院任化學教授，1917 年在軍事醫學院任化學教授，1932 年成為蘇聯科學院院士。他對雙烯烴聚合作用進行過廣泛的研究。第一次世界大戰期間，他在石油化學研究中，發現了熱裂化石油產生各種雙烯烴的方法。後來他感到蘇聯缺乏橡膠的嚴重性，於是致力於合成橡膠研究。1910 年他用金屬鈉作催化劑，由丁二烯製成合成橡膠，從而聞名於世。1931 年丁鈉橡膠開始小型生產，他同年獲列寧勳章。1932 年開始大規模生產丁鈉橡膠，這在當時是一種很好的天然橡膠代用品。

第二次世界大戰爆發後，日本侵略軍占領了南洋（現在的東南亞）一

第 18 節　列別捷夫與合成橡膠

帶，完全控制了這個世界上最大的天然橡膠園，歐美國家更加感到橡膠奇缺，加快了對合成橡膠新技術的研究工作。

列別捷夫發明了合成橡膠反應器，從糧食中提取一種無色液化易聚合的「丁二烯」氣體，作為合成橡膠的主要原料。這一研究成果，促進了蘇聯合成橡膠的迅速發展。同時德、美、法、日等國家也都取得了合成橡膠的研究成果，到 1945 年，世界上共產合成橡膠 87 萬噸，第一次超過了天然橡膠的產量。50 年代中期，義大利科學家納塔（Giulio Natta）和德國科學家齊格勒（Karl Waldemar Ziegler）提出了「定向聚合催化」的理論，將它應用到合成橡膠研究上，開闢了合成橡膠研製生產的新途徑。

塑膠、合成纖維和合成橡膠被稱為 20 世紀三大有機合成技術。縱觀人類從認識、使用、改良天然橡膠，再到合成橡膠，直到各種功能橡膠合成的發展歷程，不難發現很多發明都是在社會需求的推動下產生的。當天然橡膠的數量與質量遠不能滿足人們需求時，迫使人們把探索的目光放在合成橡膠身上。從人類創造發明的軌跡可以看出，任何一項創造發明都是適應社會需求而誕生的。

現如今，橡膠是製造飛機、軍艦、汽車、收割機、水利排灌機械、醫療器械等所必需的材料。合成橡膠中有少數品種的效能與天然橡膠相似，大多數與天然橡膠不同，但兩者都是高彈性的高分子材料，一般均需經過硫化和加工之後，才具有實用性和使用價值。合成橡膠從 1940 年代起得到迅速發展，它一般在效能上不如天然橡膠全面，但它具有高彈性、絕緣性、氣密性、耐油、耐高溫或低溫等效能，因而廣泛應用於工農業、國防、交通。日常生活中也有不少橡膠製品在為我們服務，如雨衣、兒童玩具、球膽、乒乓球拍膠面、橡皮擦、氣球以及救生圈等，用於我們的生活、文教、辦公室、設計繪圖以及體育運動器材等各個方面，在我們每天的生活中都發揮著巨大作用。

第 19 節　普雷格爾與微量分析

　　普雷格爾（Fritz Pregl），西元 1869 年 9 月 3 日生於生於盧布爾雅那。他幼年喪父，母親對他一直疼愛有加。他的理想是長大以後成為一名體育健將，所以常常是身在教室，心在操場。15 歲那年，他如願以償地考入體育學院專攻體育。西元 1887 年，普雷格爾從體育學院畢業後，抱著一心成為創紀錄的體育明星的願望，接連兩次參加奧地利全國運動會。但結果令他失望，不僅沒有創紀錄，連名次也沒拿到，這重重地打擊了他。他曾苦悶惆悵，不知自己路在何方。

　　但憑著做運動員的頑強意志，普雷格爾並沒有被失敗打倒，及時地調整人生座標，一切從頭開始，另闢新路，選擇化學作為人生的新起點。

　　經過一年的寒窗苦讀，他令人驚奇地考入格拉茨大學。為了把基礎打得扎實一點，普雷格爾又特意比別的同學多讀了一年，以他頑強的意志和刻苦精神，發奮努力，決心在化學的競技場上創造輝煌。

　　艱苦的工作迎來了收穫，普雷格爾以探索膽酸為課題的畢業論文博得學校老師的好評，並引起了化學界對這名倔強年輕人的關注。正如運動場上沒永遠的紀錄一樣，要創造新的成就就要不斷地提升自己。

　　1904 年普雷格爾在研究膽酸時，由於從膽汁中獲得的膽酸太少，促使他研究有機物的微量分析技術。利用他和庫爾曼共同設計的可以精確到微克級的微量天平和微量分析技術，只用 1～3 毫克試樣就可以進行比較迅速和準確的定量分析。

　　1912 年他又建立了涉及碳、氫、氮、鹵素、硫、羰基等元素的一整套微量分析方法，由此創立了有機化合物的微量分析法和微量化學學科，為促進有機化學、分析化學的發展，也為現代純科學、醫學和工業的發展做

出了突出貢獻。為表彰普雷格爾的這一貢獻，1923年瑞典皇家科學院授予他諾貝爾化學獎。他創辦的《微量化學學報》至今仍在發行。

1930年12月13日，普雷格爾因病去世，卒年61歲。遵他遺囑，把所有諾貝爾獎金和遺產捐獻給維也納科學院作基金，利息獎給有貢獻的微量分析化學家。奧地利政府決定將格拉茨醫學院化學系改名為普雷格爾醫藥化學研究所，該名稱一直沿用至今。

第20節　德海韋西與放射性示蹤

同位素示蹤法是利用放射性核素或稀有穩定核素作為示蹤劑對研究對象進行標記的微量分析方法，示蹤實驗的建立者是德海韋西。

德海韋西（George Charles de Hevesy），瑞典化學家，西元1885年8月1日生於匈牙利布達佩斯。早期在布達佩斯大學接受教育，1908年在德國弗萊堡大學獲博士學位。1920～1926年，在丹麥哥本哈根大學理論物理研究所工作。1926年起，在德國弗萊堡大學任物理化學教授。1935年離開德國去丹麥，1943年任斯德哥爾摩大學教授。

德海韋西1911年在英國曼徹斯特大學工作時，拉塞福建議他進行鐳D的研究，當時同位素概念正在形成，他分離鉛和鐳D的企圖幾經失敗之後，反過來利用同位素之間難以分開的特點創立了放射性示蹤方法。1912年和帕內特（Friedrich Adolf Paneth）合作，用鉛作為鉛的示蹤物，測定了鉻酸鉛的溶解度。

1923年他和科斯特（Dirk Coster）在哥本哈根發現了元素鉿，對原子的電子層結構理論和元素週期性的闡明有重要意義。此外，他和戈爾德施密特（Hermann Mayer Salomon Goldschmidt）一起提出了鑭系收縮原理。

1934 年他又用磷的放射性同位素研究了植物的代謝過程。還用示蹤法對人體生理過程進行研究，測定了骨骼中無機物的組成交換。由於在化學研究中用同位素作示蹤物，德海韋西獲 1943 年諾貝爾化學獎，並獲 1959 年和平利用原子能獎。此外他曾獲得法拉第獎章、科普利獎章、波耳獎章和福特獎金。

著有《人工放射性》、《X 射線化學分析》、《放射性指示劑》、《放射性同位素事件研究》等。

1932～1933 年，德海韋西和霍比首先提出同位素稀釋分析法。同位素稀釋分析特別適用於某些樣品，這些樣品所含的被探索物質的濃度很高，足以進行化學測定，不過由於某些干擾物質的存在，使得高產率的分離變得困難。這種分析先將一定量的示蹤同位素以一種適當的化合物形式加到樣品中，對樣品進行操作使被探索物質以高純度的可測形式復原出來。然後對這個被探索物質的產物進行化學測定和計算，由此所得的量與所加的全部示蹤物的量進行比較，分析化學家就可算出產物的化學產率。這樣復原產物的量就可看作是原來樣品中的總量。即使被探索物質在操作中會損失百分之九十，精密分析仍可進行 —— 這真是粗心化學家所渴望的事情！這種技術已有效地用在無法進行定量分離的有機混合物的分析方面，比如，維生素、抗生素、殺蟲劑、除草劑和甾族化合物的分析中。

第 21 節　波耳與量子力學

波耳（Niels Henrik David Bohr），西元 1887 年 10 月 7 日生於丹麥首都哥本哈根，父親是哥本哈根大學的生理學教授。他從小受到良好的家庭教育。當波耳還是一個中學生時，就已經在父親的指導下，進行小型的物

理實驗。1903 年進入哥本哈根大學學習物理，1907 年他根據著名英國物理學家、諾貝爾獎得主瑞利的著作，在父親的實驗室裡開始研究水的表面張力。自製實驗器材，透過實驗取得了精確的數據，並改進了瑞利的理論，研究論文獲丹麥科學院的金獎。1911 年，24 歲的波耳完成金屬電子論的論文，在哥本哈根大學取得博士學位。他發展和完善了湯木生和勞侖茲（Hendrik Lorentz）的研究方法，並開始接觸普朗克的量子假說。

他起初在英國劍橋大學湯木生帶領的卡文迪許實驗室工作，由於對拉塞福的仰慕，又在曼徹斯特大學拉塞福實驗室工作了 4 個月，當時正值拉塞福提出他的原子核模型。人們把原子設想成與太陽系相似的微觀體系，但是在解釋原子的力學穩定性和電磁穩定性上卻遇到了矛盾，這時波耳開始醞釀自己的原子結構理論。

波耳早在大學做博士論文時，就考察了金屬中的電子運動，並意識到經典理論在闡明微觀現象方面的嚴重缺陷，讚賞普朗克（Max Planck）和愛因斯坦在電磁理論方面引入的量子學說。波耳回到哥本哈根後，在 1913 年初根據拉塞福的原子模型發展了氫原子結構的新觀點。在拉塞福的幫助下，他的〈論原子和分子結構〉的長篇論文，分三次發表在《哲學雜誌》上。波耳在這篇著作中創造性地把拉塞福、普朗克和愛因斯坦的思想結合起來，把光譜學和量子論結合在一起，提出量子不連續性。他認為氫原子的原子核是一個質子，原子核帶正電，原子核外有一個電子，帶負電，它們之間的相互作用主要是庫侖力的吸引。

波耳的原子結構模型是原子結構上里程碑式的認知，極大啟發了海森堡（Werner Karl Heisenberg）、薛丁格（Erwin Schrodinger）、玻恩（Max Born）等人，為現代量子力學的結構模型奠定了基礎，成功解釋了氫原子和類氫原子的結構和性質。

第 3 章　現代化學的變革之路（上篇）

　　1913 年 9 月，經伊萬斯所做的實驗證實，波耳的說法是正確的，這使波耳的理論經歷了一次實踐的驗證，並轟動了整個科學界。

　　波耳是量子力學中著名的哥本哈根學派的領袖，他不僅建立了量子力學的基礎理論，並給予合理的解釋，使量子力學得到許多新應用，如原子輻射、化學鍵、晶體結構、金屬態等。

　　更難能可貴的是，波耳與他的同事在建立與發展科學的同時，還創造了「哥本哈根精神」——這是一種獨特的、濃厚的、平等自由的討論和相互緊密合作的學術氣氛。直到今天，很多人還說「哥本哈根精神」在國際學術界是獨一無二的。

　　曾經有人問波耳：「你是怎麼把那麼多有才華的青年人團結在身邊的？」他回答：「因為我不怕在年輕人面前承認自己知識的不足，不怕承認自己是傻瓜。」

　　1921 年，波耳發表了〈各元素的原子結構及其物理性質和化學性質〉的長篇演講，闡述了光譜和原子結構理論的新發展，詮釋了元素週期表的形成，對週期表中從氫開始的各種元素的原子結構做了說明，同時對週期表上的第 72 號元素的性質做了預言。1922 年，元素鉿的發現證實了波耳預言的正確。1922 年波耳獲諾貝爾物理學獎。

　　1930 年代中期，波耳提出了原子核的液滴模型，對由中子誘發的核反應做了說明，相當好地解釋了重核的裂變。

　　1943 年，波耳從德軍占領下的丹麥逃到美國，參加了研製原子彈的工作，但對原子彈即將帶來的國際問題深為焦慮。

　　1945 年二次大戰結束後，波耳很快回到了丹麥繼續主持研究所的工作，並大力促進核能的和平利用。

　　1962 年 11 月 18 日，波耳因心臟病突發在丹麥的卡爾斯堡寓所逝世。

1965 年波耳去世三週年時，哥本哈根大學物理研究所被命名為波耳研究所。1997 年第 107 號元素命名為 Bohrium，以紀念波耳。

第 22 節　湯木生與電子

湯木生（Joseph John Thomson），電子的發現者，世界著名的卡文迪許實驗室第三任主任。西元 1856 年 12 月 18 日生於英國曼徹斯特，父親是一個專印大學課本的商人。由於職業的關係，他父親結識了曼徹斯特大學的一些教授。湯木生從小就受到學者的影響，讀書很認真，14 歲便進入曼徹斯特大學。在大學就讀期間，他受到了司徒華教授的精心指導，加上自己的刻苦鑽研，學業水準提升很快。

21 歲時，他被保送進了劍橋大學深造，西元 1880 年參加了劍橋大學的學位考試，以第二名的優異成績取得學位，兩年後被任命為大學講師。

西元 1858 年，德國的蓋斯勒（Heinrich Geissler）製成了低壓氣體放電管。西元 1859 年，德國的普呂克（Julius Plücker）利用蓋斯勒管進行放電實驗時看到正對著陰極的玻璃管壁上產生綠色的輝光。西元 1876 年，德國的戈爾德斯坦（Eugen Goldstein）提出，玻璃壁上的輝光是由陰極產生的某種射線所引起的，他把這種射線命名為陰極射線。陰極射線是由什麼組成的？19 世紀末時，有的科學家說它是電磁波；有的科學家說它是由帶電原子所組成；有的則說是由帶負電的微粒組成，眾說紛紜，一時得不出公認的結論。英法的科學家和德國的科學家對於陰極射線本質的爭論，竟延續了二十多年。

最後到西元 1897 年，在湯木生的出色實驗結果面前，真相才得以大白。湯木生將一塊塗有硫化鋅的小玻璃片，放在陰極射線所經過的路

第 3 章　現代化學的變革之路（上篇）

線上，能看到硫化鋅會發閃光。這說明硫化鋅能顯示出陰極射線的「徑跡」。他發現在一般情況下，陰極射線是直線行進的，但當在射線管的外面加上電場，或用一塊蹄形磁鐵放在射線管的外面，結果發現陰極射線都發生偏折，根據其偏折的方向，不難判斷出帶電的性質。

湯木生在西元 1897 年得出結論：這些「射線」是帶負電的物質粒子。但他反問自己：「這些粒子是什麼呢？它們是原子還是分子，還是處在更細的平衡狀態中的物質？」

這需要做更精細的實驗。當時還不知道比原子更小的東西，因此湯木生假定這是一種被電離的原子，即帶負電的「離子」。

他要測量出這種「離子」的質量來，為此，他設計了一系列既簡單又巧妙的實驗：首先，單獨的電場或磁場都能使帶電體偏轉，而磁場對粒子施加的力是與粒子的速度有關的。湯木生對粒子同時施加一個電場和磁場，並調節到電場和磁場所造成的粒子的偏轉互相抵消，讓粒子仍做直線運動（圖 3-5）。這樣，從電場和磁場的強度比值就能算出粒子運動速度。而速度一旦找到後，單靠磁偏轉或者電偏轉就可以測出粒子的電荷與質量的比值。湯木生用這種方法來測定「微粒」電荷與質量之比值。他發現這個比值和氣體的性質無關，並且該值比起電解質中氫離子的比值還要大得多，說明這種粒子的質量比氫原子的質量要小得多。前者大約是後者的兩千分之一。

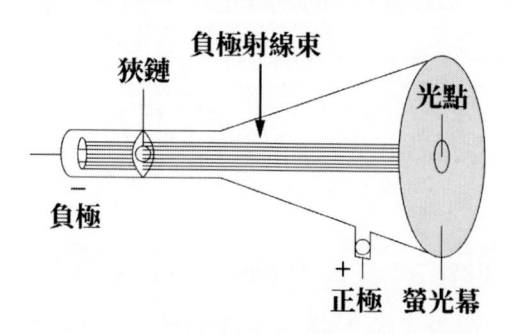

圖 3-5　電子的發現

湯木生測得的結果肯定地證實了陰極射線是由電子組成的，人類首次用實驗證實了一種「基本粒子」── 電子的存在。「電子」這一名稱是由物理學家斯通尼（George Johnstone Stoney）在西元1891年採用的，原意是定出的一個電的基本單位的名稱，後來這一詞被用來表示湯木生發現的「微粒」。自從發現電子以後，湯木生就成為國際上知名學者，人們稱他是「一位最先開啟通向基本粒子大門的偉人」。

湯木生既是一位理論學家，又是一位實驗學家，他一生所做過的實驗，是無法計算的。正是透過反覆的實驗，他測定了電子的荷質比，發現了電子，又在實驗中創造了把質量不同的原子分離開來的方法，為發現同位素提供了基礎。湯木生在擔任卡文迪許實驗室主任的34年間，著手更新實驗室，引進新的教法，創立了極為成功的研究學派。

1905年，他被任命為英國皇家學院的教授，1906年榮獲諾貝爾物理學獎，1916年任皇家學會主席。他並沒有因此而停步不前，仍一如既往，兢兢業業，繼續攀登科學高峰。

接二連三的新發現像潮水般地從卡文迪許實驗室湧出，在湯木生的學生中，有9位獲得了諾貝爾獎。湯木生對自己的學生要求非常嚴格，他要求學生在開始做研究之前，必須學好所需要的實驗技術，研究所用的儀器全要自己動手製作。他認為大學應當是培養會思考、有獨立工作能力的場所，不是用「現成的機器」造出「死成品」的工廠。他要求學生不僅是實驗的觀察者，更要做實驗的創造者。

在他成名之後，好多國家邀他去講學，但他從不輕易應允。美國著名的普林斯頓大學曾幾度請他去講學，最後他才答應去講六個小時，但他講授的內容非常重要，足以說明他治學嚴謹，不講則已，講則要有新的創見。

1940 年 8 月 30 日，湯木生在劍橋逝世。他的骨灰被安葬在西敏寺的中央，與牛頓、達爾文、卡爾文等偉大科學家的骨灰安放在一起。

第 23 節　阿斯頓與同位素

西元 1897 年湯木生在陰極射線的定性和定量研究中發現了電子，陰極射線即為一股電子流。這一發現不久就引起了強烈的迴響，人們才知道還存在比原子更小、建造一切元素的電子，原子也是可分的，將更多的科學家吸引到陰極射線和探索原子結構的研究中。

西元 1898 年德國物理學家維恩又發現，不僅陰極射線在磁場和靜電場中會發生偏轉現象，某些正離子流也同樣受磁場和靜電場的影響。這種從氣體放電管中引出的正離子流又稱陽極射線。

在陰極射線研究中取得重大成果的湯木生，1905 年轉而開始研究陽極射線。在研究中他發現，把氖充入放電管做實驗時，在磁場或靜電場作用下，出現了兩條陽極射線的拋物線軌跡。進一步研究，他又測出這兩條拋物線所表徵的相對原子質量各為 20 和 22。而當時公認氖的相對原子質量為 20.18。於是湯木生認為這可能是氖與氫的混合氣體。儘管當時索迪已經提出同位素的概念，但是湯木生對這一概念卻持否定態度，因此他對自己的實驗結果無法做出更合理解釋。

畢業於英國伯明翰大學的阿斯頓（Francis William Aston），在大學期間，特別是當研究生時，已顯示出他在製作實驗儀器和實驗技巧上出眾的才能。畢業後他的導師波印亭（John Henry Poynting）將他留在身邊做助手。這時，著名的科學研究機構卡文迪許實驗室主任湯木生急需聘一名助手，一個擅長製作儀器並有一定實驗技術的助手。為了阿斯頓有更快的發

第 23 節　阿斯頓與同位素

展和更好的前途，波印亭十分慷慨地把他得意的助手阿斯頓推薦給湯木生。這樣阿斯頓來到了人才輩出的卡文迪許實驗室，開始新的科學研究生涯。

湯木生交給阿斯頓一個重要任務，改進當時他做陽極射線研究的氣體放電實驗設備，以便更準確測定陽極射線在電磁場中的偏轉度，從而決定氖的組成和其相對原子質量。靈巧的阿斯頓在湯木生指導下，製造了一個球形放電管和帶切口的陰極，改進了真空泵，發明了可以檢查放電管真空洩漏的螺管和拍攝拋物線軌跡的照相機，這些改進明顯提升了實驗水準。同時他們也改進了實驗方法，將電場和磁場前後排列，兩者的方向相互垂直，並使它們的作用力與陽極射線平行而方向相反。在這種實驗設備中，陽極射線在兩種場的作用下，經不同玻璃製造的稜鏡後，分別向相反方向偏斜，然後又聚焦到同一點上，使感光底片感光，被檢測的氣體元素的同位素會因為相對原子質量不同，陽極射線的速度也不同，致使其偏斜後的曲線曲率不同，據此可以測出同位素及其相對原子質量。

年輕的阿斯頓思想活躍，勇於接受新事物。他不同於湯木生，當他仔細研讀了索迪的同位素假說後，立即認為這一假說是可以成立的。他採用了同位素的概念，用以解釋實驗中的發現。陽極射線在電磁場作用下出現兩條拋物線軌跡，顯示同位素確實存在。由於同位素的質量不同，所以擴散時的速度也不同，因而出現兩條拋物軌跡線。為了更清楚證實這點，他先用分餾技術，然後又用擴散法，將氖同位素進行分離，最後再精確測定它們的相對原子質量，證實了 ^{20}Ne 和 ^{22}Ne 的存在。

1913 年在全英科學促進會上，阿斯頓宣讀了由這些工作而撰寫的論文，並作了實驗說明，展示了兩種氖同位素的試樣。對於他的這項研究，同行們給予很高評價，他也由此而獲得了馬克士威獎。

第 3 章　現代化學的變革之路（上篇）

　　第一次世界大戰爆發後，阿斯頓應徵入伍，來到皇家空軍，從事戰時科學研究。雖然身在軍營，但是他從未忘記思考和整理前段時間對陽極射線和同位素的研究。設想假若能發明一種儀器，可以測定各種元素均有同位素的存在，那麼他的研究就可以有新的突破。為此，等到戰爭剛宣布結束，他就急忙趕回卡文迪許實驗室，開始進行研究。

　　阿斯頓回到卡文迪許實驗室不久，湯木生就任劍橋大學三一學院院長，拉塞福接替了湯木生原先的工作，成為卡文迪許實驗室的負責人。拉塞福是最早提出放射性元素擅變理論的，因而對同位素的假說是理解的。他對阿斯頓的工作給予很大的鼓勵和具體指導，使阿斯頓有足夠的信心來實現自己的計畫。

　　阿斯頓根據他原先改進的測定陽極射線的氣體放電裝置，又參照了當時光譜分析的原理，設計出一個包括有離子源、分析器和收集器三個部分組成，可以分析同位素並測量其質量及豐度的新儀器，這就是質譜儀（圖 3-6）。這種儀器測量的結果精度達千分之一，因此使用這一儀器能幫助阿斯頓在同位素的研究中大顯身手。

　　他首先使用這一新儀器繼續研究，對氖做重新測定，證明氖的確存在 ^{20}Ne 和 ^{22}Ne 兩種同位素，又因它們在氖氣中的比例約為 10：1，所以氖元素的平均相對原子質量約為 20.2（後來的研究又發現氖存在第三種同位素 Ne21，氖元素的平均相對原子質量為 20.18）。隨後，阿斯頓使用質譜儀測定了幾乎所有元素的同位素。實驗的結果顯示：不僅放射性元素存在同位素，而且非放射性元素也存在同位素，事實上幾乎所有的元素都存在同位素。阿斯頓在 71 種元素中發現了 202 種同位素。長期以來，元素一直是化學研究的主要對象，直到今天，由於阿斯頓的傑出工作，人們才發現元素具有這麼豐富的內容。

第 23 節　阿斯頓與同位素

圖 3-6　質譜儀

　　阿斯頓運用質譜儀對眾多元素所做的同位素研究，不僅指出幾乎所有的元素都存在同位素，而且還證實自然界中的某些元素實際上是該元素的幾種同位素的混合體，因此該元素的相對原子質量也是依據這些同位素在自然界占據不同比例而得到的平均相對原子質量。

　　質譜儀的發明者阿斯頓，首次製成了聚焦效能較高的質譜儀，並用此對許多元素的同位素及其豐度進行測量，從而肯定了同位素的普遍存在。同時根據對同位素的研究，他還提出元素質量的整數法則，因此他榮獲了 1922 年的諾貝爾化學獎。

　　1945 年 11 月 20 日，阿斯頓在劍橋大學因病逝世，終年 68 歲。他在科學事業上的傑出貢獻使他獲得不少榮譽，人們為了紀念他，特地把他製作和發明的許多儀器都妥善地保存下來，展示在倫敦博物館和卡文迪許實驗室博物館內。

第 24 節　朗繆爾與表面化學

朗繆爾（Irving Langmuir），西元 1881 年 1 月 31 日出生於紐約布魯克林，是家中的第三子。父母常常鼓勵他觀察大自然，並細心記錄自己的觀察。11 歲時，他被發現視力不正常，矯正過後，他又觀察到許多以往觀察不到的事物，這令他對自然科學的興趣增加不少。年輕時的朗繆爾愛好廣泛，不僅是一位卓越的科學家，還是出色的登山運動員和優秀的飛行員。1932 年 8 月，他曾興致勃勃地駕駛飛機飛上了九公里高空觀測日食。他還曾獲得文學碩士和哲學博士學位。

但是，朗繆爾年幼時，家境十分貧寒，從小就幫助父母操持家務。他天資聰穎，酷愛讀書，常常利用工作之餘看書學習。

他讀書的最大特點是全神貫注，對於深感興趣的東西過目不忘。偏愛的課程，他一看即會，一聽就懂。遇上興趣不大的課程，他的兩耳無論如何也聽不進去，中學時，他各門功課成績相差懸殊。

1903 年他畢業於哥倫比亞大學礦業學院，獲冶金工程師稱號。1906 年在德國哥廷根大學獲化學博士學位，他的導師是能斯特。獲得學位後，他準備留在歐洲參加一項研究工作，但父母頻頻催他早日回到美國。尊重父母的願望，他當年秋天回到美國，在紐澤西州史蒂文森理工學院做了三年的教授，後到奇異公司實驗室工作，直到退休。他的博士論文研究的是燈泡，後來又研究熱離子發射。他在 1912 年和 1913 年從事的研究使照明有重大的發展：往電燈泡裡充滿惰性氣體，使燈泡的照明時間延長到原來的 3 倍，而且還減輕了燈泡變黑的問題。

1918 年朗繆爾發現氫氣在高溫下吸收大量熱會離解成氫原子，經過持續研究，終於在 1927 年發明了用以銲接金屬的原子氫銲接法。1919～

第 24 節 朗繆爾與表面化學

1921 年間,朗繆爾還研究了化學鍵理論,並發表了有關論文,提出原子結構的理論模型。1913～1942 年間,他對物質的表面現象進行研究,開拓了化學學科的新領域——表面化學。1916 年他發表論文〈固體與液體的基本性質〉,文中首次提出了固體吸附氣體分子的單分子吸附層理論,並推匯出吸附表面平衡過程的朗繆爾等溫吸附式。朗繆爾還對液體表面有機化合物的物理化學性質進行大量研究。他對單分子膜的研究促進了催化吸附理論的研究,對有機合成和石油煉製工業的發展均有重要作用,同時也促進了酶、維生素等生命物質的研究。

朗繆爾因對表面化學研究的功績而獲 1932 年諾貝爾化學獎,這在工業企業界的研究人員中還是首例。朗繆爾的科學研究活動和所取得的成果,對工業企業界產生巨大影響,促進了工業企業科學研究的發展和科技進步。

除此之外,朗繆爾是首次實現人工降雨的科學家,他被稱為是人工降雨乾冰布雲法的發明人。在當時,流行著一種觀點:雨點是以塵埃的微粒為核心「冰晶」,若要下雨,空氣中除了要有水蒸氣外還必須有塵埃微粒。這種流行觀點嚴重束縛著人們對人工降雨的實驗與研究。因為要在陰雲密布的天氣裡揚起滿天灰塵談何容易?

朗繆爾是個治學嚴謹、注重實踐的科學家。他當時是紐約奇異公司研究實驗室的副主任,在他的實驗室裡儲存有人造雲,就是充滿在電冰箱裡的水蒸氣。朗繆爾想方設法使冰箱中水蒸氣與下雨前大氣中水蒸氣情況相同,他不停地調整溫度,加進各種塵埃進行實驗。

1946 年 7 月中的一天,驕陽當空,酷熱難熬。朗繆爾正緊張地進行實驗,忽然電冰箱不知因何處設備故障而停止製冷,冰箱內溫度降不下去。他決定採用乾冰降溫。固態二氧化碳氣化熱很大,在 -60°C時為 87.2 卡 /克,常壓下能急遽轉化為氣體,吸收環境熱量而製冷,可使周圍溫度降

到 -78°C 左右。當他剛把一些乾冰放進冰箱冰室中，一幅奇妙無比的圖景出現了：小冰粒在冰室內飛舞盤旋，霏霏雪花從上落下，整個冰室內寒氣逼人，人工雲變成了冰和雪。

朗繆爾分析這一現象認知到：塵埃對降雨並非絕對必要，乾冰具有獨特的凝聚水蒸氣的作用，可作為冰晶或冰核的「種子」，溫度降低也是使水蒸氣變為雨的重要因素之一。

他不斷調整加入乾冰的量和改變溫度，發現只要溫度降到零下 40°C 以下，人工降雨就有成功的可能。朗繆爾發明的乾冰布雲法是人工降雨研究中的一個突破性的發現，它擺脫了舊觀念的束縛。有趣的是，這個突破性的發明，是於炎熱的夏天在電冰箱內取得的。

朗繆爾決心將乾冰布雲法實施於人工降雨的實踐。1946 年他雖已 66 歲，但仍像年輕人一樣燃燒著探索自然奧祕的熱情。

一天，在朗繆爾的指揮下，一架飛機騰空而起飛行在雲海上空（圖 3-7）。試驗人員將 207 公斤乾冰撒入雲海，就像農民將種子播下麥田。30 分鐘後，狂風驟起，傾盆大雨灑向大地，第一次人工降雨試驗獲得成功！

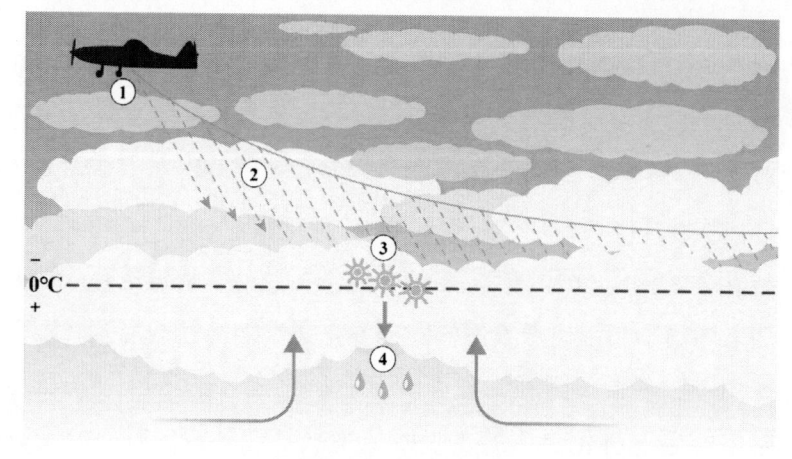

圖 3-7　人工降雨

朗繆爾開創了人工降雨的新時代。根據過冷雲層冰晶成核作用的理論，科學家們又發現可以用碘化銀（AgI）等作為「種子」進行人工降雨。而且從效果看，碘化銀比乾冰更好。碘化銀可以在地上撒播，利用氣流上升的作用，飄浮到空中雲層裡，比乾冰降雨更簡便易行。

　　「人工降雨」行動在戰爭中作為一種新式的「氣象武器」屢見不鮮。美越戰爭時期，由柬埔寨通往越南的「胡志明小道」車水馬龍，國外支援越南抗擊美國侵略者的作戰物資，靠這條唯一的通道源源不斷送往前線。但那裡常常出現暴雨，特大洪水沖斷橋梁，毀壞堤壩，大批運輸車輛掙扎在泥濘的山路上，交通受到很大的影響，其破壞程度不亞於轟炸。開始越方對這種突如其來的暴雨茫然無知，後來，經多方偵查才知道，這是由美國總統詹森（Lyndon Baines Johnson）親自批准並實施了 6 年之久的祕密氣象行動，即美國在那條路上空進行了「人工降雨」行動。

　　朗繆爾於 1957 年 8 月 16 日在麻薩諸塞州去世，享年 76 歲。為了紀念他所發現的單分子層吸附理論，命名了「朗繆爾吸附等溫方程」，阿拉斯加的一座山命名為「朗繆爾山」，紐約州大學的一個專科學院命名為「朗繆爾學院」。

第 25 節　德拜與 X 射線衍射

　　德拜（Peter Joseph William Debye），西元 1884 年 3 月 24 日生於荷蘭，1900 年進德國阿亨工業大學學習，1905 年獲電機工程師稱號。1908 年在慕尼黑大學獲博士學位。1911 年他繼愛因斯坦任蘇黎世大學理論物理教授。以後曾在荷蘭烏特勒支，德國哥廷根、萊比錫等大學任教授。

　　1910 年，德拜開始研究光在各種介質中的傳播，並探討了各種效應，

得出相應的結論。這些問題的研究為光學研究的發展，甚至為雷射技術開關新的應用領域打下了基礎，為光導纖維設想開拓了思路。

1912 年改進了愛因斯坦的固體比熱容公式，得出在溫度 T → 0 時，比熱容與 T3 成正比。1916 年他和謝樂 (Paul Scherrer) 一起發展了勞厄 (Max von Laue) 用 X 射線研究晶體結構的方法，採用粉末狀的晶體代替較難製備的大塊晶體，粉末狀晶體樣品經 X 射線照射後在照相底片上可得到同心圓環的衍射圖樣，它可用來鑑定樣品的成分，並可確定晶胞大小。1926 年德拜提出用順磁鹽隔熱去磁致冷的方法，用這一方法可獲得 1K 以下的超低溫。

他兼學了電機工程和物理，而他的一個重要研究是對偶極矩的理論處理。偶極矩是電場對結構上一部分帶有正電荷而另一部分帶有負電荷的分子在取向上影響的量度。人們為了紀念德拜，將偶極矩的單位稱為德拜。

德拜還擴展了阿瑞尼斯溶液電離的研究工作，按照阿瑞尼斯的說法，電解質溶解時成為帶正電荷和帶負電荷的離子，但不一定完全離解。然而德拜卻堅持認為大多數鹽（例如氯化鈉）必然是完全電離的，因為 X 射線分析證明它們在溶解之前就以離子的形式存在於晶體之中。

德拜提出，每一個正離子被負電荷占優勢的離子雲所圍繞，同時每一個負離子又被正電荷占優勢的離子雲所圍繞。每一種類型的離子受到帶相反電荷離子的「拖引」，這樣看來溶液好像不完全離解而實際上卻不是這樣。1923 年他研究出表達這個現象的數學式，德拜－休克耳理論 (Debye-Huckel Theory) 是現代闡明溶液性質的關鍵。由於德拜在偶極矩方面的研究和在 X 射線分析方面的研究，獲得 1936 年諾貝爾化學獎。

1935 年德拜成為柏林威廉皇家物理研究所的所長，但在第二次世界大戰期間他的處境逐漸變得困難。納粹上臺後，他到柏林受命為威廉皇帝

協會建立物理研究所,當時德拜仍保留荷蘭國籍,納粹當局要他加入德國國籍,他斷然拒絕,並於 1940 年去美國,任康乃爾大學化學系主任直到 1950 年退休。1946 年加入美國國籍,1966 年 11 月 2 日在紐約伊薩卡逝世。

第 26 節　海羅夫斯基與極譜

海羅夫斯基 (Jaroslav Heyrovský) 是捷克著名電化學家,西元 1890 年 12 月 20 日出生於布拉格。海羅夫斯基很小的時候,就表現出他的聰明才智,具有非凡的想像力,並愛好音樂,喜歡彈鋼琴,酷愛足球、登山等體育運動。他父親是費迪南德大學的法學教授,也是一位著名的律師,對孩子的要求非常嚴格。

母親很為她的三個女兒和兩個兒子感到自豪,對他們的生活給予無微不至的關懷,海羅夫斯基和他的姐姐弟弟們有著非常快樂的童年。有一天,海羅夫斯基從學校回來時愁眉苦臉的,吃晚飯時心不在焉,只低著頭吃飯,沒吃幾口菜。媽媽發現他有不開心的事,給他添了些菜,並問是否可以幫忙做點什麼。海羅夫斯基才驚醒過來,抬起頭看看大家,紅著臉說:「沒什麼,只不過老師安排的一道題目我做錯了,但我找不出錯在哪裡。」「親愛的孩子,你要記住,無論做什麼事都要專心,先吃飯吧。」爸爸說話了,小海羅夫斯基點了點頭,先乖乖地吃完飯。

飯後媽媽建議出去散散步,呼吸一點大自然的新鮮空氣。海羅夫斯基和媽媽一起欣賞大自然美妙景色,千變萬幻的雲朵分外美麗,清澈透明的溪流,蜻蜓在草叢間飛來飛去,捕捉著小蟲,風中帶著醉人的氣息,他心情逐漸輕鬆起來,學校裡的緊張也漸漸消除,腦子也靈活起來。散步歸來,他精神抖擻了,坐下來開始做那道做錯的題。

第 3 章　現代化學的變革之路（上篇）

　　外面姐姐弟弟正在做他們平常最愛玩的遊戲，一陣又一陣的歡笑打鬧聲從門縫傳進來，弟弟敲著他的門，過來邀請他參加遊戲。海羅夫斯基從沉思中回過神來，表示要繼續做題。姐姐也跑過來邀他一起玩，邊說邊走進去看他做的題目，看見凌亂地放在桌上、寫滿了各種算式及圖形的草稿紙，就知道他在做數學題，驚奇地問他：「你的數學向來都很好，怎麼會被難住呢？我幫你算吧，那你就可以玩了。」姐姐熱心地說。

　　「不，我要自己把它算出來，你們先去玩吧，我一會就算好了。我已經找出一處可能錯的地方，讓我自己來吧。」海羅夫斯基自信地向他們保證。就在這時他找對了思路，在一張白紙上胸有成竹地重新演算起來，他拿著筆流暢地在紙上寫著，他飛快地算著答案，終於算出來了！他收拾好東西安心地加入姐弟們的遊戲當中。憑著這種精神，海羅夫斯基孜孜不倦地向科學高峰攀登……

　　1914 年海羅夫斯基獲倫敦大學理學士學位，1918 年獲該校博士學位，畢業後在唐南實驗室從事電化學研究。不久被破格提升為教授。1926～1954 年，任布拉格大學教授。

　　1922 年，他用滴汞電極研究電解溶液時發生的電化學現象，總結出電流－電極電位曲線，從而發現了極譜，從此聞名於世。1925 年與日本化學家志方益三（Masuzo Shikata）發明了極譜儀，使極譜儀分析法廣泛用於分析各種物質。1935 年推導了極譜波的方程式，說明了極譜定性分析的理論基礎。1941 年海羅夫斯基將極譜儀與示波器聯用，提出示波極譜法。

　　海羅夫斯基因發明和發展極譜法而榮獲 1959 年諾貝爾化學獎，他是第一個獲此殊榮的捷克斯洛伐克人，為自己和祖國贏得了巨大的榮譽。他所以能夠取得這樣的成就，與他從小熱愛科學、認真學習、總是親自進行實驗、對觀察到的各種現象善於給以恰當的解釋是分不開的，當然這與他

父母的指導也是分不開的。

1950 年他任捷克斯洛伐克極譜研究所所長，1952 年被選為捷克科學院院士，1965 年被選為倫敦皇家學會會員，曾任倫敦極譜學會理事長和國際純粹與應用物理學聯合會副理事長。

1967 年 3 月 27 日在布拉格逝世。

第 27 節　弗萊明與青黴素

西元 1881 年 8 月 6 日，弗萊明（Alexander Fleming）出生於蘇格蘭洛克菲爾德一個農舍裡，農舍面前是一片崎嶇不平的農田，後面則是植物叢生的荒原。他父親的首任妻子，在生了 4 個孩子後死了。60 歲的父親又娶了第二位妻子，不久，他們又有了 4 個孩子，弗萊明便是其中的老三。

弗萊明 7 歲時，父親去世，由大哥和母親將他和幾個兄弟養大，童年可說是無憂無慮，有許多時間從事戶外活動。平常由較大的孩子照顧家畜及處理家庭瑣事，包括取水及添木生火，較小的男孩則照料羊群。弗萊明成天與大他 2 歲的哥哥和小他 2 歲的弟弟在一起，他們在穀倉裡嬉戲，還到溪流中探險。溪流地處峽谷中，形成了瀑布及池塘，他們在那裡游泳和釣魚，生活悠閒而愉快。

弗萊明說：「我很幸運，生長在偏遠農場上的一個大家庭裡。我們沒什麼錢可花，事實上，也沒地方可花錢。不過，在那樣一個環境裡，找尋快樂是很簡單的。農場上有許多動物玩伴，溪裡還有魚。在大自然的懷抱裡，我們學到了許多，那是城裡人們所學不到的。」

弗萊明求學生涯也是由小山村開始，當他 5 歲時，進入當地一所簡樸的小學就讀。十幾個同學都是來自附近農舍，由一位年輕的老師教導，他

第 3 章　現代化學的變革之路（上篇）

們集中在唯一的一間教室裡上課，天氣晴朗時，乾脆就到河邊上課。

多年後，弗萊明成為知名人士，他仍很懷念這一生中所受過最棒的教育——在荒地小學裡那段無憂無慮、融入大自然的歲月。童年時那著迷於大自然的一切，耳濡目染之餘，蘊育發展出他犀利的觀察力及超人的記憶力，那些都成為他日後發現青黴素的先決條件。

西元 1893 年，他的哥哥湯姆已經成為合格的眼科醫生，開始在倫敦執業。西元 1895 年夏，湯姆讓家人搬過來，並且建議弟弟到倫敦繼續完成學業。就這樣，弗萊明離開了從小生長的故鄉蘇格蘭，搬進大城市倫敦。

1901 年，在弗萊明 20 歲時，他的一個終身未婚的舅舅去世，留下一筆較為可觀的遺產，弗萊明分到了 250 英鎊。

湯姆敦促他善加利用這筆財富，建議他學習醫學。弗萊明透過 16 門功課的考試，獲得進入聖瑪麗醫院附屬醫學院的資格。

弗萊明是一個腳踏實地的人，他從不空談，只知默默無言地工作。起初人們並不重視他。他在倫敦聖瑪麗亞醫院實驗室工作時，那裡許多人當面叫他小弗萊，背後則嘲笑他，給他取了一個外號叫「蘇格蘭老古董」。有一天，實驗室主任賴特爵士（Sir Almroth Wright）主持例行的業務討論會，一些實驗工作人員口若懸河，譁眾取寵，唯獨小弗萊一直沉默不語。賴特爵士轉過頭來問道：「小弗萊，你有什麼看法？」小弗萊只說了一個字「做」。

他的意思是說，與其這樣不著邊際地誇誇其談，不如立即恢復實驗。到了下午五點鐘，賴特爵士又問他：「小弗萊，你現在有什麼意見要發表嗎？」「茶。」原來，喝茶的時間到了。這一天，小弗萊在實驗室裡就只說了這兩個字。

1906 年 7 月，他透過了一系列測試，獲得獨立開診所的資格。但他的

人生命運被弗裡曼所改變。弗裡曼是賴特手下的助理，他的遊說使弗萊明不太情願地成為接種部的助理。

第一次世界大戰爆發，賴特率他的研究小組奔赴法國前線，研究疫苗，防止傷口感染。這給了弗萊明一個極其難得的系統學習致病細菌的好機會，在那裡他還驗證了自己的想法：即含氧高的組織中，伴隨著氧氣的耗盡，將有利於厭氧微生物的生長。他和賴特證實用殺菌劑消毒創傷的傷口，事實上並未發揮好的作用，細菌沒有真正被殺死，反倒把人體吞噬細胞殺死了，傷口更加容易發生惡性感染。他們建議使用濃鹽水沖洗傷口。

此外他做了歷史上第一個醫院內交叉感染的科學研究，如今醫院內交叉感染是個非常受重視的問題。他還推動了輸血技術的改良，做了有關檸檬酸鈉抗凝作用和鈣的凝血作用的研究，並利用新技術為 100 名傷員輸血，全都獲得成功。

1921 年 11 月，弗萊明患了重感冒，他在培養一種新的黃色球菌時，索性取了一點鼻腔黏液，滴在固體培養基上。兩週後，當弗萊明在清洗前最後一次檢查培養皿時，發現一個有趣現象：培養基上遍布球菌的克隆群落，但黏液所在之處沒有，而稍遠的一些地方，似乎出現了一種新的克隆群落，外觀呈半透明如玻璃般。弗萊明一度認為這種新克隆是來自他鼻腔黏液中的新球菌，還開玩笑地取名為 A.F（他名字的縮寫）球菌，而他的同事則認為更可能是空氣中的細菌汙染所致。很快他們就發現，這所謂的新克隆根本不是一種什麼新的細菌，而是由於細菌溶化所致。

1921 年 11 月 21 日，弗萊明的實驗紀錄本上，寫下了抗菌素這個標題，並素描了三個培養基的情況。第一個為加入了他鼻腔黏液的培養基，第二個則是培養的一種白色球菌，第三個的標籤上則寫著「空氣」。第一個培養基重複了上面的結果，而後兩個培養基中都長滿了細菌克隆。很明

第 3 章　現代化學的變革之路（上篇）

顯在這個時候，弗萊明已經開始做對比研究，並得出明確結論，鼻腔黏液中含有「抗菌素」。隨後他們更發現，幾乎所有體液和分泌物中都含有「抗菌素」，甚至指甲中也有，但汗水和尿液中沒有。他們也發現，熱和蛋白沉澱劑都可破壞抗菌功能，於是他推斷這種新發現的抗菌素一定是一種酶。當他將結果向賴特匯報時，賴特建議將它稱為溶菌酶。

為了進一步研究溶菌酶，弗萊明曾到處討要眼淚，以至於一度同事們見了他都避讓不及。1922 年 1 月，他們發現雞蛋的蛋清中有活性很強的溶菌酶，這才解決了溶菌酶的來源問題。1922 年稍晚些的時候，弗萊明發表了第一篇研究溶菌酶的論文。

1927 年，一篇關於金葡菌（醫院內導致交叉感染的主要致病菌）變異的研究文獻，引起了弗萊明的關注。文獻稱，金葡菌在瓊脂糖平板培養基上，經歷約 52 天長時期室溫培養後，會得到多種變異菌落，甚至有白色菌落。出於對該文的疑慮，弗萊明決定重複該文的發現。他讓助手普利斯著手重複該項發現，但普利斯不願繼續做細菌學研究，而轉做病理學研究。於是，弗萊明只有自己動手。

1928 年 7 月下旬，弗萊明將眾多培養基未經清洗就堆疊在一起，放在試驗檯陽光照不到的位置，就去休假了。9 月 1 日，他因溶菌酶的發現等多項成就，獲得教授職位。9 月 3 日，度假歸來的弗萊明，剛進實驗室，其前任助手普利斯來串門，寒暄中問弗萊明最近在做什麼，於是弗萊明順手拿起頂層第一個培養基，準備向他解釋時，發現培養基邊緣有一塊因溶菌而顯示的慘白色，因此發現青黴素，並於次年 6 月發表，最終使其榮獲 1945 年諾貝爾醫學獎。

1940 年起，弗萊明因是青黴素的發現者，開始名動一時，但他始終在各種重要場合的演講中，將青黴素的誕生完全歸功於牛津小組所做的研究。

通常在潮溼的條件下看到某些菌生長，這是司空見慣的事件。只有像弗萊明這種正尋找細菌生長規律的人，才會對這種突然從培養皿中生長起來的黴菌引起注意，並在發現它具有殺菌作用後，產生能否用於人體的念頭。弗萊明發現青黴素，在思維上給予人們的最大啟示當屬科學發現的偶然性與必然性。很多科學成果的發現過程，確有偶然的一面，但從人類的認知規律和科學技術發展的背景分析，很多發現又有著歷史的必然性。

偶然性在科學研究中起著提供機遇的重要作用，在科學史上，由偶然發現導致科學技術重大進步的事例不勝列舉。因此，我們不能否定弗萊明發現青黴素具有一定的偶然性，但這還遠遠沒有道出科學發現的真諦。有些科學研究者之所以能出色地利用和發現其他人認為微不足道的偶然事件，而取得新的科學發明，主要在於他具有豐富的背景知識以及思想上的敏感性，因而能把握契機，把無意識的干預變為有意識的想法，揭示偶然現象背後的必然規律。

青黴素是一種高效、低毒、臨床應用廣泛的重要抗生素，它的研製成功大大增強了人類抵抗細菌性感染的能力，帶動了抗生素家族的誕生。它的出現開創了用抗生素治療疾病的新紀元。二戰時期的一幅宣傳畫，上面寫著：「感謝青黴素，傷兵可以安然回家！」

第 28 節　查兌克與中子

查兌克（James Chadwick），西元 1891 年 10 月 20 日出生在英國柴郡，曼徹斯特維多利亞大學畢業。中學時代並未顯現出過人天賦，他沉默寡言，成績平平，但堅持自己的信條：會做則必須做對，一絲不苟；不會做又沒弄懂，絕不下筆。而正是他這種實事求是的精神，使他在科學研究事

第 3 章　現代化學的變革之路（上篇）

業中受益一生。

　　原子是由帶正電荷的原子核和圍繞原子核運轉的帶負電荷的電子構成。原子的質量幾乎全部集中在原子核上。起初，人們認為原子核的質量應該等於它含有的帶正電荷的質子數。可是，一些科學家在研究中發現，原子核的正電荷數與它的質量居然不相等！也就是說，原子核除去含有帶正電荷的質子外，還應該含有其他粒子。那麼，那種「其他粒子」是什麼呢？解決這一難題、發現「其他粒子」是「中子」的就是查兒克。

　　在查兒克發現中子的 5 年前，科學家博特（Walther Bothe）和貝克（Howard Becker）用 α 粒子轟擊鈹時，發現有一種穿透力很強的射線，他們以為是 γ 射線，未加理會。瑪里·居禮的女兒伊雷娜和她的丈夫約里奧也曾在「鈹射線」的邊緣徘徊，最終還是與中子失之交臂。

　　進入大學的查兒克，由於基礎知識扎實而在研究方面嶄露超群才華。他被著名科學家拉塞福看中，畢業後留在曼徹斯特大學實驗室，在拉塞福指導下從事放射性研究。兩年後，他因「α 射線穿過金屬箔時發生偏離」的成功實驗，獲英國國家獎學金。

　　正當他的科學研究事業初露曙光之際，第一次世界大戰讓他進入了平民俘虜營，直到戰爭結束，才獲得自由，重返科學研究職位。

　　1923 年，他因原子核帶電量的測量研究取得出色成果，被提升為劍橋大學卡文迪許實驗室副主任，與主任拉塞福共同從事粒子研究。

　　1931 年，約里奧－居禮夫婦公布了他們關於石蠟在「鈹射線」照射下產生大量質子的新發現。查兒克立刻意識到，這種射線很可能就是由中性粒子組成的，這種中性粒子可能就是解開原子核正電荷與它質量不相等之謎的鑰匙！

　　查兒克立刻著手研究約里奧－居禮夫婦做過的實驗，一連 3 個星期，

他都泡在實驗室裡，夜以繼日地做實驗，幾乎沒怎麼睡覺。

劍橋大學卡文迪許實驗室的這位副主任，很清楚自己此時的工作是多麼重要。他足足在實驗室裡，幾乎不眠不休地沉醉了 3 個星期。這種瘋狂的行為，很容易讓人想起查兌克十多年來經歷的一幕幕實驗場面：1913 年，擔任拉塞福實驗助手的查兌克因為一次實驗的成功，獲英國國家獎學金，有機會到德國柏林跟隨蓋格（Johannes Wilhelm "Hans" Geiger）做研究。

蓋格是放射性研究方面的權威，發明了蓋格計數器。在蓋格的指導下，整天痴迷於做實驗的查兌克，實驗水準得到很大提升。正當這個 22 歲的年輕人孜孜不倦埋頭做實驗時，第一次世界大戰爆發，英德兩國交戰。朋友們勸查兌克趕緊回國，但年輕人不願意放棄在德國的研究。經過短暫的猶豫不決之後，查兌克決定留在德國。

不久，德國士兵便闖進他的實驗室，帶走並拘禁了查兌克，還用各種酷刑強迫他承認自己是間諜，查兌克拒絕承認。

無奈之下，德軍把他關押進戰俘營。在那裡，查兌克遇到了英國軍官埃利斯（John Ellis），兩個無事可做的人成為好友，查兌克開始教對方原子物理。

而在戰俘營外，查兌克對科學的執著精神，深深感動了不少德國同行。在他們的呼籲下，德國科學院出面交涉，德國軍方同意查兌克在戰俘營的一個舊馬棚裡建立自己的實驗室。實驗室不僅簡陋，而且四周瀰漫著馬糞和馬尿味。但只要一開始做實驗，查兌克便沉浸其中。一直到戰爭結束，這個實驗狂人才獲得人身自由。關押期間，他的實驗不曾間斷，而他所教的那個英國軍官埃利斯，也在戰爭結束後，成為原子物理學家。

查兌克被釋放回到自己的國家後，恩師拉塞福再次把這個不善交際、

喜歡悶頭做實驗的學生留在自己身邊。這個學生最終也沒有令恩師失望。經過 3 個星期的瘋狂實驗，查兌克發現了拉塞福曾預言的中性粒子！

1932 年，查兌克透過嚴格的實驗，肯定了自己的結論，並發表論文〈中子的存在〉。據說，看到查兌克的論文後，約里奧—居禮夫婦都非常懊悔自己局限於傳統理論而與偉大的發現失之交臂。

此時的查兌克開始覺得睏了，持續了 3 周的實驗結束後，他的第一句話是：「現在我需要用麻藥讓自己睡上兩個星期。」

一覺醒來後，查兌克又透過進一步的實驗測定了中子的質量。由此開始，原子核的內部結構在世人面前，逐步變得清晰起來（圖 3-8），利用核能也成為可能。因為這一發現，查兌克獲得了 1935 年的諾貝爾物理學獎。

當人類開始研製原子彈時，正是這個實驗狂人最早計算出原子彈爆炸的臨界質量，並在人類首次使用原子彈那年，成了查兌克爵士。

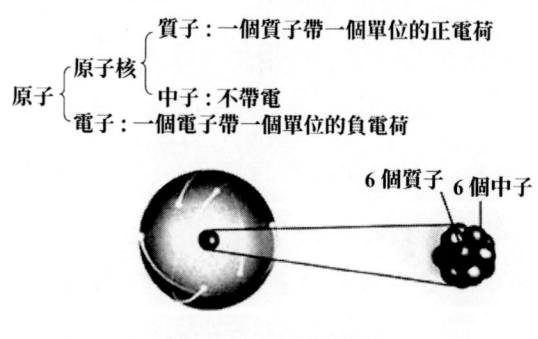

圖 3-8　原子的構成

第 29 節　昂內斯與超導

西元 1853 年 9 月 21 日，昂內斯（Heike Onnes）生於荷蘭東北部城市格羅寧根，西元 1879 年獲格羅寧根大學博士學位。西元 1882 年任萊頓大

學教授，並建立了聞名於世的低溫研究中心——昂內斯實驗室。

昂內斯在低溫領域的研究，是從西元1877年液化空氣的工作開始的。1906年成功地液化了氫氣，1908年又進一步液化了當時被認為是永久氣體的氦氣。此後，他把研究轉向測量金屬電阻隨溫度的變化關係。

1911年他發現水銀在4.22～4.27K的低溫下電阻完全消失，接著又發現一些其他金屬也具有以上特性。他稱這現象為「超導現象」，由此開闢了嶄新的低溫學領域。後來他又發現了超導體的臨界電流和臨界磁場。由於對低溫學所做出的突出貢獻，昂內斯獲得1913年諾貝爾物理學獎。

1913年昂內斯在諾貝爾領獎演說中指出：低溫下金屬電阻的消失「不是逐漸的，而是突然的」，水銀在4.2K進入了一種新狀態，由於它的特殊導電效能，可以稱為超導態。

1932年霍爾姆和昂內斯都在實驗中發現，隔著極薄一層氧化物的兩塊處於超導狀態的金屬，沒有外加電壓時也有電流流過，這一發現引起了世界範圍內的震動。之後，人們開始把處於超導狀態的導體稱之為「超導體」。超導體的直流電阻率在一定的低溫下突然消失，被稱作零電阻效應。導體沒有了電阻，電流流經超導體時就不發生熱損耗，電流可以毫無阻力地在導線中形成強大的電流，從而產生超強磁場。

人們對低溫的研究，使人類跨進了一個從未見過、從未想像過的神奇世界，最有趣、最能引起化學家興趣的是各種金屬在低溫世界的變化。鋼鐵經過低溫處理後，其強度會增加兩倍；鉛塊到了-100℃以下，會變得像彈簧一樣富有彈性……不過，所有這些奇妙的變化，都比不上金屬的導電性在低溫世界發生的變化，這種變化引起了全世界科學家的極大興趣。超導現象的發現在科學上具有極其重大的意義，這不僅是人類因此知道了一個新的科學現象，而且是人們認知到如果能在比較高的溫度下實現超導，

那麼它將會有不可估量的應用價值。今天超導已成為科學研究最重要的領域之一，受到世界上許多國家的重視。我們可以得到的啟發是：

第一，科學發現就是要打破神祕感。人類從遠古對自然現象的畏懼，到試圖解釋自然現象，再到利用自然和改造自然，這人與自然的關係史正是人類的發現與發明史。曾經風、雨、雷、電對古人來說是不可思議的神祕現象，現如今這些自然現象連小學生都能解釋，所以我們有理由相信在不久的將來，超導現象對人類也會不再神祕。

第二，學科交叉是創新思想的泉源。超導體的探索是涉及物理、化學等學科領域的複雜科學問題，學科交叉點往往就是科學新的增加點，最有可能產生重大的科學突破，使科學發生革命性的變化。交叉學科所形成的綜合性、系統性知識體系，有利於有效解決人類社會面臨的重大科學問題和社會問題，尤其是全球性的複雜問題。科學發展、社會進步、經濟發展需要各門類科學之間交叉、滲透和融合。

第三，超導的應用前景無限廣闊。超導不光可以實現大電流、大功率的電力無損耗長距離傳輸，利用超導體的抗磁性可以實現磁懸浮列車、無磨損軸承，同時利用超導體的電子性可以研製出運算速度更高的電子電腦、高效能微波元件等，特別是利用超導可以製造出能測量比人腦磁訊號弱幾千倍的超導量子干涉儀，從本質上揭示人類大腦的奧祕。總之，21世紀將是超導技術大顯身手、異彩紛呈的新世紀。

第30節　卡勒與維生素

卡勒（Paul Karrer），西元1889年4月21日生於俄羅斯莫斯科，是一位牙科醫生的兒子。1911年，他在蘇黎世大學獲化學博士學位，後留校在

維爾納教授身邊進修一年。維爾納以研究絡合物配位理論而負有盛名，是1913年諾貝爾化學獎得主。這樣卡勒剛剛二十出頭就頗有名氣。當時，化學療法之父埃爾利希正在從事有機砷的研究，就邀請卡勒到德國與他一道工作。跟隨埃爾利希，他領悟到一個真理：有機化學方興未艾，只要努力鑽研，就能取得可觀的成就。

卡勒在法蘭克福工作了6年後回到蘇黎世大學任化學教授，1919年任化學系主任、化學研究所所長。

卡勒是研究類胡蘿蔔素、維生素C和維生素E的先驅，1933年他與霍沃思（Walter Norman Haworth）等合成維生素C，1934年與庫恩（Richard Kuhn）合成維生素E，1939年又分離出維生素K1。由於在研究維生素方面所取得的重大成就，1937年與霍沃思同獲諾貝爾化學獎。

維生素又名維他命，通俗來講，即維持生命的元素，是維持人體生命活動必需的一類有機物質，也是保持人體健康的重要活性物質。維生素在體內的含量很少，但不可或缺。各種維生素的化學結構以及性質雖然不同，但它們卻有共同點：維生素均以維生素原的形式存在於食物中；維生素不是構成有機體組織和細胞的組成成分，也不會產生能量，它的作用主要是參與有機體代謝調節；大多數維生素，有機體無法合成或合成量不足，無法滿足有機體的需求，必須經常透過食物獲得；人體對維生素的需求量很小，日需量常以毫克（mg）或微克（μg）計算，但一旦缺乏就會引發相應的維生素缺乏症，對人體健康造成損害。

維生素的發現是20世紀的偉大發現之一。西元1897年，艾克曼（Christian Eijkman）在爪哇發現只吃精磨白米可患腳氣病，未經碾磨的糙米能治療這種病。1911年馮克（Kazimierz Funk）鑑定出在糙米中能對抗腳氣病的物質是胺類，它是維持生命所必需的，所以建議命名為「維他命」

(Vitamine)。以後陸續發現許多元生素，它們的化學性質不同，生理功能不同；也發現許多元生素根本不含胺，但這個命名延續使用下來。

當卡勒成了維生素的專家後，一批又一批青年慕名前來向他學習，他都熱情精心指導，其中不少人在化學方面有了成就。

第二次世界大戰後，應各國邀請，他做了一次環球演講，介紹服用維他命藥片的方法及效用。但是，人們發現他並不服用這東西，有人問他為何自己不服用。他說：「我知道什麼食物中含有什麼維生素。當我知道自己需要什麼維生素時，就多吃點含那種維生素的食物，這和吃維他命片不是一樣嗎？」

第31節　霍沃思與糖

霍沃思（Walter Norman Haworth），西元1883年3月19日生於英國喬利。畢業於曼徹斯特大學；1910年獲哥廷根大學哲學博士；1912年任英格蘭聖安德魯大學化學教授；1920年任紐卡斯爾大學阿姆斯壯學院教授；1925～1948年任伯明翰大學教授；1928年被選為英國皇家學會會員；1934年獲戴維獎章；1944～1946年任英國化學學會會長。

霍沃思在聖安德魯大學工作期間，與歐文從事糖類化學研究。在此以前，歐文鑑定糖類的方法已首選將糖類轉化為甲基醚。霍沃思把此方法用於鑑定糖分子中產生閉環的關節點方面。他還研究糖類分子結構，指出甲基糖苷通常存在於呋喃糖環結構中。霍沃思「端基」法是測定多糖重複單位特性的有效方法。

糖類是分布最廣的有機化合物之一，其中葡萄糖在自然界中含量最多，又是最容易得到的單糖。遠古的波斯人就已經知道了它能從葡萄中獲

得，所以稱作葡萄糖。由於糖類是一種重要的物質，所以對其結構的確定與製取方法所進行的研究開展較早。但是，在純化學方面，對它的了解與研究要遠比其他種類的有機物所進行的研究慢得多。這是因為，在進行化學研究時，它的精製很困難，分離和鑑別的方法也不容易掌握，所以關於糖類結構問題長期成為化學領域一個難題。

糖是人體所必需的一種營養素，經人體吸收之後馬上轉化為碳水化合物，以供人體能量，主要分為單糖和雙糖。單糖──葡萄糖，人體可以直接吸收再轉化為人體之所需；雙糖──食用糖，如白糖、紅糖及食物中轉化的糖，人體無法直接吸收，須經胰蛋白酶轉化為單糖再被人體吸收利用。

由於糖果的價格昂貴，直到18世紀還是只有貴族才能品嘗到它。但是隨著殖民地貿易的興起，它已不再是什麼稀罕的東西，眾多的糖果製造商開始試驗各種糖果的配方，大規模生產糖果，從而使糖果進入平常百姓家。

糖的主要功能是提供熱能，每克葡萄糖在人體內氧化產生4千卡能量，人體所需70%左右的能量由糖提供。此外，糖還是構成組織和保護肝臟功能的重要物質，植物的澱粉和動物的糖原都是能量的儲存形式。

許多研究顯示：只要適量攝取，掌握好吃糖最佳時機，對人體是有益的。如洗浴時，大量出汗和消耗體力，需要補充水和熱量，吃糖可防止虛脫；運動時，要消耗熱能，糖比其他食物能更快提供熱能；疲勞飢餓時，糖可迅速被吸收提升血糖；當頭暈噁心時，吃些糖可提升血糖以穩定情緒，有利恢復正常。

據報導，美國科學家對千餘名中小學生實驗顯示，飯後吃一些巧克力，下午1、2節課打瞌睡者才2%，而對照者（不吃巧克力）卻高達11%。此外，對數百名駕駛員試驗發現，當他們按要求每天下午2點吃點巧克力、

甜點或甜飲料時，車禍要少得多。

霍沃思做的許多研究工作是關於糖結構方面的研究，他創立了一種環狀的代表糖分子的結構式，這種結構式更為準確展現出糖分子結構，而且用它來描述有糖參加的化學反應時更為有用。這種結構式至今被稱為霍沃思分子式。

他研究過維生素C，維生素C在結構上與單糖的結構有關，而且他是首次合成維生素C的人之一。他建議把維生素C叫「抗壞血酸」，這個名字到現在還被普遍採用。他與卡勒共享1937年諾貝爾化學獎，並於1947年被授予爵士稱號。

第32節　庫恩與類胡蘿蔔素

庫恩（Richard Kuhn）1900年12月3日生於奧地利維也納，1918年在維也納大學就讀，1921年在慕尼黑大學讀博士學位，1922年獲博士學位後留校研究糖化酶。1926～1928年任蘇黎世大學教授，1929年回德國任海德堡大學教授，1937年任凱澤醫學研究所所長。

胡蘿蔔素在人體內可以分解為維生素A。人體如果缺乏維生素A，會導致皮膚粗糙，頭髮沒有光澤，眼睛在亮度較差時無法看清物體，嚴重的可致夜盲等。其實這只是維生素A作用的一個很小部分，人的生長和發育，包括骨骼及牙齒的生長、全身所有皮膚的完整性以及身體抗病能力等都離不開維生素A。由於維生素A在人體內無法自行合成，必須在食物中補充，而以植物性食物為主的人，通常較難攝取足夠的維生素A，因此用胡蘿蔔素──維生素A的有效來源來作補充，則是理想的選擇。

胡蘿蔔富含有胡蘿蔔素，20世紀時，人們認知到了胡蘿蔔素的營養價

第 32 節　庫恩與類胡蘿蔔素

值而提升了胡蘿蔔的身價。美國科學家研究證實：每天吃兩根胡蘿蔔，可使血中膽固醇降低 10%～20%，有助於預防心臟疾病和腫瘤。中醫認為胡蘿蔔味甘，性平，有健脾和胃、補肝明目、清熱解毒、壯陽補腎、降氣止咳等功效。在膳食中經常攝取豐富胡蘿蔔素的人群，患動脈硬化、癌腫以及退行性眼疾等疾病的機會明顯低於攝取較少胡蘿蔔素的人群。例如：

眼睛的視力取決於眼底黃斑，如果沒有足夠的胡蘿蔔素來作保護與支持，這個部位就會發生病變，也就是老化，視力就會衰退。

西元 1831 年庫恩使用液－固色譜法，用碳酸鈣做吸附劑分離出三種胡蘿蔔素異構體，即 α－胡蘿蔔素、β－胡蘿蔔素、γ－胡蘿蔔素。庫恩測定出了純胡蘿蔔素的分子式；同年，他又擴大液－固吸附色譜法的應用，製取了葉黃素結晶；並從蛋黃中分離出葉黃素；另外還把醃魚腐敗細菌所含的紅色類胡蘿蔔素製成了結晶。從此，吸附色譜法迅速為各國的科學工作者所注意和應用，促使這種技術不斷發展。

因庫恩對類胡蘿蔔素和維生素研究工作的貢獻，瑞典皇家科學院授予他 1938 年度諾貝爾化學獎。但由於德國納粹的阻撓，庫恩未能前往斯德哥爾摩領獎。按規定，發出授獎通知一年內未去領獎，獎金自動回歸諾貝爾基金會。戰後，當庫恩在 1949 年 7 月去斯德哥爾摩補做受獎學術報告時，只領回了諾貝爾金質獎章和證書。

1938 年庫恩又成功分離出維生素 B6，並測定了它的化學結構。以後，庫恩主要從事抗生素的合成和性激素的研究工作，繼續在化學領域做出貢獻。

第33節 魯日奇卡與香料

魯日奇卡（Leopold Ružička）是瑞士生物化學家，西元1887年9月13日生於南斯拉夫。

魯日奇卡主要研究有機合成，貢獻之一是確定異戊二烯規則，即凡符合通式$(C_5H_5)_n$的鏈狀或環狀烯烴類，都叫萜烯（terpene）。在研究萜烯過程中，發現靈貓酮和麝香酮，並確定了其化學結構。

汽車在南斯拉夫國境線邊的哨卡被攔下，化學家魯日奇卡以為這只是一次例行檢查，闊別多年的祖國就在眼前，他難以掩飾內心的欣喜。但是，這位42歲的科學家很快就發現自己錯了，這次短期旅行恐怕難以繼續。衛兵驗過入境簽證和身分證後，正準備放行，一名中士卻叫停，中士懷疑魯日奇卡的身分。

此時是1929年，南斯拉夫王國剛剛成立，一些西歐商人乘機來做投機生意牟取暴利，嚴重影響了國家的經濟。而魯日奇卡的證件顯示，他既是瑞士蘇黎世大學教授、荷蘭烏特勒支大學化學系主任，又是瑞士一家香水製造廠的廠長。正是廠長的身分，讓他遭受懷疑。

其實，當局已經邀請魯日奇卡回國效力，但他還是想先做一次短期旅行，考察一下新政府的誠意。畢竟在此之前，魯日奇卡曾有過非常不愉快的經歷：20多年前，魯日奇卡中學畢業後，難以割捨對化學的興趣，離開寡母，獨自出國到瑞士蘇黎世工業學院讀書。在那裡，這個原本不怎麼用功讀書的小夥子，開始沒日沒夜地做實驗，並取得了優異的成績。

當他在德國卡爾斯魯爾工業大學獲博士學位後，便迫不及待地回到故土。然而，當時南斯拉夫的貝爾格勒尚在奧匈帝國的統治下，對學術研究有種種限制。學有所成的魯日奇卡博士儘管滿懷報國熱情，但在政府那裡

第33節　魯日奇卡與香料

並不受歡迎。他的才學不僅不被賞識，科學活動還被肆意阻撓。他不得不離開故鄉。當時，面對這一切，他毫無反擊之力。

一怒之下，盧奇卡又回到蘇黎世。他自募資金，利用自己學到的知識建起香水製造廠，開始研究天然香味化合物。魯日奇卡的研究為人工香料提供了可行性，也讓他在科學界獲得一席之地。

在同行們越來越重視盧卡奇時，新成立的南斯拉夫政府也注意到這個流落他鄉的科學家，並向他發出邀請。收到祖國的邀請，這個背井離鄉的人自然激動不已。然而，這顆火熱的報國之心，迅速在邊境哨卡裡變得冰涼無比。

中士透過電話向貝爾格勒方面請示時，衛兵們則把魯日奇卡小汽車裡的行李從頭到尾徹查好幾遍。整整3個小時，仍未等來任何放行的訊息。備感屈辱的科學家，從衛兵手裡要回自己的證件，收拾好行李，鑽進車裡，原路返回，從此再未踏上祖國的土地。

回到蘇黎世後，失望至極的魯日奇卡隨即加入瑞士國籍。而他從科學研究中，看到了新的希望，開始致力於研究大環化合物和多萜烯化合物。在這個過程中，他不僅確定了異戊二烯規則，還發現並合成了許多釋放香氣的物質。同時，經過實驗，魯日奇卡確定了睾丸激素等幾種雄性激素的分子結構。這一系列成績，最終引起科學界同行的注意。瑞典皇家科學院更是將1939年的諾貝爾化學獎授予魯日奇卡，以表彰他對環狀分子和萜烯的研究。

獲獎的喜悅沒有持續太久。兩年後，那個令魯日奇卡十分傷心但又時常掛念的祖國，隨著德軍全面入侵而淪亡了。不過，在失去祖國的日子裡，這位諾貝爾獎得主並不孤獨，他從出國讀書開始便交遊甚廣，當初這位博士流落瑞士時，正是他在大學時結交的朋友向他伸出了援手。魯日奇

卡的朋友，既有來自梵蒂岡的神學家，也有來自莫斯科的科學家，他們見證了魯日奇卡的榮耀。獲得諾貝爾獎之後，魯日奇卡陸續獲得了很多榮譽，但每次他都公開聲稱，自己所得的一切榮譽都歸功於整個團隊的合作，這也讓魯日奇卡這一生贏得了尊重。1976 年 9 月 26 日魯日奇卡在蘇黎世去世，享年 89 歲。

第 34 節　哈恩與核分裂

哈恩（Otto Hahn）是德國傑出的放射化學家，西元 1879 年 3 月 8 日，出生於萊茵河畔的法蘭克福。西元 1897 年入馬爾堡大學，1901 年獲博士學位。

1904～1905 年，哈恩曾先後在拉姆齊和拉塞福指導下進修。歷史向哈恩提供了難逢的機遇，而哈恩則奮力抓住了它。在拉姆賽的勸導下，他放棄了進入化學工業界的念頭，投身放射化學這一新領域做深入的探索。

1905 年哈恩專程前往加拿大蒙特婁的麥基爾大學，向當時公認的鐳的研究權威拉塞福教授求教，並且得以與博爾特伍德（Bertram Boltwood）等著名放射化學家一起討論問題。在拉塞福這位一生培養出 14 位諾貝爾獎得主的大師身邊，哈恩學到了許多東西。拉塞福對科學研究的熱忱和充沛的精力，激勵了哈恩。

哈恩的重大發現是「重核分裂反應」。1930 年代以後，隨著正電子、中子、重氫的發現，使放射化學迅速推進到一個新的階段。科學家紛紛致力於研究如何使用人工方法來實現核分裂。正當哈恩和邁特納（Lise Meitner）一起致力於這一研究時，第二次世界大戰爆發，德軍占領奧地利後，邁特納因是猶太人、為躲避納粹的瘋狂迫害，只得逃離柏林到瑞典斯

第 34 節 哈恩與核分裂

德哥爾摩避難。哈恩如失臂膀,但並未放棄這方面的努力,他又開始了新的嘗試和探索。1938 年末,當他用一種慢中子來轟擊鈾核時,竟出人意料地發生了一種異乎尋常的情況:反應不僅迅速強烈、釋放出很高的能量,而且鈾核分裂成為一些比原子序數小得多的、更輕的物質成分,難道這就是核分裂?哈恩經過多次試驗驗證後,終於肯定了這種反應就是鈾 235 的裂變。核分裂的意義不僅在於中子可以把一個重核打破,關鍵的是在中子打破重核的過程中,同時釋放出能量。

不久哈恩又有了更為驚人的發現,原來鈾核在被中子轟擊而分裂時,同時又能釋放出兩三個新的中子來!這就可以引起一串連鎖反應:一個原子核分裂,其釋放的中子又能夠導致兩三個附近的原子核再次裂變,一變二,二變四,四變八,形成一種「鏈式反應」。而每一個原子核分裂時,都能釋放出巨大的能量來。如果仔細觀察,會發現一個原子核分裂後的「碎片」,它們加在一起的質量比原來稍微輕了一點,這一點損失的質量就是巨大能量的來源。

核分裂的發現無疑是釋放原子能的一聲春雷。在此之前人們對釋放原子能的爭議中,懷疑論者占上風,不少人以為要打破原子核,需要額外供給強大的能量,根本不可能在打破過程中還能釋放出更多能量。而鈾核分裂的發現,當時就被認為「以這項發現為基礎的科學成就是十分驚人的,因為它是在沒有任何理論指導的情況下用純化學的方法取得的」。

儘管當時哈恩發現核分裂沒有倫琴教授發現 X 射線的影響大,但就其對於改變人類生活與社會發展所產生的後果而言,核分裂的意義更為重要。人工核分裂的試驗成功,是近代科學史上的一項偉大突破,它開創了人類利用原子能的新紀元,具有劃時代的深遠意義。哈恩也因此榮獲 1944 年諾貝爾化學獎。

第 3 章　現代化學的變革之路（上篇）

　　哈恩 1904 年從鐳鹽中分離出一種新的放射性物質釷，以後又發現放射性物質錒、放射性物質鎂和另外一些放射性核素，為闡明天然放射系各核素間的關係發揮了重要作用。放射化學中常用的反衝分離法和研究固態物質結構的射氣法都是哈恩提出的，他還在同晶共沉澱方面提出了哈恩定律，1921 年發現了天然放射性元素的同質異能現象。

　　對於發現核分裂的哈恩，無論是上層的當權者，還是科學家，都知道他不是納粹主義的擁護者。哈恩不願讓納粹政權掌握原子能技術，拒絕參與任何研究。1945 年春他被送往英國拘禁。1946 年初獲釋回德國後，擔任普朗克協會會長。以哈恩名字命名的「哈恩和平獎」獎項是繼諾貝爾和平獎之後的又一和平大獎，每兩年頒發一次。

　　核能還有另一種形式，稱為核融合（Nuclear fusion）。它與裂變相反，是兩個原子核聚合在一起產生的巨大能量，典型的例子如氫彈。與利用鈾的裂變相比，核融合的「原料」近乎取之不盡，足以一勞永逸地解決人類能源問題，但可惜的是，我們至今尚沒有找到一種方法能夠控制它的反應速度，從而實現民用。可以說，一旦找到這種方法，那它的發明人將足以在歷史上享譽不衰。

第 4 章
現代化學的變革之路（下篇）

　　現代科學技術的發展經歷了 5 次偉大的革命。1945～1955 年，第一個 10 年，是以核能釋放為代表，人類開始了利用核能的新時代。1955～1965 年，第二個 10 年，是以人造地球衛星的發射成功為代表，人類開始擺脫了地球引力，飛向外層空間；1965～1975 年，第三個 10 年，是以重組 DNA 實驗的成功為代表，人類進入了可以控制遺傳和生命過程的新階段；1975～1985 年，第四個 10 年，是以微處理機的大量生產和廣泛應用為代表，揭開了擴大人腦能力的新篇章；1985～1995 年，第五個 10 年，是以軟體開發和大規模產業化為代表，人類進入了資訊革命的新紀元。在這段時間內，人類在化學方面合成的分子數目已超過了 1,000 萬，與 18、19 世紀時期的經典化學比較起來，它的顯著特點是從宏觀進入微觀，從靜態研究進入動態研究。

　　無機化學、有機化學、物理化學和分析化學在繼續發展的同時，逐步趨向綜合，碳 60 的發現使無機化學和有機化學傳統的柵欄消失，化學研究的成果以及各種科技領域的廣泛滲透直接促進了現代化學的發展。

　　20 世紀中葉以來，科學技術發展速度之快、作用範圍之廣、產生影響之深遠，是歷史上前所未有的。目前在全世界內，正在進行著以微電子學和電子電腦技術為主要標誌的新技術革命，形成了一系列高新技術。化學也猶如一匹飛奔的駿馬，它具有傳統意義上的四條腿：無機化學、有機化學、分析化學和物理化學，如今又添上了微電子學和電腦技術的兩翼而鵬程萬里。

第 4 章　現代化學的變革之路（下篇）

　　在化學反應理論方面，由於對分子結構和化學鍵認知的提升，經典的、統計的反應理論進一步深化，在過渡態理論建立後，逐漸向微觀的反應理論發展，用分子軌道理論研究微觀的反應機理，並逐步建立了分子軌道對稱守恆原理和前緣分子軌域理論。飛秒化學（femtochemistry）、交叉分子束方法和現代核磁共振技術的應用，使不穩定化學物種的檢測和研究成為現實，化學動力學從經典的、統計的總體動力學深入到個體反應動力學。換位合成法、核糖體和準晶體的發現，對於綠色化學、製藥、生物技術和化學工業的發展都有極大的推動作用。

　　這一章，讓我們一起了解 20 世紀下半葉的化學，共同思考我們的青春，開創化學學科美好的未來！

第 1 節　麥克米倫、西博格與超鈾元素

　　麥克米倫（Edwin Mattison McMillan）1907 年 9 月 10 日出生在美國加州，1928 年獲加利福尼亞大學柏克萊分校工學院學士學位，1929 年獲碩士學位，後入普林斯頓大學，1932 年獲博士學位。1932 年到加利福尼亞大學伯克利輻射實驗室工作，隨勞倫斯從事加速器的實驗研究，1947 年當選為美國科學院院士。

　　第二次世界大戰期間，麥克米倫以休假形式參加了美國國防研究專案，1945 年他提出「位相穩定」概念，據此建造的同步迴旋加速器可將人工加速粒子的能量提升到幾百兆電子伏特，足以實現許多很重要的核反應實驗。1954 年麥克米倫回到加利福尼亞大學輻射實驗室，1958 年任實驗室主任。

　　麥克米倫參加了第一顆原子彈的研製工作，他找到了迴旋加速器維持

第 1 節　麥克米倫、西博格與超鈾元素

無定限速度同步化的途徑，為利用這一原理的加速器定名為同步加速器。由於麥克米倫發現 93 號元素錼而與西博格共獲 1951 年諾貝爾化學獎，時年 44 歲。

1940 年以前，92 號元素鈾一直被認為是元素週期表上最後一個元素。1934 年，義大利科學家費米用中子轟擊鈾，發現了原子序數為 93 和 94 的兩種元素，稱之為超鈾元素。1937 年，德國物理化學家哈恩又增加了超鈾元素的數目，直至原子序數為 96 的元素，但是由於量太少未能檢測出來。他們這些獲得超鈾元素的實驗並沒有被人們所接受。

1940 年，麥克米倫和他的同事埃布爾森（Philip Abelson）也用中子去照射鈾，開始並沒有檢測和分離到新元素，但是卻發現用中子照射的鈾明顯地不同於已知元素的放射性。麥克米倫意識到很可能這裡面含有費米當年得到的超鈾元素。後來經過進一步的試驗和測定，終於證明了這種新的核素就是尋找已久的第 93 號元素。由於 92 號元素鈾（Uranium）的名稱來自天王星（Uranus），所以 93 號元素錼（Nepturiium）就命名為來自太陽系的海王星（Neptune）。麥克米倫還預言：可能還有另外一種新元素和 93 號元素混雜在一起。

1940 年他與埃布爾森合作分離出這種元素，證實了麥克米倫的發現。錼是許多超鈾元素的第一個，這些超鈾元素是重要的核燃料，它的發現對化學和核理論有重大貢獻。

在麥克米倫發現 93 號元素錼的同一年，28 歲的美國化學家西博格等人在迴旋加速器中轟擊鈾靶，第一次得到鈽（Plutonium）同位素。這第二個超鈾元素的命名源於冥王星（Pluto）。鈽能發生裂變鏈式反應，是重要的原子堆燃料，它在戰爭中對原子彈的製造發揮了重大作用。

西博格（Glenn Theodore Seaborg），美國核化學家，1921 年 4 月 19 日

第 4 章　現代化學的變革之路（下篇）

生於美國密西根州。1934 年在加利福尼亞大學洛杉磯分校畢業，此後轉入加利福尼亞大學柏克萊分校，在路易斯指導下研究化學，1937 年獲博士學位。1939 年西博格任加利福尼亞大學柏克萊分校講師，並從事迴旋加速器轟擊普通化學元素產生放射性同位素的檢驗工作，發現了許多放射性同位素。

1941 年西博格與吉爾伯特等人在迴旋加速器中轟擊鈾靶，第一次得到鈽同位素，並證實鈽 239 極易進行裂變。1942 年西博格帶領一個化學家小組，在芝加哥大學進行從鈾中分離鈽的研究，發展了一種萃取技術。鈽後來被用於製造原子彈，1945 年 8 月 9 日在日本長崎投下的就是一顆以鈽製造的原子彈。

第二次世界大戰後，西博格於 1946 年重返加利福尼亞大學柏克萊分校任化學教授，繼續研究核化學。從 1940 年到 1958 年，共發現 9 個新元素，原子序數從 94 到 102，他發現的新元素是鈽 (94)、鋂 (95)、鋦 (96)、錇 (97)、鉲 (98)、鑀 (99)、鐨 (100)、鍆 (101) 和鍩 (102)。後由費米指導的芝加哥大學實驗室首次工業化生產，這是核武器研製成功的一個關鍵步驟。

由於西博格發現並詳盡地研究超鈾合成元素，而於 1951 年與麥克米倫共獲諾貝爾化學獎，西博格年僅 30 歲。

1944 年西博格還提出錒系理論，預言了這些元素的化學性質和在週期表中的位置。根據西博格多年探索得到的規律，他將門得列夫元素週期表上的元素數目擴大到 168 個，這預示著從原子序數 121 起到 153 止，將出現一個新的元素內過渡系，現稱錒系元素。1958 年西博格就任加利福尼亞大學柏克萊分校校長，1961 年任美國原子能委員會主席，推進了美國核工業的發展。

縱觀超鈾元素的發現，我們可以從中得到如下啟示：

第一，良好的科學研究環境是滋生發明、發現的沃土。但丁說過：「要是白松的種子掉在石頭縫裡，它只會長成一棵很矮的小樹。但要是它掉在肥沃的土地裡，就會長成一棵大樹。」儘管我們現在也強調個人的勤奮與打拚精神，但是我們也不能否認社會大環境對創造的影響作用。

第二，在科學探索的征途上，科學家之間需要有合作和競爭，合作與競爭可以促進科學的發展。單個人的知識和能力是有限的，在大多數情況下，已經很少再能看到 20 世紀以前的那種靠某一個科學家的個人奮鬥就可以取得重大突破的事例。在這種情況下，非常需要科學家之間和研究團體內外的互相合作，優勢互補，共同突破瓶頸。

第三，人類對自然界的探索是無限的，人們曾經認為 92 號元素是元素的盡頭，超鈾元素的發現，證明科學探索是永無止境的。實驗技術的革新也會使科學發現不斷突破，所以在科學實驗中，要善於發現和引入先進的科學儀器，這有利於強化思維方法，拓展操作能力，更深刻揭示物質運動的本質和規律，超鈾元素的發現也正是伴隨技術進步而不斷延伸的。

第 2 節　費米與核反應堆

費米（Enrico Fermi）1901 年 9 月 29 日出生於羅馬。

父親是鐵路工人，母親是中學教師。中學時是優秀學生，各方面都名列前茅。小費米對機械非常著迷，曾和哥哥一起設計飛機引擎。他酷愛數理化，10 歲時聽大人議論圓，就獨自弄懂了表示圓的公式。17 歲時以第一名考入比薩大學師範學院，他的入學試卷「聲音的特性」詳細探討了振動桿的例項，寫出了振動桿偏微分方程，求得其特徵值（eigenvalue）與特

第 4 章　現代化學的變革之路（下篇）

徵函數（eigenfunction）並對桿的運動做傅立葉展開。主考教授對這一通篇無錯的答卷驚訝萬分，交口稱讚，認為是義大利科學復興的希望。圖書館裡的書籍是他最好的老師，在比薩大學，他被認為是相對論和量子理論的最高權威，大學三年級就發表了兩篇研究論文。

1922 年他獲得博士學位，繼而去德國哥廷根大學隨玻恩工作，後又去荷蘭萊頓大學隨埃倫費斯特（Paul Ehrenfest）工作。1924 年回到義大利，在羅馬大學任教。1929 年被選為義大利皇家學會會員，1950 年被選為英國皇家學會會員。為了紀念他所做出的貢獻，原子序數為 100 的元素以他的姓氏命名為鐨。美國原子能委員會設立了費米獎金，1954 年首次獎金授予他本人。他在理論和實驗方面都有第一流的建樹，這在現代科學家中是屈指可數的。

他在 1934 年用中子代替 α 粒子對週期表上的元素逐一攻擊直到鈾，發現了中子引起的人工放射性，還觀察到中子慢化現象，並給出理論，為後來重核裂變的理論與實踐打下了基礎，為此，獲 1938 年諾貝爾物理學獎。

1938 年義大利頒布了法西斯的種族歧視法，費米的妻子是猶太血統，因此他在 1938 年 11 月利用去瑞典接受諾貝爾獎的機會，攜帶家眷離開義大利去美國，先在紐約哥倫比亞大學、後在芝加哥大學任教。

在 1939 年哈恩發現核分裂後，費米馬上意識到次級中子和鏈式反應的可能性。在裂變理論的基礎上，費米很快提出一種假說：當鈾核裂變時，會放射出中子，這些中子又會擊中其他鈾核，於是就會發生一連串的反應，直到全部原子被分裂。這就是著名的鏈式反應理論。根據這一理論，當裂變一直進行下去時，巨大的能量就將爆發。如果製成炸彈，它理論上的爆炸力是 TNT 炸藥的 2,000 萬倍！

1942 年 12 月，費米帶領的科學家小組建成世界上第一座人工裂變反

應堆。他在芝加哥大學體育場的壁球館試驗成功首座受控核反應堆，實現了可控核裂變鏈式反應。

我們知道，原子是由原子核與核外電子組成，原子核由質子與中子組成。當鈾 235 的原子核受到外來中子**轟擊**時，一個原子核會吸收一個中子分裂成兩個質量較小的原子核，同時放出 2～3 個中子。這裂變產生的中子又去轟擊另外的鈾 235 原子核，引起新的裂變。如此持續進行就是裂變的鏈式反應。鏈式反應產生大量熱能，用循環水帶走熱量才能避免反應堆因過熱燒毀。匯出的熱量可以使水變成水蒸氣，推動汽輪機發電。由此可知，核反應堆最基本的組成是裂變原子核＋熱載體。但是只有這兩項是不能工作的，因為高速中子會大量飛散，需要使中子減速，核反應堆要依人的意願決定工作狀態，這就要有控制設施；鈾及裂變產物都有強放射性，會對人造成傷害，因此必須有可靠的防護措施。

從 50 年代中期起，世界上大量建造用於各種研究工作的反應堆，同時開始建立把反應堆用來發電的核電站。核電站的燃料資源豐富，經濟性好，燃料用量很小。60 年代中期起，許多國家已在大力發展核電站。

核能是一種具有獨特優越性的動力，因為它不需要空氣助燃，可作為地下、水中和太空缺乏空氣環境下的特殊動力；又由於它耗料少、高能量，是一種一次裝料後可以長時間供能的特殊動力。例如，它可作為火箭、太空船、人造衛星、潛艇、航空母艦等的特殊動力。

將來核化學可能會用於星際航行，現在人類進行的太空探索，還只限於太陽系，故飛行器所需能量不大，用太陽能電池就可以。但如果要到太陽系外其他星系探索，核動力恐怕是唯一的選擇。

費米在 1944 年加入美國籍，到洛斯阿拉莫斯國家實驗室研製原子彈，對原子彈研製成功發揮了決定性作用，成為美國原子能委員會的委員

和專家組主要成員。第二次世界大戰結束後的 1946 年，他到芝加哥大學任核科學研究所主任，按照他的建議該校成立研究所。各國青年學者慕名前去就讀，其中就有從中國西南聯大去的楊振寧和李政道，他們所取得的一系列重大成就，與費米的引導和幫助有很大關係。費米是美國原子能大規模釋放和利用的主要專家，他培養了第一代高能物理和化學人才，由於他在理論和實驗兩方面的卓越才能，善於不用複雜的推算而將概念講得清楚透澈，重視研討和抓住實質的要害，因而培養了很多優秀的第一批高能人才，僅諾貝爾獎得主就有格萊、蓋爾曼（Murray Gell-Mann）、張伯倫（Owen Chamberlain）、李政道和楊振寧等。

費米，堪稱 20 世紀科學界的一個全才，在理論和實驗上都有非常深的造詣，是可以跟愛因斯坦比肩的大師，非但目光銳利，善於抓住主要問題，而且思維敏捷，實驗與理論都堪稱一流，簡直是完美。

第 3 節　吉奧克與超低溫

吉奧克（William Francis Giauque），美國物理化學家，西元 1895 年 5 月 12 日生於加拿大尼亞加拉瀑布城。小時候的吉奧克就養成了良好的自律品格，無論做什麼事，總是有條有理，並且說到做到。

他中學畢業後，原想出發電廠工作，因故未能如願，而被紐約的虎克電化學公司錄用，從事實驗室工作。他深受化學工廠良好的組織管理和環境的影響，決定做一名化學工程師。在工廠工作兩年後，於 1916 年進入加利福尼亞大學學習化學，他在那裡受到路易斯的影響，對熱力學產生興趣。1920 年以最優成績畢業，獲理學學士學位，1922 年獲化學博士，留校任教，1934 年任教授。

第 3 節　吉奧克與超低溫

吉奧克攻讀博士時學過物理課程，在吉布森教授指導下做博士論文，研究甘油晶體和玻璃的熵及其低溫熱力學性質，這對他日後的研究方向影響很大。他的研究目標是試圖透過精確的實驗研究，證明熱力學第三定律是基本的自然定律。

低溫一般是指液態空氣溫度 81K 以下的溫度。隨著科學技術的不斷進步，可以產生越來越低的溫度，如液態氦的溫度為 4.2K，而採用非飽和隔熱氣化法，最低溫度可達 0.3～0.5K。在極低的溫度下，許多物質具有異於常溫的物理化學性質，如超電導性、超流動性等。這些現象的發現和研究，促使人們進一步探索在極低溫情況下物質的物理化學性質，以擴大對物質運動規律的認知；同時推動了產生超低溫實驗方法的研究，人們試圖得到接近自然界最低溫度的極限──絕對零度。在這一程序中，吉奧克創造性地提出利用順磁物質在磁場中熵值減小，從而在隔熱時獲取超低溫的實驗方法，可達到千分之幾克氏度的超低溫，這是具有里程碑意義的進步。

吉奧克除了完成了低溫物質特別是冷凝氣體的熵及其熱力學性質的大量實驗研究，同時又從理論方面應用量子統計和分子光譜與能級的數據進行驗證。正是從這些研究中，發現氧分子的帶光譜、低溫下氧的熱容量實驗值異常，從而得出結論：

空氣中除存在氧 16 原子外，還有氧 17 和氧 18 兩種同位素。當時的化學家們尚不知道氧的這兩種同位素的存在。

他指導了大量的低溫化學熱力學研究工作，得到的實驗數據和理論分析精確可靠，受到科學界的高度信賴。由於吉奧克在化學熱力學和超低溫的產生以及物質在低溫下物理化學性質的研究所取得的優異成就，而榮獲 1949 年諾貝爾化學獎。

第 4 節　狄爾斯、阿爾德與雙烯合成法

狄爾斯（Otto Paul Hermann Diels），德國有機化學家，西元 1876 年 1 月 23 日生於漢堡。

西元 1895 年入柏林大學攻讀化學，西元 1899 年在費雪指導下獲博士學位。1906 年任柏林大學化學教授，1916 年起，任基爾大學教授，兼化學研究所所長，1926 年任該校校長。

狄爾斯長期從事天然有機化合物，特別是甾族化合物的研究。1906 年開始研究膽甾醇的結構，從膽結石中分離出純的膽固醇，並透過氧化作用將它轉變成「狄爾斯酸」。1927 年他用硒在 300°C 使膽甾醇脫氫，得到一種被稱為「狄爾斯烴」的芳香族化合物。這對膽甾醇、膽酸皂苷、強心苷等結構的確定發揮了重要的作用。

1928 年他和助手阿爾德發明雙烯合成，這個反應的應用範圍很廣泛，被稱為狄爾斯－阿爾德反應。狄爾斯和阿爾德在 1928 年首先明確地解釋這個合成反應的過程，並同時強調指出了他們的發現有廣泛的使用價值。由於狄爾斯與阿爾德共同發明了雙烯合成法而共同獲得 1950 年諾貝爾化學獎。

阿爾德（Kurt Alder），德國有機化學家，生於克尼格許特，先後在柏林大學、基爾大學攻讀化學，1926 年獲博士學位。1930 年任基爾大學副教授，1934 年升任教授。1940 年任化學研究所所長。阿爾德對有機化學的貢獻是雙烯合成，因和狄爾斯共同取得這一成果，通常稱為狄爾斯－阿爾德反應。狄爾斯－阿爾德反應提供了製備萜烯類化合物的合成方法，推動了萜烯化學的發展。雙烯合成首先在實驗室合成，並在工業操作中獲得廣泛應用，利用這一反應可製備許多工業產品。

第 4 節　狄爾斯、阿爾德與雙烯合成法

在 1930 年代以前，膽固醇類的甾族化合物是一些有機化學家的熱門研究課題。狄爾斯的早期工作就是把膽固醇脫水脫氫變成由三個苯環組成的菲和五碳環構成的化合物，這種碳環結構是各種甾族化合物的基本骨架。在這種基本骨架中，6 個碳原子的環又是基本的碳架。儘管自然界中含 6 個碳原子環的化合物很多，而開鏈的化合物成 6 個碳原子的環，當時科學家還束手無策。

當時狄爾斯任基爾大學校長，是有一定聲望的教授，阿爾德是狄爾斯的學生。1926 年，在狄爾斯的指導下，阿爾德完成了《關於偶氮酯反應機理和起因》的著名論文獲得博士學位，此時的阿爾德僅 21 歲。畢業後，阿爾德留在狄爾斯的實驗室做狄爾斯的助手。兩年後阿爾德和他的老師一起發明了舉世聞名的「雙烯合成法」。

雙烯合成反應的發現，為合成六元環化合物提供了一個簡單、有效的途徑，它不僅產率高，而且反應的立體專一性強，是有機合成中一個十分重要的反應。有人把它與 20 世紀初格林尼亞發現格氏試劑相提並論，這一點也不過分。

值得一提的是，發現雙烯合成產物的複雜結構，是個很有理論意義的立體化學問題。在當時的歷史條件下，對一個有機反應的立體異構剖析得如此清楚是很不簡單的。有關這方面的研究，迄今對絕大多數人來說仍是一個難題。他們還預言在自然界廣泛存在的生物合成中，也必定會以類似於雙烯合成這樣的方式出現，後來人們果真從蒽醌型染料（anthraquinone dyes）與另一種可促進血液凝固的化合物所發生的反應中，找到了有關這方面的線索和證據，從而為製造人造血漿提供了理論依據。也正是他們的繼續深入研究，雙烯合成被廣泛應用在大規模的工業生產和實際應用領域，其中包括合成染料、合成藥物、合成橡膠、殺蟲劑、塑膠、潤滑油等。從雙烯合成法的發明中，我們可以得到如下啟示：

第一，良師引路是成功的捷徑。諾貝爾獎得主、美國經濟學家薩繆爾遜曾說：「怎樣才能獲得諾貝爾獎呢？我可以把這個方法告訴大家，其中一個條件就是要有偉大的導師。」狄爾斯和阿爾德在研究雙烯合成反應時，前者是年逾半百的教授和基爾大學校長，後者只是他的學生，一個初出茅廬的年輕研究人員。阿爾德的成功源於狄爾斯的指引，他們長期合作，親如摯友，在科學界中一直被傳為佳話。

第二，合成需要有組合思維的方法。許多人認為，創造力沒有什麼奧祕，不過是現有要素、事物或屬性的有機組合，形成新的結構。實際上，創造性思維可以看作觀念的重新組合，經過重新組合，獲得新的統一整體，新整體的功能要大於其各部分之和。組合的思路是無窮無盡的，它可以給人們提供創造性的想像天地。

第三，阿爾德和狄爾斯從雙烯合成的規律出發，使這一合成在更廣泛的領域得到運用。實現化合物的人工合成是人們研究化學的目的，它以化學理論為基本前提，透過複雜的演繹步驟而實現。最初的人工合成，具有較大的模擬性，但就合成途徑而言，則是以基本的化學反應規律為指導，以演繹為其方法論作為基礎。

第5節　卡爾金與非晶態材料

卡爾金（B. A. Calkin），蘇聯化學家，1907年1月23日生於彼得羅夫斯克。1930年畢業於莫斯科大學，1937年任卡爾波夫物理化學研究所膠體化學實驗室主任，1955年在莫斯科大學建立高分子物理化學教研室並任教研室主任，1953年當選為蘇聯科學院院士。

卡爾金早期的研究工作主要是在膠體溶液方面。他發現高分子溶液遵

第 5 節　卡爾金與非晶態材料

守相律,是均相溶液,而不是膠體體系。

1950 年卡爾金提出非晶態高聚物的三個物理狀態——玻璃態、高彈態和黏流態的概念,並指出這三個狀態的轉變點與分子鏈的柔順性、分子間的作用力有關,高彈態向黏流態的轉變還與分子量的大小有關,而且在一定溫度下轉變點與作用力的頻率有關。這項研究為表徵高聚物效能的熱—力曲線方法奠定了基礎。1956 年開始研究非晶態高聚物的結構,發現高聚物長鏈分子或蜷曲成球,或排列成鏈,它們是組成非晶態高聚物複雜結構的最簡單結構單元。在非晶態高聚物中這種結構可以變得很大和相當完善,但並沒有發生結晶。卡爾金還把形成超分子結構的現象應用於高分子合成,在模板聚合方面做出了貢獻。

非晶態材料是一類新型的固體材料,包括我們日常所見的玻璃、塑膠、高分子聚合物以及最近發展起來的金屬玻璃非晶態合金、非晶態半導體、非晶態超導體等。晶態物質內部原子呈週期性,而非晶態物質內部則沒有這種週期性。由於結構不同,非晶態物質具有許多晶態物質所不具備的優良性質。玻璃就是非晶態物質的典型,玻璃和高分子聚合物等傳統非晶態材料的廣泛應用也早已為人們所熟悉,而各種新型非晶態材料由於其優異的機械特性(硬度高、韌性好、耐磨性好等)、電磁學特性、化學特性、高耐蝕性及優異的催化活性,已成為一大類發展潛力很大的新材料,且由於其廣泛的實際用途而備受人們的青睞。

今天對非晶態物質的製備和結構研究已取得很大的進展,各種具有特殊功能的非晶態材料不斷湧現,非晶態材料科學已成為一門重要的分支學科。

第 6 節　鮑林與雜化軌道

　　1901 年 2 月 18 日，鮑林（Linus C. Pauling）出生在美國奧勒岡州波特蘭市。他幼年聰明好學，11 歲認識了心理學教授捷夫列斯。捷夫列斯有一所私人實驗室，他曾給幼小的鮑林做過許多有意思的化學示範實驗，使鮑林從小萌生了對化學的熱愛，並使他走上了研究化學的道路。鮑林讀中學時，各科成績都很好，尤其是化學成績一直是全班第一名。

　　他經常埋頭在實驗室裡做化學實驗，立志當一名化學家。

　　1917 年，鮑林以優異成績考入奧勒岡州大學化學工程系，他希望透過學習化學最終實現自己的理想。然而，鮑林的家境不好，父親是一位藥劑師且在其 9 歲時去世，母親多病。由於經濟困難，鮑林在大學曾停學一年，自己去賺學費。復學以後，他靠勤工儉學維持學業和生活，曾兼任分析化學的實驗員，在四年級時還兼任一年級的實驗課教師。

　　儘管如此，鮑林仍然在艱難的條件下，刻苦攻讀。他對化學鍵的理論很感興趣，同時認真學習了原子物理、數學、生物學等。這些知識為鮑林以後的研究工作打下了堅實的基礎。

　　1922 年，鮑林以優異成績大學畢業，同時考取了加州理工學院的研究生，導師是著名化學家諾伊斯（Arthur Noyes）。諾伊斯擅長物理化學和分析化學，知識非常淵博，對學生循循善誘，為人和藹可親，學生們評價他「極善於鼓動學生熱愛化學」。

　　諾伊斯告訴鮑林，不要只停留在書本知識，應當注重獨立思考，同時要研究與化學有關的物理知識。1923 年，諾伊斯寫了一本新書，名為《化學原理》，在此書正式出版之前，他要求鮑林一個假期把書上的習題全部做一遍。鮑林用了一個假期的時間，把所有習題都準確地做完了，諾伊斯

第 6 節　鮑林與雜化軌道

看了鮑林的作業，十分滿意。

諾伊斯十分賞識鮑林，並把鮑林介紹給許多知名化學家，使他很快地進入了學術界的環境中，這對鮑林以後發展十分有利。鮑林也稱拜師諾伊斯是其一生中最幸運的事。

鮑林在諾伊斯的指導下，完成的第一個科學研究課題是測定輝鋁礦的晶體結構。這一工作完成得很出色，不僅使他在化學界初露鋒芒，同時也增強了他進行科學研究的信心。

1925 年，鮑林以出色成績獲化學博士。他系統研究了化學物質的組成、結構、性質三者的關聯，同時還從方法論上探討了決定論和隨機性的關係。鮑林最感興趣的問題是物質結構，他認為，對物質結構的深入了解將有助於人們對化學運動的全面認知。鮑林獲博士學位以後，於 1926 年 2 月去歐洲，在索末菲實驗室工作一年。然後，他又到波耳實驗室工作半年，還到過薛丁格和德拜實驗室。

這些學術研究使鮑林對量子力學有了極為深刻的了解，堅定了他用量子力學方法解決化學鍵問題的信心。鮑林從讀研究所到去歐洲遊學，所接觸的都是世界一流專家，直接面臨科學前沿問題，這對他後來取得學術成就十分重要。

1927 年，鮑林結束了兩年的歐洲遊學回到美國，在帕沙第納擔任理論化學助理教授，除講授量子力學及其在化學中的應用外，還講授晶體化學，並開設了有關化學鍵本質的學術講座。

1930 年，鮑林再次去歐洲，到布拉格實驗室學習有關射線的技術，後來又到慕尼黑學習電子衍射方面的技術。

1931 年他在美國奧勒岡州大學任教授，在科學研究方面主要從事分子結構的研究，特別是化學鍵的類型及其與物質性質的關係。他提出的元素

第 4 章　現代化學的變革之路（下篇）

電負性標度、原子混成軌域理論等概念，為每個化學工作者所熟悉。

混成軌域（hybrid orbital）理論認為：電子運動不僅具有粒子性，同時還有波動性，而波又是可以疊加的。所以鮑林認為，碳原子和周圍氫原子成鍵時，所使用的軌道不是原來的 s 軌道或 p 軌道，而是兩者經混雜、疊加而成的「混成軌域」，這種混成軌域在能量和方向上的分配是對稱均衡的。由於鮑林在混成軌域理論研究以及用化學鍵理論闡明複雜的物質結構，而獲得了 1954 年諾貝爾化學獎。

鮑林還把化學研究推向生物學，是分子生物學的奠基人之一。他花了很多時間研究生物大分子，特別是蛋白質的分子結構，為蛋白質空間構象打下了理論基礎。

在化學鍵方面成就卓著的鮑林，除 1954 年榮獲諾貝爾化學獎外，還曾榮獲 1962 年諾貝爾和平獎——他是至今唯一一位單獨兩次獲不同諾貝爾獎項的人。

鮑林堅決反對把科技成果用於戰爭，非常反對核戰爭。他認為，核戰爭可能毀滅地球和人類，因此號召科學家致力於和平運動。鮑林花費了很多時間和精力研究防止戰爭、保衛和平的問題。

1957 年，鮑林聯合全球 2,500 名科學家發表著名的《鮑林呼籲書》，說明全世界科學家反對核戰爭、熱愛和平的願望；1958 年，鮑林又得到 1 萬多名科學家的支持，他把宣言交給了聯合國祕書長，向聯合國請願。同年，他寫了《不要再有戰爭》一書，以豐富的數據說明核武器對人類的重大威脅。1959 年 8 月，他參加了在日本廣島舉行的禁止原子彈氫彈大會。

與取得的科學成就相比，鮑林更看重自己獲得的諾貝爾和平獎。鮑林是公認的現代最偉大的化學家之一。我們從鮑林的科學發現過程和他的成長過程中可以感悟到很多有價值的東西：

第 6 節　鮑林與雜化軌道

第一，成長在一個良好的環境裡。鮑林在成長的過程中確實很幸運，他遇到了很多好老師，有很好的學習環境。他不僅受到老師和學校善意的對待，更重要的是老師和學校具有開放意識、現代的教學觀念，懂得人才培養的規律。鮑林從讀研究所到去歐洲遊學，所接觸的都是世界第一流的專家，直接面臨科學前沿問題，這對他後來取得學術成就十分重要。

第二，在科學活動中孜孜不倦，勇於探索，是他做出重大貢獻的必然結果。鮑林從小就愛學好問，對周圍的事情很感興趣，是品學兼優的學生。由於父親早逝，家庭生活艱難，從小學到大學一直半工半讀。他珍惜所獲得的學習條件，勤奮刻苦，不輕易浪費時間。在 50 年科學研究中，他孜孜不倦，積極進取，勇於探索，將自己的一生獻給了化學理論的研究，在許多領域做出了重大貢獻。

第三，實驗研究和理論探討相結合的創新研究方法。鮑林既重視化學經驗知識的作用，又注重量子力學對化學結構問題的指導，用量子力學理論來研究原子和分子的電子結構並揭示化學鍵的本質。鮑林用該方法所提出的「雜化」、「共振」以及「電負性」等重要化學概念，並非單純依靠量子力學的研究，還藉助於化學的經驗知識；另外他注重用量子力學來分析化學問題，發展簡單理論，而不是去進行複雜的量子力學計算。

1994 年 8 月 19 日，鮑林以 93 歲高齡在加利福尼亞逝世。

鮑林曾被英國《新科學家》週刊評為人類有史以來 20 位最傑出的科學家之一，與牛頓、瑪里·居禮及愛因斯坦齊名。

第 4 章　現代化學的變革之路（下篇）

第 7 節　謝苗諾夫與鏈式反應

　　謝苗諾夫（Nikolay Nikolaevich Semenov）於西元 1896 年 4 月 15 日出生在俄羅斯窩瓦河畔的薩拉多夫。他少年時代受過良好的教育，在中學階段就對物理和化學有濃厚的興趣，學業認真，成績優異。

　　1917 年，年僅 21 歲的謝苗諾夫，以優異成績畢業於聖彼得堡大學數學力學系，是蘇聯著名的物理學家約費的學生和助手。這段大學生活為他打下良好的數學和物理基礎，也為他以後在理論化學方面的深入研究創造了條件，使他的知識結構優於一般化學家。

　　1920～1930 年，謝苗諾夫在約費創辦的列寧格勒化學物理研究所工作，被任命為列寧格勒化學物理所所長，同時，在列寧格勒工學院兼職任教，1928 年擔任該學院的教授。1932 年，他被選為蘇聯科學院院士。1944 年，蘇聯科學院化學物理所遷到了莫斯科，身為該所所長的謝苗諾夫也同時遷居莫斯科，並擔任莫斯科大學的教授。

　　謝苗諾夫的科學研究工作，幾乎全部用來研究化學反應歷程和化學動力學，他對鏈式反應歷程做了深入而全面的研究。鏈式反應的發現，象徵著理論化學的研究進入到一個新階段。傳統的化學，只注重反應物和產物的研究，對於反應物如何轉變成產物，轉變的複雜機理和過程很少注意。

　　1927 年以後，謝苗諾夫系統研究了鏈反應機理，在此項研究中，曾試圖對反應歷程進行數學描述。他認為，化學反應有著極為複雜的過程，在反應過程中可能形成多種「中間產物」。

　　在鏈式反應中，這種「中間產物」就是「自由基」，「自由基」的數量和活性決定著反應的方向、歷程和形式。鏈反應不僅有簡單的直鏈反應，還會形成複雜的「分支」，所以，謝苗諾夫還提出了「支鏈」反應的新概念。

第 7 節　謝苗諾夫與鏈式反應

謝苗諾夫指出，鏈式反應有普遍的意義和廣泛的實用價值。

在理論上，謝苗諾夫廣泛研究了各類型的鏈式反應，提出鏈式反應的普遍模式，還試圖用這種反應機理解釋新發現的化學振盪現象。在應用上，謝苗諾夫把鏈式反應機理用於燃燒和爆炸過程的研究，揭示燃燒和爆炸的和區別。他指出：燃燒是緩慢的爆炸，爆炸則是激烈的燃燒，並指出了燃燒和爆炸的機制。

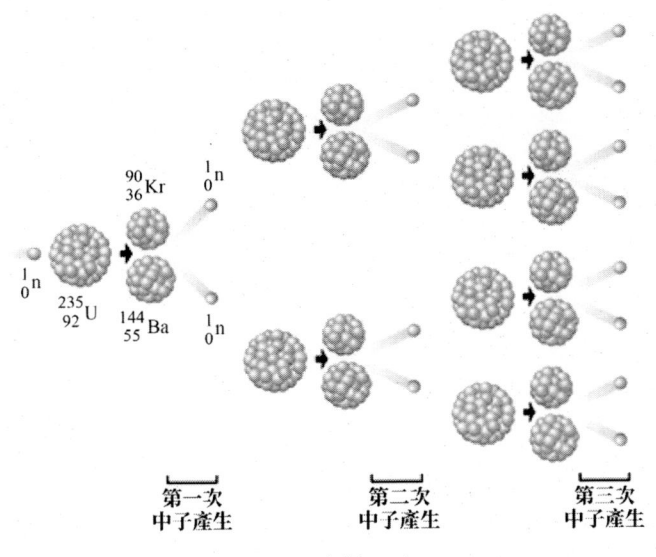

圖 4-1　支鏈反應

謝苗諾夫透過研究，豐富和發展了鏈式反應的理論，奠定了支鏈式反應的理論基礎和實驗基礎。他認為，不僅在鏈式反應的開始，而且在反應過程中，化學反應系統都會不斷地產生活性質點。這些活性質點，會對反應程序產生影響，會使反應中出現許多分支，如同樹杈一樣，不斷分支擴展（圖 4-1）。活性質點的狀態，還會影響到反應的進展情況，會使某些反應速度增大，而使另一些反應過程減慢或難以進行。

1956 年，諾貝爾基金會為了表彰謝苗諾夫在化學反應動力學和反應歷

程研究中所取得的成就,授予他該年度的諾貝爾化學獎。謝苗諾夫是獲得這種最高國際科學獎的第三位俄國學者,也是蘇聯建國後,第一位榮獲這種獎的科學家。

謝苗諾夫科學研究的方法留給我們的啟示:

第一,謝苗諾夫倡導各種不同專業的科學家互相合作。他認為,化學理論的研究,應當和其他自然科學互相連繫、互相滲透,要積極採用其他自然科學的理論方法,特別是數學和物理的理論方法。他還指出,各種專家協同研究重大課題,對新技術革命和科學的未來具有重大意義。

第二,主張理論連繫實際。謝苗諾夫透過對化學反應歷程的研究,不僅使人們在認知論和方法論上有了較大的提升,同時也將理論與實踐有機結合,促進了科學技術的進步。他還是一位出色的教育家,他的教育思想和科學思想是一致的。他要求青年科技工作者,無論是做教學工作還是研究工作,都要理論連繫實際,努力解決國家最急需、最緊迫的問題,使科學成果迅速轉化為生產力。

第三,提倡科學為人類幸福和社會進步服務。化學是主要的基礎學科之一,從事化學研究同樣承擔了為社會進步服務的責任。身為一個世界著名的科學家,謝苗諾夫十分強調防止把科學成果用於危害人類的安全。他在榮獲諾貝爾獎時發表演講,向全世界科學家呼籲:「世界科學家要共同努力,使科學為世界的進步和人類的幸福做出積極的貢獻!」

第 8 節　伍華德與維他命 B_{12}

伍華德(Robert Burns Woodward) 1917 年 4 月 10 日生於美國麻薩諸塞州的波士頓。他從小喜愛讀書,善於思考,學業成績優異。1933 年夏,

16 歲的伍華德以優異的成績，考入美國麻省理工學院。在全班學生中，他是年齡最小的，素有「神童」之稱，學校為了培養他，為他一人單獨安排了許多課程。他聰穎過人，只用 3 年時間就學完了大學的全部課程，以出色成績獲得了學士學位。

伍華德獲學士學位後，只用一年的時間，學完了博士生的所有課程，順利透過論文答辯獲博士學位。從學士到博士，普通人往往需要 6 年左右的時間，而伍華德只用了 1 年，這在他同齡人中是最快的。獲博士學位後，伍華德在哈佛大學執教，1950 年被聘為教授。

他教學極為嚴謹，且有很強的吸引力，非常重視化學示範實驗，著重訓練學生的實驗技巧。他培養的學生，許多成了化學界的知名人士，其中包括獲得 1981 年諾貝爾化學獎的霍夫曼。伍華德在化學上的出色成就，使他名揚全球。1963 年，瑞士人集資辦了一所化學研究所，此研究所就以伍華德的名字命名，並聘請他擔任第一任所長。

伍華德是 20 世紀在有機合成化學實驗和理論上，取得劃時代成果的罕見化學家，他以極其精湛的技術，合成了膽甾醇、皮質酮（corticosterone）、馬錢子鹼（strychnine）、利血平（reserpine）、葉綠素等多種複雜有機化合物。

據不完全統計，他合成的各種極難合成的複雜有機化合物達 24 種以上，所以被稱為「現代有機合成之父」。

1965 年，伍華德因在有機合成方面的傑出貢獻而榮獲諾貝爾化學獎。獲獎後，他並沒有因為功成名就而停止工作，而是向著更艱鉅複雜的化學合成方向前進。他召集了 14 個國家的 110 位化學家，共同跨越障礙，探索維生素 B_{12} 的人工合成問題。在他以前，這種極為重要的藥物，只能從動物的內臟中經人工提煉，所以價格極為昂貴，且供不應求。

第 4 章　現代化學的變革之路（下篇）

　　維生素 B_{12} 主要用於治療惡性貧血，對於紅血球的成熟和發育是必不可少的，也可以用於治療神經系統疾病，比如神經炎、神經萎縮，還有肝臟疾病中的肝炎、肝硬化的輔助治療。維生素 B_{12} 屬於含鈷複合物，廣泛存在於動物內臟、牛奶、蛋黃中，可以促進甲基的轉移，同時能夠對體內的葉酸利用率明顯增加，還有消除緊張、疲勞、恢復平衡感的作用，是細胞分裂和維持神經組織髓鞘完整所必需。

　　維生素 B_{12} 的結構非常複雜，伍華德經研究發現，它有 181 個原子，在空間呈魔氈狀分布，性質極為脆弱，受強酸、強鹼、高溫作用都會分解，這就對於人工合成造成極大困難。伍華德設計了一個拼接式合成方案，即先合成維生素 B_{12} 的各個區域性，然後再把它們對接起來，這種方法後來成了合成所有有機大分子普遍採用的方法。

　　伍華德合成維他命 B_{12} 時，共做了近千個複雜有機合成實驗，歷時 11 年，終於在他謝世前幾年實現了。合成維他命 B_{12} 過程中，不僅存在一個創立新合成技術的問題，還遇到一個傳統化學理論無法解釋的有機理論問題。為此，伍華德參照了日本化學家福井謙一提出的「前緣分子軌域理論」（Frontier molecular orbital theory），和他的學生兼助手霍夫曼一起，提出了分子軌道對稱守恆原理，這一理論用對稱性簡單直觀地解釋了許多有機化學過程，如電環合反應過程、環加成反應過程、σ 鍵遷移過程等。該原理指出：反應物分子外層軌道對稱一致時，反應就容易進行，這叫「對稱性允許」。反應物分子外層軌道對稱性不一致時，反應就不易進行，這叫「對稱性禁阻」。

　　分子軌道理論的創立，使霍夫曼和福井謙一共同獲得了 1981 年諾貝爾化學獎。因為當時伍華德已去世 2 年，而諾貝爾獎不授給已去世的科學家，所以學術界認為，如果伍華德還健在的話，他必是獲獎人之一，那樣，他將成為少數兩次獲得諾貝爾獎的科學家之一。正如霍夫曼在瑞典受

獎演說中所說：「倘若伍華德教授還在世的話，一定會和我一起再次獲得諾貝爾獎。」

伍華德是出名的工作狂，一輩子都專注在化學研究上。他的化學知識是百科全書式的，對細節過目不忘。他的過人之處在於能博覽群書，又能融會貫通，將別人看來是瑣碎的研究成果整合成完整的知識來解決具體問題。他講課富有傳奇色彩，往往能持續三四個小時。他不喜歡用投影片，而愛用不同顏色的粉筆畫出漂亮的結構式來。在哈佛，他週六的研討課常常講著講著就講到了深夜。他偏愛藍色，他的衣服、汽車是藍色的，甚至停車的車位都塗成藍色。

1979年7月8日，年僅62歲的伍華德因心臟病發作，不幸過早病逝，成為科學界的一大損失。伍華德身為一位全面的化學巨匠，不僅為我們留下重要的科學理論與方法，他的人生經歷也給予我們啟示：

第一，興趣是最好的老師。伍華德從小就對化學非常感興趣。

在讀小學和中學時，經常一個人躲在家中地下室做化學實驗，16歲進入麻省理工學院就讀，立志要成為一名化學家，20歲獲博士學位。他整個身心投入到了化學事業上，當別人問及他獲得成功的訣竅時，他說：「最主要的是強烈的興趣和明確的目標，根據已確定的目標訂出周密的計畫，然後盡一切可能使其實現。」

第二，勤奮踏實、勇於追求的工作精神。他養成了一種熱愛工作、勇敢追求的作風，讀書和工作起來，經常忘記一切，有時幾天不回家。在有機合成過程中，以驚人的毅力夜以繼日工作，有時每天只睡4個小時，其他時間均在實驗室工作。他在合成維他命 B_{12} 的艱鉅工作中，由於沒有得到預料的結果，便孜孜不倦地追根溯源，經過幾十年的有機合成實踐才最終完成。

第 4 章　現代化學的變革之路（下篇）

　　第三，善於與他人合作。科學發展到了今天，要完成一項高水準研究，其複雜程度已絕非任何傑出的個人所能單獨完成，只有在集體配合下，經過長期共同努力才有可能達到。每個科學工作者對個人的研究都有一種深厚的感情，這本來是一種很自然的事，但同時也要充分估量個人的研究和其他人研究的關係，只有這樣，才能開闊眼界，從不同角度考慮問題。

　　第四，謙虛和善，不計名利。伍華德發表論文時，總喜歡把合作者的名字署在前邊，對他的這一高尚品格，和他共事的人都眾口稱讚。他一生共培養研究生、進修生500多人，學生布滿世界各地。伍華德在總結他的工作時說：「之所以能取得一些成績，是因為有幸和世界上眾多能乾又熱心的化學家合作。」他的名言是：「沒有通用的反應，所有反應都必須逐個做才能確定結果。」

第 9 節　福井謙一與前緣分子軌域理論

　　福井謙一（Fukui Kenichi）於1918年10月4日出生在日本奈良縣井戶野町一個職員家庭。他父親畢業於東京商科大學，供職於一家英國公司。家境富裕的福井自幼便受到良好教育，不僅學習過《論語》等傳統典籍，同時也受到歐美文化和先進科學技術的薰陶。中學時代的福井數學與德語成績優異，但這位日後的理論化學家卻對化學不感興趣。在進入大學的升學考試中，福井受到家族親戚的影響，選擇了自己最不喜歡的化學作為終身事業。

　　1938年福井考入京都大學工業化學系，進入大學的福井沒有放棄自己對數學的興趣，選修了大量數學和理論物理方面的課程，這一時期打下了

第 9 節　福井謙一與前緣分子軌域理論

堅實的數理基礎。1941 年福井大學畢業,進入京都大學燃料化學系攻讀碩士學位,當時的歐洲量子理論正處於空前的發展之中,福井接觸到當時理論科學研究前沿。

1943 年任京都大學講師,1948 年獲得博士學位。畢業後留在京都大學燃料化學系,在一間條件簡陋的研究室中從事理論研究。

1951 年起福井任京都大學物理化學教授,同年,發表了前緣分子軌域理論的第一篇論文〈芳香碳氫化合物中反應性的分子軌道研究〉,奠定了福井理論的基礎。他初期的工作並不為人們所認可,同事和上司認為福井不專心從事應用化學的研究,將量子力學引入到化學領域,是不切實際和狂妄的;日本學術界對福井的理論也不重視,直到 60 年代,歐美學術界開始大量引用福井的論文後,日本人才開始重新審視福井理論的價值。由於福井在前緣分子軌域理論方面開創性的工作,京都大學逐漸形成了一個以他為核心的理論化學研究團隊,福井學派也成為量子化學領域一個重要學派。

福井思想活躍,治學嚴謹,在長期從事化學、化工教學和研究中取得優異成績,撰寫了大量論文和著作,特別是集研究成果之大成的《化學反應與電子的軌道》、《定向和立體選擇理論》等著作,在化學界影響很大。1981 年福井謙一與提出分子軌道對稱性守恆原理的美國科學家霍夫曼分享了諾貝爾化學獎,同年被選為美國國家科學院外籍院士。

福井是第一個分享諾貝爾化學獎的東方人。他獲得諾貝爾化學獎,在日本科學界引起很大反響,很多日本學者把福井獲獎看成是推進日本科學新進展的良好機會。世界各國化學界同行也高度讚賞福井謙一創立的前緣分子軌域理論,認為他的理論是認知化學反應過程發展道路上的一個重要里程碑,對繼續進行深入研究的人們具有極大的鼓舞作用。福井謙一的成

第 4 章　現代化學的變革之路（下篇）

功給我們如下啟示：

第一，要勇於突破。福井本來是京都大學工程系的大學生和研究生，所從事的學習、教學工作屬於應用化學，是一位傑出的實驗化學家，然而與眾不同的是，他非常注重理論問題的研究，在量子力學方面造詣很深。這主要在於他把基礎研究與應用研究有機地結合起來，找到突破的方向，形成獨特風格，站在理論的高度，使經驗色彩濃厚的化學盡可能非經驗化。

第二，抓住主要矛盾。福井在全面分析各軌道和電子在化學反應中變化情況時，能抓住主要矛盾，充分看出分子中結合得最鬆散的電子，即能量最高的電子在反應過程中的特殊作用，創造性提出前線電子和前緣分子軌域理論。他應用量子力學計算電子密度和描繪能級圖，把簡單分子軌道理論向前推進一大步，在不使用大型電腦做複雜計算時，也能較好推測和解釋一些化學反應的條件、產物和反應機理。

第三，不輕言放棄。雖然前緣分子軌域理論長期遭到冷遇，但他也沒有放棄，直到 60 年代中期，由於霍夫曼和伍華德理論的建立使這一理論才受到普遍重視。福井前緣分子軌域理論長期被忽視的原因是多方面的，起初，前緣分子軌域理論沒有找到適當的數學方程式，主要是藉助於簡單的休克爾（Erich Hückel）分子軌道理論對大量化學實驗數據進行概括，並非依靠高深的數學推導和精確的計算，似乎是理論與經驗結合的定性方法。這與當時西方利用大型電腦做精確計算，以求化學純理論的潮流大相逕庭。看起來前緣分子軌域理論好像把複雜問題簡單化了，然而恰恰展現了福井謙一的獨創精神和前緣分子軌域理論的真正價值。其次，前緣分子軌域理論長期被忽視還由於日本在工藝技術方面的發展優勢，掩蓋了基礎理論研究上的某些相對薄弱環節。福井提出前緣分子軌域理論的初期，日本正處於戰敗後的經濟恢復階段，戰爭的災難和沉重的壓力還沒有完全解

除，科學尚處於重新起步的發展時期。在這種情況下，福井高水準創造性的科學發現，在日本國內沒有碰到知音是不足為怪的。前緣分子軌域理論長期被忽視的另一原因，是日語在對外進行學術交流時的語言障礙，學習和掌握日語比較困難，特別是對於習慣使用英語等西方語言的人問題就更大了，這就大大限制了日語論文和書籍的影響力，由於語言上的障礙，影響了日本科學對外的傳播。

第四，高水準的科學發現往往在國內碰不到知音。這種現象，不只在日本有，在其他國家也存在，科學創造需要很多條件，物質的、精神的、社會的、心理的，社會環境影響尤為突出。由於各國具體情況不同，需要把發展科學的一般規律與本國實際情況結合起來，制定適宜的政策，以利於發揮人的聰明才智，鼓勵探索勇氣和創造精神，使本國的科學事業較快而順利地發展。在國際上，廣泛進行學術交流，取人之長，補己之短，對科學發展和繁榮經濟十分有利。但學習外國的先進科學技術，不應盲目崇拜，特別要防止民族自卑心理束縛科學創造精神和創新意識。

第 10 節　克立克與 DNA 雙螺旋結構

克立克 (Francis Crick) 1916 年出生於英國，父親是一位鞋廠老闆，因為他幼時總是問許多科學問題，父母便買了一本百科全書給他。

1934 年中學畢業，他考入倫敦大學物理系，3 年後大學畢業，隨即攻讀博士學位。然而，1939 年爆發的第二次世界大戰中斷了他的學業，他進入海軍研究魚雷，也沒有什麼成就。戰爭結束，步入「而立之年」的克立克在事業上仍一事無成。1950 年，他 34 歲時考入劍橋大學物理系攻讀研究生學位，想在著名的卡文迪許實驗室研究基本粒子。

第 4 章　現代化學的變革之路（下篇）

這時，克立克讀到薛丁格的一本書《生命是什麼》(What Is Life?)，書中預言一個生物學研究的新紀元即將開始，並指出生物問題最終要靠物理學和化學去說明，而且很可能從生物學研究中發現新的物理學定律。克立克深信自己的物理學知識有助於生物學的研究，但化學知識缺乏，於是他開始發奮攻讀有機化學、X 射線衍射理論和技術，準備探索蛋白質結構問題。

1951 年，美國一位 23 歲的生物學博士華生 (James Dewey Watson) 來到卡文迪許實驗室，他也是受到薛丁格《生命是什麼》的影響。克立克與他一見如故，開始了對遺傳物質脫氧核糖核酸 DNA 分子結構的合作研究。他們雖然性格相左，但在事業上志同道合。華生和克立克經常和在倫敦工作的威爾金斯共同研究和討論問題。

克立克試圖用數學計算方法來解決 DNA 分子結構問題。他整天沉浸於數學公式裡，沉默寡言。一天，他在常去的小餐廳吃飯時，感到一陣劇烈的頭痛，於是連實驗室也沒去就回家了。

他坐在煤氣取暖器旁邊什麼也沒做，過了一會兒又覺得實在無聊，於是他又動手算了起來。很快他發現問題的答案已經找到了，他太激動了！開始思考這 DNA 分子一定是某種形式的螺旋體，也就是說它是呈一圈一圈盤旋形狀的。

與此同時華生正埋頭忙於他的 X 光攝片工作，他一心想要拍攝幾張能顯示 DNA 結構的片子來。他想，如果能找到一個正確的拍攝角度，使他的片子能顯示出分子的結構那該多好啊！

他開啟 X 光攝影機，開始沖洗一張剛從 25 度角拍攝的片子。當他把溼淋淋的片子湊到燈前一看，馬上發覺自己成功了，螺旋形的線條看得清清楚楚。

第 10 節　克立克與 DNA 雙螺旋結構

斷定了 DNA 的結構是一個螺旋體以後，緊接著需要解決的是，這個螺旋體究竟是由單鏈、雙鏈還是三鏈構成呢？為了解決這個問題，他們繼續雙螺旋結構的提出，揭開了生物遺傳訊息傳遞的祕密。雙螺旋結構（圖 4-2）使人們有可能更好地解釋環境和遺傳的關係，解釋為什麼遺傳性狀會發生突然改變，從而有利於進行各種酶的合成，為生命的起源揭示更多的內幕。

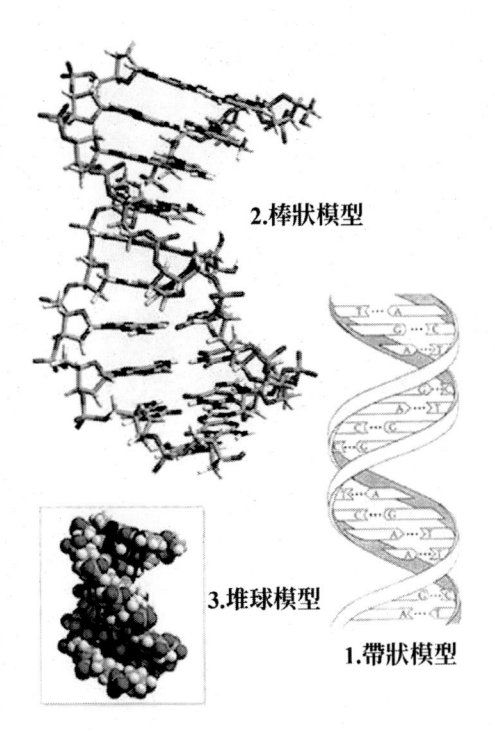

圖 4-2　DNA 雙螺旋結構

1953 年 4 月，華生和克立克在美國《自然》雜誌上發表了〈脫氧核糖核酸結構〉的著名論文。這篇論文的文字不多，但它可以與著名生物學家達爾文的《物種起源》相提並論，它開創了分子生物學的新時代。受華生和克立克發現的啟發，後來威爾金斯（Maurice Hugh Frederick Wilkins）在

第 4 章 現代化學的變革之路（下篇）

《自然》雜誌上發表論文，以大量的數據論證 DNA 雙螺旋結構的正確性。華生、克立克和威爾金斯三位科學家由於對揭示生命之謎做出重大貢獻，共同獲得 1962 年的諾貝爾生理學或醫學獎。

後來，克立克又單獨首次提出蛋白質合成的中心法則，即遺傳密碼的走向是：DNA → RNA →蛋白質。他在遺傳密碼的比例和翻譯機制研究方面也做出了重大貢獻。

DNA 雙螺旋結構的發現，被認為是 20 世紀自然科學最偉大的三個發現（相對論、量子力學和 DNA 雙螺旋結構）之一，為基因工程奠定了基礎。70 多年來，在研究 DNA 過程中湧現出的基因克隆、基因組測序以及聚合酶鏈式反應等技術，直接促進了現代生物技術產業的興起。一些高產、抗病蟲害的優質基因改造農作物產品，已走進千家萬戶。我們可以從中獲取幾點深刻的啟示：

第一，將一個學科發展成熟的知識、技術和方法應用到另一學科的前沿，能夠產生重大的創新成果。學科交叉又是創新思想的泉源，物理分析方法和化學分子鍵知識對建立正確的 DNA 雙螺旋結構模型發揮了決定性的作用。因此，要善於利用自身累積的知識優勢，發現學科交叉的切入點，及時開闢新的發展方向。

第二，進入新領域的青年科學家應該像克立克那樣，不畏艱險、不怕失敗，堅定不移地努力實現認定的目標。要勇於爭論，更要善於合作，像華生和克立克既會頑強地堅持己見，又能靈活地傾聽對方意見，在爭論中互相尊重，發揮各自的長處，最後服從真理，達成共識。

第三，實驗是檢驗理論的唯一標準，保持理論和實驗的密切結合是取得重大發現、證明理論正確的關鍵。當重大發現的時機已經成熟，在何時、何地、由何人發現則是由很多因素綜合決定，確定最有發展前途的研

究方向，創造適合重大發現的環境條件，辨識和支持優秀人才，也是科學研究機構的領導者應當關注並加以重視的問題。

第四，DNA 結構的發現使當代醫學受益良多。分子生物學使科學家能更深入研究基因等遺傳因素在疾病發作中的作用，為設計藥物提供了新的方法，同時也催生了基因診斷以及基於 DNA 技術的治療新方法，還促進了法醫鑑定技術的提升。用基因工程技術開發出的干擾素、胰島素和抗體等，成為近年來發展最快的新型治療方法。科學發展的實踐證明，他們這一創造性的發現大大促進了生物科學在分子水準上的研究，使生物學的面貌煥然一新，所以這個模型也被譽為 20 世紀自然科學最偉大的發現之一。

第 11 節　托德與核酸

托德（Alexander Robertus Todd），英國生物化學家。1907 年 10 月 2 日出生於格拉斯哥，中學畢業後入格拉斯哥大學就讀，1928 年獲學士學位。經短期科學研究訓練後轉入德國法蘭克福大學攻讀學位，1931 年獲博士學位，論文題目為〈膽汁酸化學〉。1931～1934 年跟隨諾貝爾化學獎得主魯賓遜（Robert Robinson）做花色素及其他有色物質的研究，1933 年獲牛津大學博士學位。

1934 年他到蘇格蘭愛丁堡任教，兩年後又轉往李斯特預防醫學研究所工作，1937 年任倫敦大學化學系高級講師，1938 年在曼徹斯特大學任化學實驗室主任，1944 年任劍橋大學有機化學教授。

托德最大貢獻是對核酸、核苷酸及核苷酸輔酶的研究，建立其連線方式。他指出：在核酸裡，一個核苷酸核糖與另一個核苷酸核糖由一個磷酸

第 4 章　現代化學的變革之路（下篇）

連線起來，核酸就是用這種方式把許多核苷酸連成一個長鏈結構。

核酸是由許多核苷酸聚合成的生物大分子化合物，為構成生命的最基本物質之一，廣泛存在於所有動物、植物細胞、微生物體內，核酸常與蛋白質結合形成核蛋白。不同的核酸，其化學組成、核苷酸排列順序不同。根據化學組成不同，核酸可分為核糖核酸（簡稱 RNA）和脫氧核糖核酸（簡稱 DNA）。DNA 是保存、複製和傳遞遺傳訊息的主要物質基礎。

核酸在生長、遺傳、變異等一系列重大生命現象中起決定作用。現已發現近 2,000 種遺傳性疾病都和 DNA 結構有關。如人類紅血細胞貧血症是由於患者的血紅素分子中一個胺基酸的遺傳密碼發生了改變；白化病患者則是 DNA 分子上缺乏產生促黑色素生成的酪胺酸酶的基因所致；腫瘤的發生、病毒的感染、射線對機體的作用等都與核酸有關。1970 年代以來興起的遺傳工程，使人們可用人工方法改組 DNA，從而有可能創造出新型的生物品種。如應用遺傳工程方法已能使大腸桿菌產生胰島素、干擾素等珍貴的生化藥物。

托德還測定了維生素 B_1、維生素 E 的化學結構，證明大麻植物可用於生產麻醉劑，研究了磷酸鹽生物反應機理及生物顏料等問題。

托德因核苷酸與核苷酸輔酶結構的研究成果，榮獲 1957 年諾貝爾化學獎。他曾擔任過國際純粹化學與應用化學聯合會主席，1952 年被選為英國政府科學政策顧問委員會主席。

最新研究顯示：小到感冒，大到愛滋病、天花，以及近年來被人們所熟知的禽流感、豬流感，新冠肺炎，都是由病毒感染引起的。病毒是由核酸（DNA 或 RNA）和蛋白質外殼構成的、在細胞內生存的寄生物。它們侵襲細胞後，會利用細胞自己的遺傳物質和蛋白等複製更多相同病毒。在此過程中，病毒會產生雙鏈 RNA，這種物質在人體自身細胞內都是不存

在的。而如果人體內被病毒感染的細胞能及時「自殺」，進入自我凋亡過程，就可以消滅病毒。該項研究成果在抗病毒醫療方面具有類似於青黴素被發現的意義，有潛力成為一種治療病毒的「萬能藥」，使很多至今無法根治的由病毒引起的疾病有被治癒的可能。如果真是這樣，那麼人類和病毒的戰爭也許從此可以畫上一個完美的句號！

第 12 節　桑格與胰島素

桑格（Frederick Sanger）是一位英國生物化學家，曾經在 1958 年及 1980 年兩度獲諾貝爾化學獎。在此之前，瑪里・居禮因發現放射性物質和發現並提煉出鐳和釙榮獲 1903 年諾貝爾物理學獎和 1911 年諾貝爾化學獎；美國物理學家巴丁（John Bardeen）因發明世界上第一支電晶體和提出超導微觀理論分別獲得 1956 年和 1972 年諾貝爾物理學獎；美國化學家鮑林因為將量子力學應用於化學領域並闡明了化學鍵的本質、致力於核武器的國際控制而榮獲 1954 年諾貝爾化學獎和 1962 年諾貝爾和平獎；桑格是第四位兩度獲得諾貝爾獎的科學家，並且是唯一一位獲得兩次諾貝爾化學獎的人。

桑格 1918 年 8 月 13 日生於英國格洛斯特郡，高中畢業後，進入劍橋大學聖約翰學院，並於 1939 年完成自然科學學士學位。他原本打算研究醫學，但後來對生物化學產生興趣，劍橋在當時也正好有許多早期的生物化學先驅，於是就到劍橋分子生物學實驗室工作。1943 年獲得博士學位，並留校繼續從事生物化學研究工作。

1951 年開始，他在醫學研究理事會的資助下從事研究，1955 年研究確定了牛胰島素的化學結構，從而奠定了合成胰島素的基礎，並促進了對

第 4 章　現代化學的變革之路（下篇）

蛋白質分子結構的研究。

用桑格自己的話說，他是個非常靦腆、不擅長與人共事的人，既無領導能力，又無籌措資金的本事，所以只好用不多的經費獨自做研究。他問自己，究竟什麼樣的研究會對社會產生巨大影響呢？考慮的結果，覺得能對社會產生巨大影響的，就是找出測定蛋白質、核酸以及多糖類等高分子基本物質結構排列順序的方法。一旦找出這種測定方法，將大大方便廣大研究人員對分子結構的研究。

1940 年，當時只有蛋白質可以分離純化，於是他決定從胰島素的胺基酸排列入手。雖說胰島素的分子量很小，但卻是醫學上的一種重要物質。

桑格首先提出了一個測定蛋白質胺基酸排列順序的方法，就是先為蛋白質一端的胺基酸著色、切割，然後用紙上色層分離法分離測定胺基酸。他用這種方法確定了胰島素的胺基酸排列順序，為此榮獲 1958 年諾貝爾化學獎。獲獎使他得到劍橋大學的教授職務。為了盡可能保障有充裕的研究時間，學校免去了他的授課任務。

桑格的第二個目標是找出測定 RNA 的鹼基排列方法。原理與確定胺基酸排列順序相同，先標記 RNA 的核苷酸末端，然後用濾紙將其分離。然而，就在這項研究快要完成之時，霍利（1968 年諾貝爾生理學或醫學獎得主）宣布已解決了 RNA 的鹼基排列順序問題。桑格博士的研究成了「二手貨」。桑格沒有氣餒，馬上又投入下一個項目的研究中去。

他選的第三個研究項目是找出測定 DNA 的鹼基排列方法，原理仍和前兩次相同。只是當時考慮到與鹼基種類相應的特殊酶還沒有發現，可能無法切斷 DNA 鏈。如果切不斷，就考慮以該 DNA 為模板，合成出所需的片段。在分離片段上他沒有採用濾紙，而是使用了瓊脂。1980 年，桑格博士再次獲諾貝爾化學獎。

第 12 節　桑格與胰島素

　　桑格為什麼能開發測定胺基酸排列和鹼基排列的方法並且兩次獲得諾貝爾化學獎呢？前面提到，桑格博士性格內向、靦腆，不擅領導又無力籌錢，這些對獲獎極為不利。但這種性格恰恰使他免於面對多種選擇，減少了外來干擾，精力全部集中在自己做出的唯一選擇上。將不利變成有利，所以他能一次、再次地獲獎。

　　追溯桑格獲獎的原因，首先，如果他不到英國劍橋分子生物學實驗室工作，不會兩次獲獎。其次，如果不是一位叫佩魯茲（Max Ferdinand Perutz）的劍橋分子生物學實驗室主任的推薦和邀請，桑格也不會到劍橋分子生物學實驗室工作，就沒有太大的可能兩次獲諾貝爾獎。

　　桑格 1939 年畢業後一年，當時的劍橋分子生物學實驗室主任佩魯茲就聘請桑格到劍橋分子生物學實驗室工作，相當多的人對佩魯茲的選擇感到不可思議，為什麼要選這樣一位沒什麼影響和資歷的年輕人到鼎鼎大名的劍橋分子生物學實驗室工作呢？要知道多少才華橫溢的人千方百計想到那工作都無法如願。再說，桑格並未做出過什麼驚人的成績，所以勸告者一再請佩魯茲三思而行。佩魯茲顯然更相信自己的判斷力，儘管有人反對，但他還是認為應該邀請桑格到劍橋分子生物學實驗室來工作。在佩魯茲做這個決定時有兩點很簡單的理由：一是那裡需要富於闖勁和思想解放的年輕人，這是佩魯茲一貫的觀點和劍橋的風格；二是當時那裡缺少化學專業方面的人才。當然在這個決定的背後還有一個誰也想不到的主要原因。

　　佩魯茲透過自己的了解，認為桑格很有思想，有一種與他人不同的原創性和創新思維。這不僅展現在桑格的碩士論文上，提出了連博士課題都不曾具有的創意和思想，而且也展現在桑格畢業後極短的工作經歷中。

　　佩魯茲有權獨立聘用研究人員，所以他就以這樣簡單的理由和直覺把

別人夢寐以求的機會送給了桑格，同時佩魯茲和劍橋分子生物學實驗室為桑格提供了工作和生活所必需而又充分的條件，結果就是桑格努力和才幹的超常發揮，以自己兩次獲諾貝爾獎的成果不僅證明了佩魯茲的眼光和選拔人才的正確，而且為劍橋分子生物學實驗室和劍橋大學增添了榮譽。

雖然桑格的成果和經歷有典型性和偶然性，但實際上是與他所生活的那個環境的文化、思維方式和體制分不開的，只要現實需要，有創意者和有才幹者，無論年齡大小，有無資格，都可以上陣。

桑格於 1982 年退休，英國醫學研究理事會於 1993 年成立了桑格中心。這座研究機構現在稱為桑格研究院，地點位於英國劍橋，是世界上進行基因組研究的主要機構之一。

第 13 節　利比與放射性碳測年法

利比（Willard Frank Libby），美國物理化學家，1908 年 12 月 17 日出生於科羅拉多州大峽谷區。1927 年進入加利福尼亞大學柏克萊分校就讀，1931 年畢業獲學士學位，1933 年獲博士學位。同年受聘加利福尼亞大學化學系講師，1941 年獲古根海姆紀念研究基金資助去普林斯頓大學做研究。因二次大戰爆發，基金專案終止，利比奉命告假離開加利福尼亞大學化學系去哥倫比亞大學參加曼哈頓研究計畫，用氣體擴散法分離鈾同位素，直至戰爭結束。

戰後，利比被芝加哥大學化學系和費米原子核研究所受聘為化學教授，1950～1962 年任美國原子能委員會委員，是美國國家科學院、海德堡科學院院士，美國哲學會、物理學會、化學會、地球化學會、航空與航太學會會員。1954 年 10 月被美國總統艾森豪任命為原子能委員會委員，1962

第 13 節　利比與放射性碳測年法

年任地球物理與天體物理研究所所長。

利比主要研究輻射化學、熱原子化學、示蹤技術與同位素示蹤以及水文和地球物理方面的應用，對研製第一顆原子彈、宇宙探索、環境科學、氣候變化預測、地震預報、消除汙染等也有貢獻。1947 年創立了放射性碳 14 測定年代的方法，在考古學中得到了極其重要的應用，因而榮獲 1960 年諾貝爾化學獎。

碳 14 測年法以碳的放射性為依據。碳是自然界中廣泛存在的元素，天然碳有三種同位素，即碳 12、碳 13 和碳 14。碳 12 和碳 13 不具放射性，碳 14 具有放射性，放射性碳 14 在自然界含量極少。利比創立的測年法，正是利用碳 14 的這種特性。

碳 14 的半衰期為 5,730 年，這就意味著經過 5,730 年後原來碳 14 的含量就只剩下一半了，再過 5,730 年後就只剩一半的一半，雖然碳 14 不斷地在衰減，但是新的碳 14 也在大氣圈外層源源不斷地產生，基本上可以「收支平衡」，使得大氣圈內碳 14 總體含量保持不變。大家可以想像一下，植物透過光合作用吸收二氧化碳，動物吃植物，還要呼吸，所以每個活著的生命體內的碳元素總在與外界進行交換，從而也保持了空氣中基本的水準。一旦生命體死去以後，它再也無法吸收新的碳 14，而體內的碳 14 又在衰減。放射性元素的衰變是時間的函式，碳 14 也不例外。不論颱風還是下雨，經過 5,730 年後一半的碳 14 就會衰變為氮並釋放出 β 粒子（一個電子）。

當生物失去新陳代謝作用，碳 14 循環進入生物體內的過程就停止，這時，留在體內的碳 14 就只能按照其固有的半衰期 5,730 年的衰變速率逐漸減少。因此，埋藏地下深層的樣品，只要按碳 14 的放射性衰變公式進行計算，便可推出待測物品的存在年代。

這個方法適應於考古學和地質研究，常用樣品為木炭、貝殼、骨骼、紙張、皮革、衣服以及某些沉積碳酸鹽等。利比 1947 年創立了碳 14 測年法，在 1950 年後這一方法被廣泛應用於考古學的年代測定，解決了不少遺址的年代測定問題，甚至被當時的西方史學界稱為「斷代史上的一次革命」。

第 14 節　澤維爾與飛秒化學

澤維爾（Ahmed H. Zewail）1946 年 2 月 26 日生於埃及。1967 畢業於埃及亞歷山大大學，1969 年獲得碩士學位，同年赴美國賓夕法尼亞大學化學系攻讀，1974 年獲博士學位。

1976 年起在加州理工學院任教，1990 年成為加州理工學院化學系主任。他是美國科學院、美國哲學院、第三世界科學院、歐洲藝術科學和人類學院等多家科學機構的會員。

1999 年諾貝爾化學獎授予澤維爾，表彰他應用超短雷射閃光照相技術觀看到分子中的原子在化學反應中如何運動，從而有助於人們理解和預期重要的化學反應，為整個化學帶來了革命。

我們知道，從分子的角度來說，化學反應的本身就是分子體系的波函式隨時間的變化在勢能面上運動的過程。實驗中，透過觀察在不同時刻體系的性質，就可以得到這種演化的影像，從而理解反應的具體動力學過程。但是，由於分子內部化學反應過程中，分子間相互作用的過程是在非常短的時間裡發生的，比如說，活化配合物理論中關於「過渡狀態」的概念，長時間來一直是個理論假設，反應物越過這個過渡狀態就形成了產物。由於飛越過渡狀態的時間非常短，被認為不可能透過實驗方法進行測定。

第 14 節　澤維爾與飛秒化學

　　1980 年代末澤維爾做了一系列試驗，他用可能是世界上速度最快的雷射閃光照相機拍攝到一百兆分之一秒瞬間，處於化學反應中的原子化學鍵斷裂和新鍵形成的過程。這種照相機用雷射以幾十兆分之一秒的速度閃光，可以拍攝到反應中一次原子振盪的影像。他創立的這種物理化學被稱為飛秒化學（femtochemistry），飛秒即毫微微秒（是一秒的千兆分之一）。他用高速照相機拍攝化學反應過程中的分子，記錄其在反應狀態下的影像，用以研究化學反應。過去人們是看不見原子和分子的化學反應過程的，現在則可以透過澤維爾教授開創的飛秒化學技術研究單個原子的運動過程。

　　澤維爾的實驗使用了超短雷射技術，猶如電視節目透過慢動作來觀看足球賽精采鏡頭那樣，他的研究成果可以讓人們透過「慢動作」觀察處於化學反應過程中的原子與分子的轉變狀態，從根本上改變了我們對化學反應過程的認知。澤維爾透過對基礎化學反應的先驅性研究，使人類得以研究和預測化學反應，因而為化學以及相關科學領域帶來了一場革命。可以預見，運用飛秒化學，化學反應將會更為可控，新的分子將會更容易製造。1998 年埃及發行了一枚印有他肖像的郵票以表彰他在科學上取得的成就。

　　澤維爾的科學道路給予我們如下啟示：

　　第一，善於抓住科學中的核心問題。澤維爾所從事的研究屬於超快化學反應動力學領域，而他則緊緊地抓住了「縮短脈衝寬度」的運用這一條。他的實驗室所採用的雷射脈衝一直是世界上脈寬最窄的。短脈衝雷射的脈衝寬度由幾十皮秒進展到幾百飛秒，到現在的幾飛秒，短脈衝雷射技術有了飛速的發展。雷射技術的每一次進步都歷盡艱難，將它運用於實驗研究也要歷盡辛苦。澤維爾日益求「短」，終於取得科學上的突破，我們不禁由衷欽佩澤維爾抓住關鍵問題，集中力量改進和運用最重要技術的精神和態度。

第二，執著的科學精神。由於早期的飛秒技術並不像現在這樣成熟，雷射脈寬有幾百皮秒，實驗的難度是難以想像的。

要把雷射脈寬不斷壓縮是一件很困難的工作，而要設法把超短雷射脈衝用於探測化學反應，更需要巧妙的設計和精心的實驗。

澤維爾鍥而不捨，孜孜以求，幾十年如一日，堅持在這一領域探索。在澤維爾的帶領下，他的研究小組不僅開闢了飛秒化學這一領域，讓人類向揭開化學反應本質邁進了關鍵性的一步，更使加州理工學院成為世界上研究飛秒化學的中心，培養了許多一流的科學家。

第三，強烈的民族感。澤維爾雖然在美國工作，但他始終都未忘記他是一個埃及人。他熱愛自己國家悠久燦爛的文化，珍視阿拉伯民族給他的一切。他愛好和平，多少年來從未忘記為祖國的科技建設貢獻自己的力量。1974年，他在自己博士論文的扉頁上就寫了下面的格言：「沒有理由認為阿拉伯人已經失去了那些曾經成為西方知識泉源的天賦、信念、知識和想像力！」

第15節　李遠哲與交叉分子束

1936年11月29日，李遠哲（Yuan-Tseh Lee）出生於新竹，他的父親是一位畫家。童年時代的李遠哲非常愛玩，棒球、網球、乒乓球都打得很好。

李遠哲在中學時代看了大量的書。他讀了《居禮夫人傳》後，第一次感到當科學家不僅能從事很有意義的科學研究，而且可以享有非常美好的人生，他下決心要像瑪里·居禮那樣，把一生都獻給科學事業。

高中畢業後，李遠哲被保送到臺灣大學化學系，後到新竹清華大學讀

第 15 節　李遠哲與交叉分子束

研究所。研究所畢業後，去美國加利福尼亞大學柏克萊分校留學，1965 年獲化學博士學位，隨後到哈佛大學化學系隨赫施巴赫（Dudley R. Herschbach）從事分子反應動力學研究。1967～1968 年間，李遠哲幾乎每天工作十五六個小時，自己設計，自己動手，把一臺交叉分子束實驗設備建立起來（圖 4-3）。他的導師看後感嘆地說：「這麼複雜的設備，大概只有臺灣人才能做出來！」他稱讚李遠哲是「物理化學界的莫札特」。

李遠哲曾獲得美國化學學會的哈里遜・豪獎、德拜物理化學獎、勞倫斯獎、美國國家科學獎章、英國皇家化學法拉第獎，在 1986 年榮獲了諾貝爾化學獎。李遠哲是繼美國物理學家李政道、楊振寧和丁肇中之後，第四位獲得諾貝爾獎的美籍華人，也是第一位獲得這項獎的臺灣科學家。

圖 4-3　交叉分子束實驗設備

李遠哲獲獎，是由於他對交叉分子束方法的研究，對了解化學相互反應的基本原理，做出了重要突破，為化學動力學開闢了新領域。分子束是一門新學問，交叉分子束方法是李遠哲攻讀博士學位後，與同時獲諾貝爾化學獎的指導教授赫施巴赫共同研究創造的。李遠哲不斷改進這項創新技

術，將這種方法運用於研究較大分子的重要反應。他設計的「分子束碰撞器」和「離子束交叉儀器」能分析各種化學反應的每一階段過程。目前，分子束已在工業上發揮巨大作用。例如，開發超大型積體電路時，借用分子束的技術，把極高純度的半導體原子積存在電腦板上。交叉分子束實驗設備的另一個十分重要的功能是任何其他方法所不具備的，那就是不但可以用來研究單次碰撞的化學反應，還可以透過一系列的物理基本原理推斷基元反應的產物。

此外，若把分子束技術和雷射結合在一起，還能進行非常精細的工作，例如能研究原子軌道和分子空間的反應。過去只是從理論上知道反應的途徑與軌道的對稱性關係，現在則看到了這種現象，這是一個重大的飛躍。分子束實驗技術和雷射技術的結合，使人們對基元反應的了解向前邁了一大步。

1994年，李遠哲回到臺灣接受臺灣中研院院長之重擔，同時決定放棄美國國籍，全力投入推動國內科學研究的發展，展現出他濃郁的愛鄉情懷與無私奉獻的品格。十多年來，他一直與中國科技大學開展學術交流，並幫助科大化學系開展化學動力學的研究工作。中國科技大學和中國科學院化學研究所、上海復旦大學授予他榮譽教授頭銜。他還指導大連生物研究所和北京化學研究所建立了三套分子束設備。

第 16 節 恩斯特與核磁共振技術

恩斯特（Richard Ernst），瑞士物理化學家，1933年生於瑞士溫特圖爾，1962年獲博士學位。

1963年加入瓦里安公司從事傅立葉變換核磁共振的研究。1991年，

第 16 節　恩斯特與核磁共振技術

以發明傅立葉變換核磁共振分光法和二維核磁共振技術而獲得諾貝爾化學獎。

13 歲時，恩斯特在自家閣樓上發現了一個裝滿化學藥品的箱子，這些藥品是他叔叔留下來的。他的這個叔叔是一個冶金工程師，對化學和攝影很感興趣。他幾乎立刻就被迷住了，嘗試用它們進行各種試驗，有的發生了爆炸，有的產生了難以忍受的毒氣，這讓他父母心驚肉跳。後來他開始閱讀所有可能得到的化學書籍，很快他意識到自己將成為一名化學家。

讀完中學後，恩斯特滿懷希望與熱情進入瑞士聯邦技術研究院學習化學。1963 年，他加入瓦里安公司，當時很多著名的科學家在為該公司工作，其中之一的安德森教授正在試圖發明傅立葉變換核磁共振儀，恩斯特參與其中，1964 年取得了重大進展，實驗最終獲得了成功。

核磁共振是有機化合物鑑定和結構測定的重要方法。一般根據化學位移鑑定分子中存在的基團，根據由自旋耦合產生的分裂峰數及耦合常數確定各基團間的聯結關係。核磁共振譜可用於化學動力學方面的研究，如分子內旋轉、化學交換、互變異構、配合物的配體取代反應等，還應用於研究聚合反應的機理和高聚物的序列結構。近年來，核磁共振成像技術已成為臨床診斷和研究生物體內動態過程的強而有力工具。

恩斯特發明了傅立葉變換核磁共振分光法和二維核磁共振技術，在現代核磁共振波譜學中實現了兩次重大突破，成為現代核磁共振波譜學的奠基人。1960 年代初期，他首先把電腦技術引進核磁共振波譜學，應用新的資訊處理方法和快速傅立葉變換，從瞬態脈衝激勵的衰減訊號中獲取頻譜，從而形成了脈衝傅立葉變換核磁共振技術。傅立葉轉換是法國數學家傅立葉在 19 世紀初提出的理論，是兩種不同變數的函式，可以用一系列的三角函式來互相轉換，而保有原來函式所帶的特性。

第4章　現代化學的變革之路（下篇）

　　天文學家很早就應用該理論處理宇宙中星球傳回來的無線電訊號。時間的函式和頻率的函式就是個例子，假如某物理特性可以用時間的函式表示並測出來，就不需測其頻率的函式了。在該項技術中，由於極狹脈衝的頻譜非常寬，取樣速度比在頻域中快幾千甚至上萬倍，為此可以應用電腦累加技術在同樣或更短的時間內得到比穩態連續波技術高幾個數量級的靈敏度，故大大提升了核磁共振技術的應用範圍，打破了只能測量氫原子核的限制，使除氫譜以外的其他核譜以及在自然界中同位素含量很低的核譜都能分析出來。

　　他還提出了一套完整的研究脈衝傅立葉變換核磁共振的經典理論，證明了脈衝傅立葉變換頻譜與穩態連續波頻譜的等價性，研究了脈衝作用下的飽和效應及橫向干涉，首次提出脈衝對非平衡態自旋有異常影響，並用化學感應動態極化實驗加以證明，這是現代核磁共振常用的極化轉移技術的基本思想。他還提出了不少至今仍有重大影響的實驗方法，有些已成為目前的常規技術。

　　在之後短短的幾年間，傅立葉核磁共振儀成了各個大學及研究機構爭相購置的貴重儀器。這種革命性的創造奠定了恩斯特在科學界尤其是化學界的重要地位。脈衝傅立葉變換核磁共振分光法對生命科學、生物化學、藥物學等領域的研究和發展具有深遠意義。鑑於恩斯特為此做出的傑出貢獻，1991年，瑞典皇家科學院決定授予他諾貝爾化學獎。恩斯特的成功經驗給我們如下啟示：

　　第一，科學研究要眼觀六路。科學的進步一日千里，知識的累積是推動人類文明的主力，雖然各行各業都有大師，但這些人並不是只靠自己就能成功的，他們往往是利用許多前人努力的成果並加以發揚光大，而且還得依靠同輩的支持和幫助。

核磁共振若不是電腦技術和超導技術的快速發展，恐怕也不會有今天的景象。因此，做學問也必須眼觀六路，耳聽八方，切忌埋頭苦幹。

第二，轉變常規思維。1965 年以前，對於核磁共振儀靈敏度的問題，其他科學家按照常規都只是在接收器電子零件上的改進及感應共振訊號探頭上精心設計，這充其量只能把靈敏度提升一倍。而恩斯特卻應用了數學上的傅立葉轉換，使測量核磁共振波譜的方法突破傳統，靈敏度增加了 10～100 倍。如果恩斯特按常規方法，他無法成為諾貝爾獎的獲獎者。

第三，克服困難，追求完美。在 30 多年的學術研究生涯裡，恩斯特遇到過很多困難。他說：「每次遇到困難，我就會克服，克服，再克服！」當有人問及他為什麼能夠取得這樣的成功時，他說：「有幸運，也有努力。」他還說：「人人都是科學家，都是探索者，科學家和普通人的腦子沒有區別。」

恩斯特曾說：「人必須有事業的追求，也有快樂的生活。化學是我的事業，音樂是我的快樂。」他非常喜歡拉大提琴，經常在一些樂團和教堂的音樂合唱隊中露面。曾經有一本雜誌，上面是正在拉小提琴的愛因斯坦，下面是正在演奏大提琴的恩斯特。恩斯特幽默地說：「我比愛因斯坦強，因為我拉的是大提琴。」。

第 17 節　斯莫利與 C_{60}

斯莫利（Richard Errett Smalley），美國有機化學家，1943 年 6 月 6 日生於美國俄亥俄州。斯莫利是四個孩子中最小的一個，從小生活在富裕的中上階層家庭。斯莫利對科學的興趣來自他熱愛科學的母親，他曾和母親透過家裡的顯微鏡觀察單細胞組織，這架顯微鏡是父親送給母親的結婚週

第 4 章　現代化學的變革之路（下篇）

年紀念禮物。

　　1965 年秋天，斯莫利如願以償在紐澤西一家化學公司開始工作。1976 年夏天，斯莫利舉家搬到休士頓，在萊斯大學化學系任助理教授。他之所以來到這裡，是因為柯爾教授（Robert Curl）當時正在使用一種先進的雷射光譜儀進行探索工作，後來的事實證明，斯莫利的這次搬遷有多麼正確。

　　1985 年 9 月，斯莫利與克羅托（Harold Kroto）、柯爾一起，用大功率雷射轟擊石墨靶做為期 11 天的碳氣化實驗，期望得到單鍵和三鍵交替出現、又長又直的氰基聚炔烴分子。他們依靠先進的質譜儀仔細進行觀察，竟意外地在質譜圖上觀察到在 C_{60} 原子的位置上產生了強烈的特徵峰，而且表現出與石墨、金剛石完全不同的性質。他們對此產生了濃厚的興趣，並認為這是一項新的發現，可能是除石墨、金剛石外碳的第三種同素異形體——C_{60} 分子。

　　C_{60} 分子的結構會是怎樣的呢？他們設想可能有兩種結構。首先設想是類似於四面體連線的金剛石結構或片層網狀的石墨結構。但是由於它們表面和周邊的碳原子價態無法飽和，因而不穩定。而 C_{60} 分子穩定存在的事實，恰當地說明它不可能具有金剛石或石墨那樣的結構。這時他們考慮，既然平面層狀結構邊緣的碳原子總有未滿足的價鍵，那麼，如果平面變為曲面，處在邊緣的碳原子相連線而閉合，就可以消除未被滿足的價鍵，使碳原子的價態達到飽和。但是接下去的問題是要進一步設想，這種閉合起來的結構是什麼形狀呢？於是他們又設想 C_{60} 分子是球形空心籠狀結構，這種結構從理論上講是穩定的。他們之所以會有這種設想，主要是克羅托受到美國著名建築設計師富勒（Richard Buckminster Fuller）為 1967 年加拿大蒙特羅世界博覽會美國館設計的奇特的網格球形體建築的啟發，其拱形頂建築由正五邊形和正六邊形組成。他們大膽提出了 C_{60} 分子是由 20 個正六邊形和幾個正五邊形組成的籠狀球，故名「富勒烯」。後來當過

足球運動員的克羅托恍然覺醒，C_{60}這麼面熟，原來它就像足球！

1985年11月14日，他們在英國《自然》雜誌上發表文章，宣布了他們的重大發現。C_{60}的發現就像當年凱庫勒提出苯的結構一樣，開拓了一個新的研究領域。他們三人為此榮獲了1996年諾貝爾化學獎。

自從1985年發現C_{60}到1996年獲諾貝爾化學獎，斯莫利一直沒有閒著：帶領著他的20人研究小組繼續研究奈米碳管，並與人合作成立一家公司，每天生產這種粗細只有人頭髮的1/50000、硬度卻是鋼鐵100倍的未來奈米材料。

然而這位科學家身患癌症，一邊接受著化療，一邊在工作。在萊斯大學他的辦公室裡，擁有一雙深邃的藍眼睛，頭髮因為化療已基本掉光的斯莫利平靜地說：「像普通癌症病人一樣，我要花時間治療，控制癌細胞的數量。我希望自己是最後一個因癌症死亡的人，也希望自己是第一個被治好的癌症病人。」

儘管C_{60}的發現與青黴素的發現一樣具有一定的偶然性，但是C_{60}的發現在人類的科學技術史上卻是必然的，它給我們的啟示是：

第一，C_{60}的發現是人類認知水準發展的必然結果。人類在物理、化學方面，特別是在與碳元素有關的化學領域中所取得的成就為C_{60}的發現奠定了知識基礎。金剛石和石墨是人們早已熟知的碳單質，雖然在1985年以前，科學家不知道除金剛石、石墨外碳元素還存在著C_{60}單質家族，但科學家們卻深深懂得石墨和金剛石外觀和物理性質的差異是由於碳原子排列結構不同造成的。同素異形體的概念也早已根植於化學家的頭腦中，所以，C_{60}的發現可以說是人類科學思維方法的必然結果。

第二，現代化的實驗方法和先進儀器為C_{60}的出現提供了土壤。先進的儀器設備和實驗方法為C_{60}的發現提供了保障，雷射技術和質譜儀是C_{60}

發現過程中的兩大功臣，前者保障了 C_{60} 的產生，後者則是人能夠看到 C_{60} 的眼睛。而像這樣的實驗方法對於任何物理學家或化學家來說都是司空見慣的，因此現代化的實驗方法和先進儀器設備的廣泛使用，為 C_{60} 在特定條件下的必然出現提供了土壤。

第三，科學研究的客觀現象本身就是偶然性和必然性的統一。偶然性是事物發展過程中可以出現、也可以不出現的趨勢，是由事物次要的、非本質的原因引起的。但是當條件或研究對象發生改變時，原來看上去是次要的、潛在的因素可能變得重要和明顯起來。必然性要透過大量的偶然性表現出來，而偶然性又以必然性為基礎，它的背後隱藏著必然性。科學研究中總要伴隨著偶然現象，因此科學工作者要重視研究中出現的意外情況，要有分析判斷造成偶然現象原因的能力。偶然現象為科學發現提供了機遇，然而能否把握住機遇，則要看研究者是否能在不倦的探索中累積豐富經驗，並培養敏銳分辨新事物、新現象的能力，從而對可能出現的新事物、新現象有充分的心理準備和理論準備。一旦把握住，要勇於從實際出發去懷疑和批判傳統觀念，勇於突破現有的理論和經驗。

第 18 節　肖萬與換位合成法

肖萬（Yves Chauvin）出生於 1930 年 10 月 10 日，法國石油研究所教授，他將畢生精力都投入在法國石油研究所的工作中。在這家研究所，他設計並完成了 4 項大型的、在國際市場上獲得巨大商業成功的工業方法。

與此同時，他一直在做涉及面非常廣的科學研究，思路新穎獨特，總是走在時代的前端。

碳是地球生命的核心元素，地球上的所有有機物質都含有它。碳元素

第 18 節 肖萬與換位合成法

通常以單質、化合物或晶體態即「富勒烯」的形式存在。碳原子能以不同的方式與多種原子連線,形成小到幾個原子、大到上百萬個原子的分子,這種獨特的多樣性奠定了生命的基礎,它也是有機化學的核心。

原子之間的連繫稱為鍵,一個碳原子可以透過單鍵、雙鍵或三鍵方式與其他原子連線。有著碳—碳雙鍵的鏈狀有機分子稱為烯烴。在烯烴分子裡,兩個碳原子就像雙人舞的舞伴一樣,拉著雙手在跳舞。所謂有機合成反應就是將不同的化合物以特定的方式反應製造出其他的化合物,透過有機合成,我們可以以已知的化合物為原料合成新的化合物。

我們都知道化學反應有四種基本類型:化合、分解、置換、複分解。複分解反應就是兩種化合物互相交換成分而生成另外兩種化合物的反應。以詞義來看,「複分解」即指「換位」。在複分解反應中,藉助於特殊的催化劑,碳原子舊的束縛不斷被打破,新的束縛不斷形成。

瑞典皇家科學院將 2005 年度的諾貝爾化學獎授予法國化學家肖萬以表彰他弄清楚了如何指揮烯烴分子交換「舞伴」,將分子部件重新組成效能更優的物質。在換位反應中,雙原子分子可以在碳原子的作用下斷裂,從而使原來的原子改變位置。當然,換位過程要靠某些特殊化學催化劑的幫助才能完成。打個簡單的比方,換位合成法就類似於跳舞時兩對舞者相互交換舞伴。諾貝爾化學獎評審會主席阿爾伯格在諾貝爾化學獎授獎儀式上,幽默地走向講臺,邀請身邊皇家科學院的兩位男教授和兩位女工作人員一起,在會場中央為大家表演了烯烴複分解反應的含義。最初兩位男士是一對舞伴,兩位女士是一對舞伴,在「加催化劑」的喊聲中,他們交叉換位,轉換為兩對男女舞伴。這種對換位合成反應的解讀,引起在場人士的愜意笑聲。

在得知自己獲獎的訊息後,肖萬表示:我的發現其實早在 40 年前就已經獲得,然而現在有人說這一發現很有意義,我只是開闢了一條道路,

是同事們的不懈工作才使我能夠得到這一獎項。

換位合成法帶給我們的啟示是：

第一，基礎科學研製應造福於人類、社會和環境。人類如今每天都在化工生產中應用換位合成法這一成果，主要是在藥物和先進塑膠材料的研發上，換位合成反應是尋找治療人類主要疾病的藥物的重要武器。換位合成法成果獲獎，是化學界認為理所當然的事情，不僅是因為他們的科學研究成果本身非常重要，更重要的是在生產生活領域有著極廣泛的實際應用，每天都在惠及於人類，推動了有機化學和高分子化學的發展。

第二，使化學走向「綠色」。諾貝爾獎評審會介紹說，換位合成法是朝著綠色化學方向前進了一大步。換位合成法現在變得更加有效，這主要是因為應用該成果提升了化工生產中的產量和效率，反應步驟比以前簡化，同時減少了副產品，使用起來也更加簡單，只需要在正常溫度和壓力下就可以完成，對環境汙染大大降低。

第三，化學研究需要付出長時間的潛心努力。肖萬說：「在實驗室中，我付出了整整 40 年的時間。而這 40 年中，我工作的目的就是使世人對我從事的研究感興趣而已。」肖萬的同事在評價他時說，肖萬是一個「極端」謙遜的人，沒有任何野心，但有極大的耐心。他開始工作時，曾經擔任級別最低的技術員，在同一個辦公室整整工作了 40 年。

第 19 節　錢永健與綠色螢光蛋白

錢永健（Roger Yonchien Tsien）1952 年 2 月 1 日生於美國紐約，祖籍浙江杭州，是中國飛彈之父錢學森的堂姪。他在美國紐澤西長大，是家中最小的兒子，有兩個哥哥。

第 19 節　錢永健與綠色螢光蛋白

16 歲時，錢永健的天賦始得展露，尚在唸中學的他獲得生平第一個重要獎項——西屋科學天才獎第一名。其後，拿到美國國家優等生獎學金進入哈佛大學就讀，20 歲時，獲得化學物理學士學位從哈佛畢業。接著，他前往英國劍橋大學深造，並於 1977 年獲得生理學博士學位。

1981 年，29 歲的錢永健來到加州大學柏克萊分校，在該校工作 8 年，直至升任教授。1989 年，錢永健將他的實驗室搬至加州大學聖地牙哥分校。1995 年，錢永健當選美國醫學研究院院士，1998 年當選美國國家科學院院士。

錢永健自認，他的成功源自他對科學的著迷與對色彩的喜愛。他說：「科學可以為人帶來很多本質的快樂，來度過一些不可避免的挫折。興趣很重要。一直以來我很喜歡顏色，顏色讓我的工作充滿趣味，不然我堅持不下來。如果我是一個色盲，我可能都不會進入這個領域。」

錢永健的父親不幸罹患胰腺癌，在確診半年後，因醫治無效在美國去世。他的導師也因癌症去世，錢永健決意將更多精力把他的研究成果應用於癌症的臨床治療中。他與同事一直在努力為未來癌症的治療找到更好的化學療法，目前他們瞄準癌症成像和治療，已經製造出一種 U 形的縮胺酸分子，用於承載成像分子或化療藥物。

1994 年起，錢永健開始研究綠色螢光蛋白（Green fluorescent protein，簡稱 GFP），改進綠色螢光蛋白的發光強度，發明更多應用方法，闡明發光原理。世界上應用的綠色螢光蛋白，多半是他發明的變種。他的專利有很多人用，也有公司銷售。

錢永健的工作，從 80 年代開始引人注目。他可能是世界上被邀請做學術報告最多的科學家，因為化學和生物學都要聽他的報告，既有技術應用，也有一些很有趣的現象。所以，錢永健多年來被很多人認為會得諾貝

爾獎，可以是化學、也可以是生理學獎。

瑞典皇家科學院於 2008 年 10 月 8 日宣布，將 2008 年度諾貝爾化學獎授予日裔美國科學家下村脩（Osamu Shimomura）、美國科學家查爾菲（Martin Chalfie）以及華裔美國科學家錢永健，他們三人在發現綠色螢光蛋白方面做出突出成就，分享諾貝爾化學獎。

瑞典皇家科學院化學獎評選委員會主席說：綠色螢光蛋白是研究當代生物學的重要工具，藉助這一「指路標」，科學家們已經研究出監控腦神經細胞生長過程的方法，這些在以前是不可能實現的。下村脩 1962 年在北美西海岸的水母中首次發現了一種在紫外線下發出綠色螢光的蛋白質；隨後，查爾菲在利用綠色螢光蛋白做生物示蹤分子方面做出了貢獻；錢永健讓科學界更全面地理解綠色螢光蛋白的發光機理，他還拓展了綠色以外的其他顏色螢光蛋白，為同時追蹤多種生物細胞變化的研究奠定了基礎。

在諾貝爾獎設立以來的 100 多年歷史裡，曾經有 7 名華裔科學家獲得過此項大獎，他們是楊振寧、李政道、丁肇中、李遠哲、朱棣文、崔琦和錢永健。從 1957 年到 1998 年，他們共獲得 4 次諾貝爾物理學獎和 2 次諾貝爾化學獎，成為全球華人的驕傲。

第 20 節　約納特與核糖體

約納特（Ada Yonath），以色列女科學家，1939 年 6 月 22 日出生於耶路撒冷一個貧困猶太家庭。父母由於沒有得到教育的機會，因此對子女的教育十分重視。約納特父親去世後，她隨全家搬到臺拉維夫。1962 年和 1964 年，約納特從耶路撒冷希伯來大學獲得化學學士學位和生物化學碩士學位；1968 年，她獲得魏茨曼科學研究所的晶體學博士學位。此後到美國

深造，先後在卡內基梅隆大學和哈佛從事博士後研究。1970年後，她回到以色列，協助設立了以色列的首個蛋白質晶體學實驗室。

在約納特念大學的時候，化學是最難考的專業，所以她第一志願報了化學系，第二志願報了物理系，結果被化學系錄取。後來，隨著從事化學研究的時間越來越長，她逐漸發現化學其實是很多學科的基礎，世界就是由化學構成，很多學科的課題，最後都落到了化學上。比如她所研究的核糖體，本來是屬於生物學上的遺傳基因研究領域，但最終卻在化學中找到了答案。事實上，很多學科所提出問題，答案或解決方案最後都在化學中。現代科學的學科邊界，其實並不像在學校裡有「數、理、化」那麼清晰的區分。

2009年10月7日，瑞典皇家科學院宣布，以色列科學家約納特獲得諾貝爾化學獎。發布會現場示範的投影片上，約納特的照片旁寫著一行字：「先驅約納特：1980～1990年，孤獨旅程。」

評審委員會說：約納特在1980年代率先對核糖體展開深入研究，就像一名「孤獨的旅行者」。這位只因為「最難考」而偏要報化學專業的女生，最終站到了國際化學研究的巔峰。

基於核糖體研究的有關成果，可以很容易理解，如果細菌的核糖體功能得到抑制，那麼細菌就無法存活。在醫學上，人們正是利用抗生素來抑制細菌的核糖體從而治療疾病的。約納特建構了三維模型來顯示不同的抗生素是如何抑制核糖體功能，這些模型已被用於研發新的抗生素，直接幫助減輕人類的病痛，拯救人類生命。

生命體就像一個極其複雜而又精密的儀器，不同「零件」在不同職位上各負其責，有條不紊。而這一切，就要歸功於扮演著生命化學工廠中工程師角色的「核糖體」：它翻譯出DNA所攜帶的密碼，進而產生不同的蛋

第 4 章　現代化學的變革之路（下篇）

白質，分別控制人體內不同的化學過程。在生命體中，DNA 所含有的指令就像一張寫滿密碼的圖紙，只有經核糖體的翻譯，每條指令才能得到明確無誤的執行。具體而言，核糖體的工作，就是將 DNA 所含有的各種指令翻譯出來，之後生成任務不同的蛋白質，例如用於輸送氧氣的血紅素或分解糖的酶等。在約納特等人的前仆後繼下，科學家們終於能一探核糖體的工作機制，為遺傳訊息的傳遞、蛋白質翻譯等重大問題提供強而有力的證據，並藉此弄清一些細菌的抗藥機制，研發新的抗生素，幫助人類抵抗頑固疾病。

諾貝爾獎百年歷史上，女性獲獎者少之又少。在約納特之前，諾貝爾化學獎只有三名女性得獎人。第一位是瑪里・居禮；第二位是瑪里・居禮的女兒約里奧－居禮；第三位是英國女生物化學家霍奇金（Dorothy Mary Hodgkin），而且從 1964 年霍奇金獲得該獎項之後，就再無女性上榜。約納特說，她年輕時候的偶像就是瑪里・居禮。她認為女性由於無法保證研究時間而難以成為好科學家，這是偏見，人們應該多鼓勵女性從事科學研究。

約納特童年時很貧窮，連買書的錢都沒有，受到瑪里・居禮事蹟的啟發，醉心於科學研究，終於獲得諾貝爾獎。她在接受以色列電臺訪問時喜極而泣說：「我童年時想也未想過會有今天的成就，即使我的父母和家人經常相信我的工作終有機會被肯定。」

約納特思維清晰，談吐敏捷，她是自信的科學家。她說她不是為得獎而工作的，是為了對科學的好奇心。說起本民族的優秀，她說那其實只是一個災難深重的民族的「宿命」，她是堅忍的猶太人。說起教育，她說要讓孩子自由地去做喜歡的事。

只有說起自己童年偶像時，她目光中的剎那恍惚，讓人看見，在她內

心深處，其實還是當年那個在貧寒中嚮往瑪里・居禮的小女孩 —— 長大後，她真的成了她。

約納特是以色列第 9 位獲得諾貝爾獎殊榮的人，以色列的科學研究環境和其他國家，比如和美國、歐洲相比，有一個很大的不同，就是以色列科學研究環境透明度和合作程度非常高，他們更注重合作，更注重團隊精神，而不是競爭。另外，在以色列，科學研究環境比較寬鬆，鼓勵創新。科學家時常會有大膽甚至是瘋狂的設想，在其他國家，也許很快就會被扼殺了，但在以色列，卻會有很包容的環境，允許其生存發展，乃至取得成功。

第 21 節　謝赫特曼與準晶體

2011 年 10 月 5 日，諾貝爾獎評選委員會頒出化學獎，以色列理工學院的謝赫特曼（Dan Shechtman）因發現準晶體而獨享了這一殊榮。謝赫特曼的貢獻在於，在 1982 年發現了準晶體，這一發現從根本上改變了化學家們看待固體物質的方式。在準晶體內，我們發現，阿拉伯世界令人著迷的馬賽克裝飾得以在原子層面複製，即常規圖案永遠不會重複。

瑞典皇家科學院以「非凡」一詞形容準晶體的發現。之所以非凡，緣於開創性，緣於對傳統固體材料理論的顛覆。不過，在準晶體研究之初，這種對傳統理論的挑戰讓謝赫特曼不得不承受來自同行的嘲笑。

謝赫特曼 1941 年生於以色列臺拉維夫，1972 年從以色列工學院獲得博士學位，隨後在美國俄亥俄州賴特－帕特森空軍基地航空航太研究實驗室從事 3 年鈦鋁化合物研究。1975 年，謝赫特曼進入以色列工學院材料工程系工作。1982 年 4 月，謝赫特曼休假期間在位於美國霍普金斯大學的一座實驗室內研究鋁錳合金時，發現一種特殊的「晶體」。他藉助電子顯微

第 4 章　現代化學的變革之路（下篇）

鏡獲得一幅電子衍射圖，發現它似乎具有 5 次對稱性，顯現長程有序性。

而依據那個時期的理論，晶體不可能具有 5 次對稱性，而非晶體則沒有長程有序性。

謝赫特曼談及他發現準晶體初期體會到的辛酸時說：我告訴所有願意聽的人，我發現了一種具有 5 次對稱性的材料，但人們只是嘲笑我。實驗室主管來到我面前，把一本書放在桌上說：「你為什麼不讀讀這個？你所說的是不可能的。」

一年後，謝赫特曼返回位於以色列北部的以色列工學院，繼續與材料學專家布勒希（Ilan Brochy）一道從事非晶體研究。兩人 1984 年與美國科學家卡恩（John Werner Cahn）和法國晶體學家格拉蒂亞斯（Denis Gratias）合作發表論文，描述製出準晶體的具體方法。

不過，這篇論文仍舊沒有打消一些知名科學家對準晶體理論的疑問。當時，頗有名望的美國化學家鮑林在一場新聞發布會上說：「謝赫特曼在胡說，沒有準晶體這種東西，只有準科學家。」

1987 年，法國和日本科學家製出足夠大的準晶體。可以經由 X 射線和電子顯微鏡直接觀察。至此，謝赫特曼的理論終於得到科學界的認可。

根據謝赫特曼的發現，科學家們隨後創造了其他種類的準晶體，並在俄羅斯一條河流內的礦物樣品中發現了自然生成的準晶體，準晶體在材料中所起的強化作用，相當於「裝甲」。這種材料具備意想不到的效能，它非常堅固，表面基本沒有摩擦力，不易與其他物質發生反應，不會氧化生鏽。作為熱和電的不良導體，準晶體可用於製作溫差電材料，可把熱能轉換為電能。利用其表面不黏的特性，它可以用於製作煎鍋表面塗層。另外，準晶體的潛在應用領域包括製作節能發光二極體和發動機隔熱材料。

謝赫特曼是以色列第 10 位諾貝爾獎得主，也是第 4 位諾貝爾化學獎

第 21 節 謝赫特曼與準晶體

得主。諾貝爾和平獎得主——以色列總統佩雷斯致電謝赫特曼，稱讚他為年輕人做出了表率，並說：「每個以色列人今天都會感到開心，你的故事告訴世界，一名刻苦、勇敢的科學工作者是如何做出驚世成就的。」

謝赫特曼的成功留給我們的啟示是：

第一，在科學研究中一定要堅持自己的發現，不要迫於權威。謝赫特曼在美國霍普金斯大學工作時發現了準晶體，這種新的結構因為缺少空間週期性而不是晶體，但又不像非晶體，準晶體展現了完美的長程有序，這個事實為晶體學界帶來了巨大衝擊，它對長程有序與週期性等基本概念提出了挑戰。這一發現在當時極具爭議，因執意堅持自己的觀點，謝赫特曼曾被要求離開他的研究小組。然而，他的發現最終迫使科學家們重新審視他們對物質本質的觀念。其實，做很多事情都是不容易的，科學研究尤為如此。除了努力和方法之外，往往要承受世人的誤解，甚至是排擠和打壓。能夠一直堅持到最後，堅持自己的試驗和結論，真是太不容易。名利不重要，重要的是真理，重要的是科學，重要的是對科學的執著和不悔，對真理的信仰和忠誠，重要的是平靜和淡泊的心靈。

第二，科學來不得半點虛假，要有實事求是的精神。科學必須正確反映客觀現實，實事求是，克服主觀臆斷。在嚴格的科學事實面前，科學家必須勇於維護真理，反對虛偽和謬誤。

謝赫特曼當時從事航空高強度合金研究，而他的新發現有悖原子在晶體內應呈現週期性對稱有序排列的「常識」，因而不為同行所接受。為維護自己的發現，堅持實事求是的精神，他一直堅持自己的研究。1984 年，直到另一個研究小組也發現類似現象，兩個小組的研究結果得以同時發表。從此，謝赫特曼先後獲得幾乎所有科學獎項。

第三，一項發明創造往往需要幾年甚至幾十年的時間，所以從事科學

研究的人都需要一種執著精神。從1982年發現準晶體，到2011年獲諾貝爾化學獎，整整經歷了近30年，這是一個漫長的過程，需要多少耐心和毅力？又需要多少堅持和不懈？

世界發展到如今，科學家已成為「世界上最孤獨」的人，因為他們是站在最孤獨的「頂端」，所以也具有最神奇的「浪漫」。培根曾說：「看見汪洋就認為沒有陸地的人，不過是拙劣的探索者。」

但是在今天，我們就有太多真正勇敢的「探索者」，霍金（Stephen Hawking）、賈伯斯（Steven Jobs）、比爾蓋茲（Bill Gates）以及所有諾貝爾獎得主在我們身邊的一次次出現，讓我們上了生動的每一課，給予我們力量和鼓舞，照亮了我們前進的航程！

第23節　蓋姆與石墨烯

2010年的諾貝爾物理學獎，頒給了英國曼徹斯特大學兩位科學家安德烈‧蓋姆（Andre Geim）和康斯坦丁‧諾沃肖洛夫（Konstantin Novoselov），因在二維空間材料石墨烯方面的開創性實驗而獲獎。

蓋姆，荷蘭人，1958年出生於俄羅斯索契。1987年從俄羅斯科學院固態物理研究所獲博士學位。任英國曼徹斯特大學介觀科學與奈米技術中心主任，曼徹斯特大學教授。

只有一個原子厚度，看似普通的一層薄薄的碳石墨烯締造了2010年度的諾貝爾獎。平整的碳元素在量子化學的神奇世界中展現了傑出效能。

作為由碳組成的一種結構，石墨烯是一種全新的材料──不單單是其厚度達到前所未有的薄，而且其強度也是非常高。同時，它也具有和銅一樣的良好導電性，在導熱方面，更是超越了目前已知的其他所有材料。

石墨烯近乎完全透明，但其原子排列緊密，連具有最小氣體分子結構的氦都無法穿透它。碳——地球生命的基本組成元素，再次讓世人震驚。

有了石墨烯，科學家們對具有獨特效能的新型二維材料的研製成為可能。石墨烯的出現使得量子化學研究實驗發生了新的轉折，同時，包括新材料的發明、新型電子裝置的製造在內的許多實際應用也變得可行。人們預測，石墨烯製成的電晶體將大大超越現今的矽電晶體，從而有助生產出更高效能的電腦。

由於幾乎透明的特性以及良好的傳導性，石墨烯可望用於透明觸控式螢幕、導光板，甚至是太陽能電池的製造。當混入塑膠，石墨烯能將它們轉變成導體，且增強抗熱和機械效能。這種石墨烯可用於製造質薄而輕且具有彈性的新型超強材料。將來，人造衛星、飛機及汽車都可用這種新型合成材料製造。

諾沃肖洛夫最初在荷蘭以博士生身分與蓋姆開始合作，後來他跟隨蓋姆去了英國。他們兩人都是在俄羅斯學習並開始科學生涯，均為曼徹斯特大學教授。愛玩是他們的共同特點之一，玩的過程總是會讓人學到些東西，說不定就中了頭彩，就像他們一樣，憑石墨烯而將自己載入科學的史冊。

我們從中學就知道，碳有兩種晶體形態，一個是金剛石，用在最貴重的首飾上，另一個是石墨，用在最普通的鉛筆裡。我們也知道金剛石是最堅硬的天然材料，而石墨卻是非常「脆弱」的。石墨的晶體結構是層狀的。每一層內碳原子結成穩固的六角形結構，而層與層之間的結合卻弱得多。所以石墨很容易沿著層的方向分裂。在我們常見的物質中，碳的「兩面性」可說是獨一無二的了。1985年，人們發現碳還有其他的形式：60個碳原子能組成一個球，C_{60}的結構模型類似一個足球，所以又叫足球烯，C_{60}的發現使斯莫利等人在1996年獲得了諾貝爾化學獎。後來人們又發現了「碳奈米管」，即由碳原子組成的管狀結構，其直徑在1奈米左右，

卻可以有幾公分長。而石墨烯則是碳原子組成的單層膜，也就是石墨中的一層。

通常，諾貝爾科學獎都有點「考古」性質，只有極少數工作會很快得獎。而石墨烯問世以來，其重要性很快得到了廣泛承認。可見這個工作開創了一個新領域，且迅速得到了高度重視。所以這個石墨烯被諾貝爾獎「青睞有加」，應該是當之無愧的。

石墨烯是目前世上最薄、最堅硬的奈米材料，如果和其他材料混合，石墨烯還可用於製造更耐熱、更結實的電導體，從而使新材料更薄、更輕、更富有彈性，從柔性電子產品到智慧服裝，從超輕型飛機材料到防彈衣，甚至未來的太空電梯都可以用石墨烯為原料，應用前景十分廣闊。石墨烯將成為改變世界的神奇新材料！

第 24 節　萊夫科維茨與細胞「聰明」受體

每個人的身體都是數十億細胞相互作用的精確系統，每個細胞都含有微小的受體，可讓細胞感知周圍環境以適應新狀態。

美國科學家羅伯特・萊夫科維茨（Robert Lefkowitz）和布萊恩・克比爾卡（Brian Kobilka）因為突破性地揭示 G 蛋白偶聯受體的內在工作機制而榮獲 2012 年諾貝爾化學獎。

萊夫科維茨，1943 年出生於美國紐約，1966 年從紐約哥倫比亞大學獲醫學博士，是美國霍華德・休斯醫學研究所研究人員，美國杜克大學醫學中心醫學教授、生物化學教授。

克比爾卡，1955 年出生於美國明尼蘇達州，1981 年從耶魯大學醫學院獲醫學博士，任史丹佛大學醫學院醫學教授、分子與細胞生理學教授。

第 24 節　萊夫科維茨與細胞「聰明」受體

長期以來，細胞如何感知周圍環境一直是一個未解之謎。科學家已經弄清像腎上腺素這樣的激素所具有的強大效果：提升血壓、讓心跳加速。他們猜測，細胞表面可能存在某些激素受體，但這些激素受體的實際成分及其工作原理卻一直是未知數。

萊夫科維茨於 1968 年開始利用放射學來追蹤細胞受體，他將碘同位素附著到各種激素上，藉助放射學，成功找到數種受體，其中一種便是腎上腺素的受體──β－腎上腺素受體。他的研究小組將這種受體從細胞壁的隱蔽處抽出並對其工作原理有了初步認知。研究團隊在 1980 年取得重要進展，新加入的克比爾卡開始挑戰難題，意欲將編碼 β－腎上腺素受體的基因從浩瀚的人類基因組中分離出來。他的創造性方法幫助他實現了這一目標。2011 年克比爾卡拍攝到了 β－腎上腺素受體被激素啟用並向細胞發送訊號時的精確影像，這是數十年研究得來的「分子傑作」。

G 蛋白偶聯受體作為人類基因組編碼的最大類別膜蛋白家族，有 800 多個家族成員，與人體生理代謝幾乎各個方面都密切關聯。它們的構象高度靈活，調控非常複雜，天然豐度（natural abundance）很低，起初非常難以研究。萊夫科維茨在這個領域做了非常多開創性的工作和貢獻，他的成就一直以來是大家公認的，在藥理學近 50 年的重大發現中，有 6 個相關的科學工作有他的主要貢獻。

強光使人閉眼、花香使人愉悅、黑暗使人心跳加速……你有沒有想過，我們的大腦是如何感知外部環境的變化並做出相應反應的？科學家堅信，一定有某種充當感測器的物質在發揮作用，但很長一段時間裡，這些物質的實際成分和工作原理一直是謎。2012 年諾貝爾化學獎評選委員會在頒獎會上舉起一杯熱咖啡說：人們能看到這杯咖啡、聞到咖啡的香味、品嘗到咖啡的美味以及喝下咖啡後心情愉悅等都離不開受體的作用。

眼可視物、舌可嘗鮮、鼻可嗅味，這些器官上的感官細胞與身體裡其他細胞相比，最特別的地方在於它們的細胞膜上分布著一類特殊蛋白質，統稱 G 蛋白，它是感官細胞表面接受外界訊號的探測器。如果沒有這些探測器，我們可能對外界一無所知，因為一般化合物很難穿越細胞壁。這種穿膜而過的蛋白質，既有胞外部分，又有胞內部分，這才讓外界訊息傳導到細胞內有了可能。

有人認為，諾貝爾化學獎對生命科學真的是很偏愛；有人甚至說，諾貝爾化學獎快被生命科學壟斷了。其實，化學和生命科學越來越相互融合是一種趨勢，今天生命科學的繁榮，得益於幾十年前化學家們解決了這個學科最基本的一些化學問題。

生命科學在今天如花似錦，是前人在化學領域為後人鋪好了路，所以生命科學應該對「化學」心存感激。

第 25 節　佛林加與最小機器

伯納德・佛林加（Bernard Feringa），1951 年 5 月生於荷蘭，1978 年獲荷蘭格羅寧根大學博士學位，後任荷蘭格羅寧根大學分子科學教授。2006 年當選荷蘭皇家科學院院士，2010 年當選歐洲科學院院士，2019 年當選美國國家科學院外籍院士。曾先後獲得手性獎章、瑪麗－居禮勛章和歐洲化學金牌獎。

佛林加教授是格羅寧根大學歷史上第 4 位諾貝爾獎得主，他任化學研究所主任以及有機合成化學主任，同時，也是雅各布斯范特霍夫特聘分子科學教授，研究領域涉及有機化學、催化合成、分子奈米技術、化學系統等多個方面，2008 年被荷蘭女王授予爵士稱號。佛林加被認為是世界上最

有創造力和生產力的化學家之一。

2016 年的諾貝爾化學獎授予了佛林加，以表彰他在「設計和合成分子機器」方面的卓越成就。他設計和合成的分子機器可謂是世界上「最小機器」，只有人類頭髮直徑的千分之一大小。

那麼什麼是分子機器？所謂機器，可以定義為能夠利用外界的能源來根據我們的要求完成特定操作、達到指定目的的工具或者裝置。而分子機器，顧名思義，就是能夠利用能量實現指定操作的單個分子或者若干個分子的組合體。

佛林加的研究領域主要是分子機器與有機不對稱催化。他合成出世界首個人工分子馬達，透過結構工程實現對分子馬達轉動引數的精準調控，並發展出一系列基於分子馬達的智慧分子材料，將「蒸汽機時代」帶入分子維度。他建構的全人工合成的奈米分子車，能夠在金表面實現精確的制導運動，使得宏觀機器概念在微觀世界得以實現，成為化學學科發展史上的一個里程碑。同時，他將「光開關」的概念引入到分子訊息儲存、液晶材料、手性控制、生物大分子等領域，推動了相關交叉領域的發展。他同時也是有機不對稱催化研究領域的傑出貢獻者。他基於亞磷醯胺開發的數十種不對稱催化體系得到了許多課題組的廣泛應用。由於透過銅催化實現了格氏試劑與環狀烯酮的共軛加成，該方法也被廣泛使用於全合成中。

1999 年，他研發出能在同方向持續旋轉的分子旋轉葉片。在分子馬達的基礎上，他成功地讓一只比馬達大 1 萬倍的玻璃杯旋轉。他打破了分子系統的平衡局面，為其注入能量，從而使分子的運動具有可控性。從歷史發展來看，分子馬達和西元 1830 年代的馬達何其相似，當時科學家們展示了各式各樣的旋轉曲柄和輪子，卻沒意識到這些東西將導致電車、洗衣機、風扇以及食品加工機械的產生。未來分子機器很有可能在新材料、感

測器以及儲能系統的研發中得到應用。

在第三屆世界頂尖科學家論壇期間，佛林加在採訪中暢想未來，認為奈米機器在將來可以運用到人體上，幫助人類擁有更健康的身體。他說：「或許從現在開始的 5,000 年後，機器系統會和生物系統結合在一起，人類也會進化成生化人。這種進化一定會面臨倫理的爭議，但是就如同人在上了年紀以後，可以選擇做髖關節植入；或當人面對死亡危險的時候，支架或者心臟起搏器能夠救助他們一樣，在未來植入晶片來活躍身體的某項功能，或裝一個小馬達在行走困難時，幫助我們移動，完全是無可厚非。所以，科學會持續前進，有關人機合一的倫理問題一定會出現，但如果這項技術能幫助到身心殘障者或者病人，那我們就需要認真思考一下。當大自然孕育完自己的物種後，人類就開始在大自然的幫助下，創造出無限的物種，化學家的任務就是想他人所不敢想。」

第 26 節　杜巴謝與冷凍顯微鏡

雅克・杜巴謝（Jacques Dubochet），1942 年 6 月 8 日出生於瑞士，1967 年畢業於洛桑大學理工學院物理工程學專業。1973 年，在日內瓦大學完成博士論文。1978 年，進入德國海德堡的歐洲分子生物學實驗室開展研究工作。1987 年擔任瑞士洛桑大學教授。

杜巴謝的人生既傳奇又勵志。誰能想到有著這麼高榮譽的人曾在 1955 年被官方認證為瑞士沃州第一個閱讀障礙患者，罹患這種病的病人，通常被認為凡事都做不好。事實上他的拼寫和很多方面確實很差，但他在某些感興趣的事情上可以做得很好，比如他可以只參考書中的說明，製造出一個 15 公分口徑的望遠鏡。

第 26 節　杜巴謝與冷凍顯微鏡

　　為了參加 1962 年的聯邦成年考試，他父母把他送到洛桑一所私立學校，讓他在那裡準備進入大學的考試。後來他回憶說：「那是一段緊張的與時間賽跑的日子。你永遠無法料到，一個年輕人在受到激勵的情況下，學習效率有多高。」

　　雖然他在語言和拼寫方面能力仍然很差，但在詩歌、音樂、歷史和地理方面的能力卻很強，因此成年考試順利通過。但直到那時，他在社交方面仍存在障礙，因此在假期裡他被帶到身障兒童之家，在那裡他獲得了初步的社交經驗。緊接著他去服兵役，他從與普通人的接觸中獲益良多，甚至還成了一名軍官。

　　上大二時，他在教授的建議下去找日內瓦生物物理實驗室的凱倫伯格教授，申請攻讀博士學位，凱倫伯格痛快地答應了。但因為杜巴謝還需要在洛桑大學就讀，無法馬上過來，所以直到三年後，他才去了日內瓦大學。日內瓦大學的生物物理實驗室是一個引人注目的地方，它是分子生物學最早被引入歐洲的地方之一，科學在那裡以一種最熱情、最有創造力和最開放的方式進行實踐。

　　1969 年他開始研究 DNA 電子顯微鏡，這是他的主要課題。他和生物學學生一起上課，更重要的是，他發現了那些致力於觀察自然生命的人的奇怪的生活方式。和他們在一起，他在黎明時分醒來，觀察鳥類，挖土數蚯蚓。

　　1973 年跟隨凱倫伯格教授在日內瓦和巴塞爾做生物學研究，他們一起發表了題為〈對暗場電子顯微鏡的貢獻〉論文。事實上，暗場只是他博士論文的一小部分，結論是它對生物觀察不是很有用。然而，他學會了如何操作電子顯微鏡，以及很多關於小尺寸物質的奇怪行為的知識。

　　1978 年，他成了海德堡歐洲分子生物學實驗室小組的領頭人。新成

第 4 章　現代化學的變革之路（下篇）

立的歐洲分子生物學實驗室，隱藏在古城海德堡的一片美麗森林中，是研究者的天堂。該實驗室的發起人兼第一任總幹事肯德魯（John Kendrew）任命了一批雄心勃勃的年輕科學家。在這裡有著最好的工作條件和自由發揮的空間，唯一的期望是能獲得有價值的研究成果。杜巴謝開始研究快速冷卻水分子的方法，在結晶之前將它們冷凍起來。他和同事麥克道爾（Alasdair McDowall）最終成功地將一個生物樣本轉移到金屬網的表面，並將網放入由液氮冷卻至 -190°C 的乙烷中，使樣本周圍的水變成玻璃狀。冷卻後，水在網格上形成了一層薄膜。在成像過程中，樣品用液氮冷卻。杜巴謝和麥克道爾在 1981 年發表了他們關於電子顯微鏡中水玻璃化的開創性研究。1982 年，杜巴謝博士帶領的小組開發出真正成熟的快速投入冷凍製樣技術，製作不形成冰晶體的玻璃態冰包埋樣品，冷凍電鏡技術正式推廣。

1987 年杜巴謝任瑞士洛桑大學超微結構分析系教授，他被教學所吸引，因此他毫不猶豫地接受在洛桑大學做教授的提議，這意味著要肩負管理一個擁有完善的電子顯微鏡的服務中心，和建設一個能進行超微結構分析的全新實驗室的責任。在洛桑擔任教授的 20 年裡，他有機會擴展他在科學和社會領域的研究工作。他開設了一門必修課程，目的是確保學生既是優秀的生物學家，也是優秀的公民。

電子冷凍顯微鏡專案從一開始的研究目標就包括了對體積龐大的標本的觀察。為了達到這個目的，他們的策略是將一個盡可能大的體積玻璃化，然後將其切割成可以在電子低溫顯微鏡下直接觀察到的玻璃體切片。

影像是理解的關鍵，科學上的重大突破，其根源常常來自成功地創造出肉眼不可見物體的影像。然而在生物化學的領域裡，現有技術難以實現生命體的大部分分子內在機械的視覺化，所以留存了許多空白。但是，冷

第 26 節　杜巴謝與冷凍顯微鏡

凍電子顯微鏡改變了這一切，研究者現在可以凍結運動中的生物分子，看到以前從未見過的生物程序。這對進一步理解生命的基礎化學過程以及發展相關醫藥領域都是決定性的。由於冷凍電子顯微鏡技術的出現，使我們能看到的微觀世界從圖片左側的樣子，變成了右側的樣子（圖 4-4）。

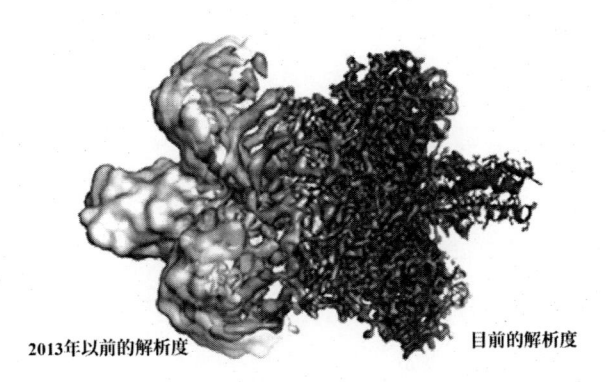

2013年以前的解析度　　　　　　目前的解析度

圖 4-4　冷凍電子顯微鏡技術使我們能看到
微觀世界從圖片左側，變成了右側的樣子

長期以來，電子顯微鏡被認為只適用於死亡物質的成像，因為高強度的電子束會破壞生物材料。但是在 1990 年，杜巴謝成功地使用電子顯微鏡得到原子級解析度的三維蛋白質影像。這一突破證明了這項技術的潛力。

2007 年他退休了，但他沒有閒下來，身為生態和進化系的負責人，仍然在為社會貢獻他的光和熱。

2017 年，他榮獲了諾貝爾化學獎，表彰他發展冷凍電子顯微鏡技術，以很高的解析度確定了溶液裡的生物分子結構，這一突破對生物化學產生了革命性影響。由此可見，技術在科學發現中正發揮越來越重要的作用。生物化學正迎來一場爆發式的革命，已經準備好面對激動人心的未來。

第 27 節　古迪納夫與鋰電池

約翰・古迪納夫（John B.Goodenough），1922 年 7 月 25 日出生於德國耶拿，父母是美國人。美國德克薩斯大學奧斯汀分校機械工程系教授，是鈷酸鋰、錳酸鋰和磷酸鐵鋰正極材料的發明人，鋰離子電池的奠基人之一。

2019 年諾貝爾獎化學獎頒布，97 歲的古迪納夫教授成為有史以來獲得諾貝爾獎年齡最大的人。但很少有人知道，這位「非常好」（Goodenough 意譯）教授大半輩子都過得「非常不好」。

少年時，他是父母的出氣筒；青年時，他考上耶魯大學卻沒錢交學費；中年時，夢想當空軍的他卻做了氣象兵……，「非常不好」的事情充滿生活，但「非常好」教授卻過得很出彩。75 歲，他讓磷酸鐵鋰成為超級發明；90 歲，他思索起固態電池。

他從小在美國農村長大，小時候最喜歡做的事情，就是抓捕各種小動物。有一次他扒了一隻臭鼬的皮，父親知道後非常生氣，從此被禁止上桌吃飯。他的父親和母親，夫妻關係不好，兩人動不動就爭吵或打架，於是他就成了父母的出氣筒。12 歲那年，他被父母送到另一個州去讀書，從此便再難聽到父母的音訊。

1940 年，他考上了耶魯，他高興得不得了。但只高興了那麼一下子，他去找父親要錢，因為父親不喜歡他，所以只給他 35 美元學費及生活費。但當時耶魯學費一年就要 900 美元。他沒有辦法，只好去幫有錢人家的孩子做家教。進了耶魯，學什麼呢？他聽說當作家很吃香，就去學古典文學，但學了沒多久，就覺得自己的頭要爆炸了。於是他又轉去學哲學，學了沒多久，他又覺得自己的頭要爆炸了。為什麼會這樣呢？答案是他從

第 27 節　古迪納夫與鋰電池

小患有未得到診斷的閱讀障礙症。不得已，他最後只好去學數學。

1943 年，終於拿到數學學士學位，他想了想，不知道自己能做什麼。當時恰逢二戰，美日正打得不可開交，他就有了一個想法：加入美國空軍，開飛機打日本去。但參軍的結果他被分配到太平洋島當了一個氣象兵，他氣象兵當得不錯，部隊把他提升為氣象學家。

二戰結束後，他正準備安心地當個氣象學家，一封電報來了：安排他去芝加哥大學進修研究所，要麼進修數學，要麼進修物理。他覺得數學很無趣，於是就選擇了進修物理。誰知道剛進芝加哥大學，一位叫辛普森（Simpson）的教授，就宣判了他的未來：「我實在不明白你們這幫退伍兵，為什麼這麼大年紀了還要來學物理，你們難道不知道任何一位物理巨匠，早已在你們這個年齡完成了所有的學習了嗎？」

他非常沮喪，覺得這輩子可能就這麼完了。但他遇到了一位非常好的導師——諾貝爾獎得主、穩壓二極體的發明者齊納（Clarence Melvin Zener）。

齊納跟他說了一句話：「人的一生只有兩個問題。第一個問題，是找到一個問題。第二個問題，是把它解決掉。」這句話就像佛祖的開光，一下讓他醍醐灌頂，於是他選擇了凝聚態材料研究，這輩子再也沒離開過。

博士畢業後，他被推薦到麻省理工學院林肯實驗室，開發亞鐵陶瓷。他正準備大顯身手時，該專案的經費被砍掉了。他只好四處去尋找買家，然而找的過程極其不順，四處碰壁，差一點就去了戰火中的伊朗。

就這樣在各種倒楣的折騰中，他一晃就到了 54 歲。這時牛津大學有個化學教授職位空缺，邀請他去任職。在這裡，他開始研究怎麼做鋰電池。三年後，他找到了鈷酸鋰材料。這鈷酸鋰材料有多重要？

打個比方：它就是鋰離子電池的神經系統，沒有它就沒有鋰離子電

第 4 章　現代化學的變革之路（下篇）

池。但牛津大學竟然不識貨，不但不願幫他申請專利，還把他的專利送給了政府實驗室。後來此專利被索尼公司買走，索尼藉助這項研究，造出了世界上第一款可充電鋰離子電池，賺得盆滿缽滿。

他一分錢都沒拿到，但倒是看得挺開，「當時我研究鈷酸鋰的時候，不知道它值不值錢，我只知道這是一件我喜歡做的事情。」他本想在牛津做研究到老，但遇到了一個規定：65 歲必須強制退休，於是他趕在被強制退休之前，64 歲的他回到了美國，進入德克薩斯大學奧斯汀分校，繼續鋰電池研究。

一轉眼，11 年過去了。1997 年，75 歲的他又發明了一個新材料——磷酸鐵鋰。磷酸鐵鋰的造價和穩定性比鈷酸鋰高出一大截，這催生了「可攜帶電子設備」的誕生。

近 70 年來，有兩種材料的出現可以稱為超級發明。一個是電晶體的發明，因為沒有電晶體就沒有電子產品；另一個是鋰電池的發明，因為鋰電池的出現，才有了相機、手機、筆記型電腦、電動車等行動便攜式電子設備。而鋰電池的誕生，他可以說是貢獻最大。

2012 年，90 歲的他突然有了一個極其大膽的想法：研究固態電池。當太陽能和風力發電時，電力必須被立即使用，否則就會永遠消失。這意味著世上還沒有一種經濟的固定式電池可以儲存電能。世界需要一款超級電池。

很多人都勸他：「你都 90 歲了，還折騰什麼呀，好好安享晚年吧！」但他卻高傲地說：「我只有 90 歲，還有的是時間。」是的，他還有的是時間。2019 年 10 月 9 日，因為鋰電池上的卓越貢獻，古迪納夫獲得了諾貝爾化學獎。

古迪納夫的一生，非常富有傳奇色彩，他的成功留給我們的啟示是：

第一，學會堅持。無論生活如何對待，都沒關係，關鍵是自己知道自己在做什麼，而且一直堅持。如果當初他聽從辛普森的宣判，這輩子可能真的就完了。所幸他沒聽從這個宣判，而是吸納了齊納的忠告。所以他一輩子扎根於凝聚態材料研究。

這讓我們想起了物理大師費曼（Richard Feynman），費曼曾對一個學生說：「如果你喜歡一個事，那就把整個人都投入進去，就像一把刀直扎下去，不管會碰到什麼。」古迪納夫從不曾捨棄研究，一直在默默地堅持，這些堅持在很長時間裡似乎毫無用處，但最終卻推動他成為「鋰電池之父」。沒有努力會是白費的，在我們看不見的方向上，你種下的種子早已在生根、開花、結果了。

第二，不追求名利，功名淡泊。他研究鋰離子電池，一分錢專利費都沒拿到。但他看得開，說研究鈷酸鋰的時候，不知道它值錢，只知道是一件喜歡做的事情。興趣是人們活動強而有力的動機之一，它能改變人的生命力，使人熱衷於自己的事業而樂此不疲。產生興趣，就能引發對事物的體驗，對問題的思索。古往今來，許多成就輝煌的成功人士，他們的事業往往都萌生於興趣中，沿著興趣開拓的道路走下去，最終找到自己事業成功的路徑。

第三，人生永遠沒有太晚的開始。對於一個真正有所追求的人來說，生命的每個時期都是年輕的。他接觸電池時54歲，研究出磷酸鐵鋰時75歲，開始研究固態電池時都90歲了。如果換作我們，可能早就覺得「時間太晚了」，可能早就覺得「做什麼都來不及了」，但他卻在97歲拿了諾貝爾化學獎。

古迪納夫一生編寫了8本書，發表了800多篇文章。他獲獎無數，並在97歲的高齡獲得諾貝爾化學獎，獲獎後仍在堅持工作，這種堅忍不拔的精神值得我們每個人學習。可以說，在古迪納夫的字典裡，從來都沒有

「非常好」（good enough），他只是不斷收集線索，繼續前行。感謝他為這個世界做出的貢獻！

第 28 節　夏彭蒂耶與基因剪刀

埃瑪紐埃勒・夏彭蒂耶（Emmanuelle Charpentier），1968 年出生在法國奧爾日河畔瑞維西。

夏彭蒂耶 1986～1992 年在巴黎索邦大學學習生物化學和遺傳學。1992～1995 年，在法國巴黎巴斯德研究所攻讀博士，研究與分析在基因組和細胞間移動的細菌 DNA 片段。1996～1997 年，在紐約洛克斐勒大學做博士後，師從微生物學家托曼南（Elaine Tuomanen），致力於病原體肺炎鏈球菌的研究。為了解這種病原體的分子機制，夏彭蒂耶來到紐約，每天都努力工作，沉浸在實驗中，之後又進入紐約大學醫學院皮膚細胞生物學家考溫（Pamela Cowin）的實驗室，有機會接觸到小鼠功能性基因的工作原理。在這裡，她很快發現操控基因改造小鼠要比操縱細菌難得多，花了兩年時間完成毛髮生長調控研究，後又回到歐洲。

當時小分子 RNA 在基因調控方面的功能研究風靡一時，許多研究項目都在向這方面傾斜，夏彭蒂耶也在產膿鏈球菌中發現了調控一種重要毒性分子合成的 RNA。在她的努力下，2002 年她得到了在維也納大學生物中心建立自己研究小組的機會，維也納為她提供了強大的基礎研究支持和優秀的同事，她可以選擇自己的研究主題，完全獨立地工作。在這裡她學會了在更大的範圍內思考，學會了申請研究基金，以及如何在資源匱乏的情況下進行管理和研究。也就是在維也納，夏彭蒂耶第一次開始思考「基因剪刀」。

第 28 節　夏彭蒂耶與基因剪刀

「基因剪刀」是一種工具，它能夠幫助研究人員找到 DNA 片段，並將其剪斷，使研究人員能夠開啟或關閉基因，甚至對其進行修復和替換。如果研究人員想要了解生物內部的運作方式，就需要對細胞內的基因進行修正，但這非常耗時，也很困難，有時甚至是一項不可能完成的任務。然而，透過「基因剪刀」技術，一切都變得簡單了。研究證明，「基因剪刀」技術是可以被控制的，甚至能夠在一個預定的位置切斷任何 DNA 分子。

2009 年，夏彭蒂耶從維也納搬到了瑞典優密歐大學，在最初往返於這兩個地方的飛機上，她有了一個激進的想法，把「基因剪刀」和 RNA 結合在一起。然後，她花了將近一年的時間才找到一個也想在實驗室實現她想法的學生——德爾切瓦（Elitza Deltcheva）。該生在鼓勵團隊中其他同事對「基因剪刀」感興趣方面發揮了重要作用。2009 年夏天，德爾切瓦打電話告訴夏彭蒂耶，她的估計被證實了。

在當時「基因剪刀」研究「小圈子」，夏彭蒂耶還是默默無聞的，直到 2010 年她帶著自己的成果第一次參加了荷蘭瓦赫寧根的「基因剪刀」會議，便引起不小的轟動。之後在 2011 年美國微生物學會議上，夏彭蒂耶遇到加州大學柏克萊分校的結構生物學家道德納（Jennifer Anne Doudna），她們有很多共同點：她們的團隊都在研究細菌防禦病毒入侵的機制；她們都已經確認，細菌可以記住以前入侵過自己的病毒的 DNA，以此來辨識病毒，當該病毒再次入侵時，它們就會立刻認出「敵人」。

兩個實驗室的科學家都意識到，她們或許可以用 Cas9 蛋白來進行基因組編輯。基因組編輯是基因工程中的一種方法，酶是這一過程中的「分子剪刀」，可以剪下 DNA。這種酶名叫核酸酶，能在特定的位點切斷雙鏈 DNA。DNA 斷裂後，細胞會對斷裂位點進行修復。每修飾一次基因，科學家都不得不設計一種新的蛋白，專門針對想要修飾的 DNA 序列。

但道德納和夏彭蒂耶意識到，Cas9 蛋白——這種鏈球菌用於免疫防衛的酶，會用 RNA 來引導自己找到目標 DNA。為了探測作用位點，Cas9－RNA 複合物會在 DNA 上不停「彈跳」，直到找到正確的位點。這一過程看似隨機，其實不然。Cas9 蛋白的每次彈跳，都是在搜尋同一段的「訊號」序列。如果能將這套天然的 RNA 嚮導系統利用起來，研究人員在切割 DNA 位點時，就不用每次都建構一種新的酶了。基因組編輯可能會因此變得更簡單、更便宜，也更有效。合作一年後，兩位女性科學家在《科學》雜誌發表論文並首次指出，CRISPR－Cas9 系統在體外實驗中能「定點」對 DNA 進行切割，顯著提升了基因編輯的效率，為該領域的發展奠定了基礎。兩位科學家被《時代週刊》評為 2015 年全球最具影響力 100 人，並收穫了包括生命科學突破獎在內的多項科學大獎。

2020 年，因對新一代基因編輯技術的貢獻，夏彭蒂耶和道德納獲 2020 年諾貝爾化學獎。夏彭蒂耶與道德納因「開發基因組編輯方法」做出的貢獻，加快了基因工程產業的發展，對遺傳學和醫學也有深遠的推動作用。她們的研究為在人體以及其他動物細胞上實現基因編輯奠定了重要基礎。諾貝爾委員會在官方頒獎詞中表示：藉助這些技術，研究人員可以非常精準地改變動物、植物和微生物的 DNA。「基因剪刀」徹底改變了分子生命科學，為人類帶來了新機遇，有望催生創新性癌症療法，並可能使治癒遺傳性疾病美夢成真。

迄今為止，她們所有涉及植物、動物和人類細胞的實驗都是成功的。因此，「基因剪刀」具有廣泛應用的潛力：從植物育種、基因改造實驗室、小鼠育種到多種疾病的治療。醫生可以用它來糾正基因突變和治療遺傳疾病，它已經被用於愛滋病和瘧疾的研究。

從微生物、植物到包括人類在內的動物，DNA 蘊含在每個生物體的細胞中，它們猶如一本使用手冊，精準地調控著生物體的每一個生命特徵

和活動。比如，基因決定了人眼睛的顏色，並對身高產生一定影響。透過基因編輯技術對DNA進行微觀改變，將會為我們的生活帶來重大變化，例如，可以得到我們想要的動植物表現，讓農作物產量更高，家畜瘦肉率更高，蔬果保固期更長、口感更好等等，從而實現對動植物的性狀改良，培育人類需要的優良品種；也可以建構一些具有遺傳性疾病的動物模型，研究基因和疾病之間的關係；在復活滅絕物種方面，透過相關DNA復活的滅絕物種，將有助於生物學家的研究；而最受關注的應該是利用基因編輯進行基因治療和藥物研發。

繼兩位女科學家的重大發現後，相關的應用可謂呈爆炸式增加。「基因剪刀」在基礎研究中的許多重要發現中也做出了貢獻，例如，植物學研究中，植物研究人員已經能夠開發抗黴菌、害蟲和乾旱的作物，而在醫學上，新的癌症療法的臨床試驗也正在進行中。基因剪刀把生命科學帶入了一個新時代，並且在許多方面給人類帶來了最大的利益。

基因編輯是基因改造之後人類找到的又一種基因工程技術方法，它在本質上與基因改造並無不同，都是在分子水準上改變生物的遺傳特性，兩者在技術上各有長短；但因基因編輯不涉及外來基因，在大眾層面更易被接受。可以預期，未來在合成生物、育種技術等領域，將形成基因改造與基因編輯兩種技術交相輝映的格局。

第29節 李斯特、麥克米倫與不對稱有機催化

2021年諾貝爾化學獎授予班傑明・李斯特（Benjamin List）和大衛・麥克米倫（David MacMillan），他們因對「不對稱有機催化的發展」做出貢獻而獲獎。他們的工作對藥物研究產生巨大影響，並使化學更加綠色。

第 4 章　現代化學的變革之路（下篇）

　　李斯特 1968 年出生於德國法蘭克福，在 18 歲時便已立志要成為一名化學家。他於 1993 年從柏林弗雷大學畢業，並於 1997 年在法蘭克福大學獲得博士學位，他的博士論文主題是維他命 B_{12} 的合成。隨後，李斯特在美國斯克里普斯研究所做博士後，這期間，他開始從事有機催化研究，於 1999～2003 年擔任斯克里普斯研究所分子生物學系助理教授。2003 年，他回到德國，任職於德國馬克斯・普朗克煤炭研究所，並於 2005 年 7 月擔任該研究所所長。

　　在馬克斯・普朗克煤炭研究所，他的工作重點仍然是有機催化。在 20 多年的研究生涯裡，他獲得了許多獎項：德國化學家協會 2003 年授予他卡爾・杜伊斯堡記憶獎；2012 年獲奧托巴伐利亞獎；2013 年獲魯爾藝術與科學獎；2016 年獲萊布尼茲獎。2018 年，他當選為德國自然科學家學會成員。

　　許多研究領域和產業都依賴催化劑，催化劑是控制和加速化學反應的物質，但不會成為最終產品的一部分。例如，汽車中的催化劑將廢氣中的有毒物質轉化為無害物質。又例如，在中學化學實驗中就有利用二氧化錳作催化劑，常溫下分解雙氧水製備氧氣，如果沒有二氧化錳的催化作用，便可能需要將雙氧水加熱至沸騰才能得到同樣的效果。因此，催化劑是化學反應中的常見工具。長期以來，研究人員一直認為，原則上只有兩種類型的催化劑，即金屬和酶。李斯特和麥克米倫被授予 2021 年諾貝爾化學獎，是因為他們在 2000 年相互獨立地開發了第三種催化──不對稱有機催化劑。

　　自 2000 年以來，有機催化以驚人的速度發展。李斯特和麥克米倫是該領域的領導者，他們已經證明有機催化劑可以用來驅動大量的化學反應。利用這些反應，研究人員可以更有效地建構任何東西，例如新型藥物。對於某些特殊的藥物而言，可能左手性分子是有效成分，但右手性分

第 29 節 李斯特、麥克米倫與不對稱有機催化

子則是有害成分，人們為了去除這種成分付出了巨大的努力，而使用不對稱有機催化，許多反應便具有很好的專一性，使得合成結果基本只存在一種手性分子。

在催化劑的幫助下，日常生活中使用的數千種不同的物質如藥品、塑膠、香水和食品調味劑被製造出來。據估計，全球 GDP 的 35% 均以某種方式涉及化學催化。催化劑可以稱得上是化學家們的基本工具。可是一些金屬催化劑對氧氣和水非常敏感，因此需要沒有氧氣和水的環境才能發揮作用，這在大型工業中是難以實現的。此外，許多金屬催化劑都是重金屬，對環境有害。以前，在化工生產過程中，需要對每個中間產品進行分離純化，否則副產品會過多，這導致一些物質在化學過程的每個步驟中都會丟失。有機催化劑的寬容度要高得多，因為相對而言，生產過程中的幾個步驟可以連續執行，可以顯著減少化學製造中的浪費。不對稱有機催化劑有一個穩定的碳原子骨架，更活潑的化學基團可以附著在上面，通常有常見元素氧、氮、硫或磷，這意味著這些催化劑既環保又成本低廉。

在成為有機合成領域的頂尖專家之後，李斯特對於自己的成功是這樣說的：「我不知道成為一個成功科學家的祕訣是什麼，但這可能與你熱愛所做的事情有關。在做實驗時，我感到非常孤獨，沒人從事我這個領域的研究工作。在我的學術生涯剛開始的時候，我感到十分不安，常常在想：我在做的事情，是不是太瘋狂了？也許這是異想天開？然而，當實驗完成之後，第一篇論文釋出，很快得到認可的感覺讓人感到非常滿足。身為自然科學家，我們始終從事新事物的研究，它們也許前人從不知曉，也許在宇宙中還從未存在過，這就是為什麼我愛這個職業。」

得知獲得諾貝爾獎時，李斯特正在與家人度假。他吃早餐的時候，突然接到來自斯德哥爾摩的電話，一開始他還以為是有人在開玩笑。獲獎後的新聞釋出會上，他稱這是一個巨大的驚喜，他希望自己不辜負這一榮

第 4 章　現代化學的變革之路（下篇）

響，繼續發現令人驚嘆的東西。

麥克米倫 1968 年出生於蘇格蘭貝爾希爾，在格拉斯哥大學獲得化學本科學位。1990 年，他在美國加州大學攻讀博士，在此期間，他專注於開發針對雙環四氫呋喃立體控制形成的新反應方法，1996 年獲博士學位。麥克米倫的團隊在不對稱有機催化領域取得了許多進展，並將這些新方法應用於一系列複雜天然產品的合成。

2010～2014 年，他還是著名化學學術期刊《化學科學》的創始主編。過去 20 餘年間，他也獲得了許多的榮譽和獎項：2004 年獲英國皇家化學研究所柯爾迪－摩根獎；2012 年當選英國皇家學會會員；2012 年當選美國藝術與科學院院士；2015 年獲哈里森・豪獎（Harrison Howe Award）；2017 年獲野森良司獎；2018 年當選美國科學院院士。

然而，就是這樣一位世界級化學家卻誕生於「一時興起」。他受到哥哥的影響，在高中開始上科學課時，就深深被物理和化學邏輯中的樂趣所吸引。於是，他在高中畢業後申請了格拉斯哥大學的物理系，原本是去學物理的，但因為物理教室太冷，化學教室卻暖和得多，所以決定換專業從物理系去到了化學系。在麥克米倫看來，身為一名化學家最大的樂趣就是得到一個完全不同的結果。

據統計，諾貝爾化學獎自 1901 年設立以來，除了某些特殊年分外，迄今已頒發了 113 次，共有 188 名科學家獲此殊榮。其中，最年輕的諾貝爾化學獎得主是著名科學家瑪里・居禮的女兒約里奧－居禮，年僅 35 歲的她於 1935 年獲獎；最年長的諾貝爾化學獎得主是古迪納夫，2019 年他獲獎時已 97 歲。此外，唯一一名兩次獲得諾貝爾化學獎的科學家是桑格，他分別於 1958 年、1980 年獲獎。除此之外，有兩名科學家曾獲得過其他諾貝爾獎項：瑪里・居禮，1903 年獲諾貝爾物理學獎、1911 年獲諾

貝爾化學獎；鮑林，1954年獲諾貝爾化學獎、1961年獲諾貝爾和平獎，值得一提的是，鮑林也是唯一一名兩次均為單人獲獎的獲獎者。

第30節　化學與未來

　　生活中，處處離不開化學。只要細心觀察身邊的事物，就會發現其實化學就在我們身邊。人從出生起，就離不開化學，每時每刻都與化學打著交道，比如我們最為熟悉的衣、食、住、行，都與化學密切相連。

　　穿衣，每一種衣料的製成幾乎都與化學有關。麻、紗、人造絲、聚酯纖維、尼龍、萊卡等豐富多彩的合成纖維是化學的一大貢獻，甚至是純棉、純毛的衣物也需在原料上進行化學加工才得以製成，色澤鮮豔的衣料需要經過化學處理和印染。

　　飲食，人們吃的五穀雜糧，從地裡種出來就離不開營養液和肥料。要裝滿糧袋，豐富菜籃，關鍵是發展化肥和農藥的生產。加工製造色香味俱佳的食品，離不開各種食品添加劑，如甜味劑、防腐劑、香料、調味劑和色素等等，它們大多是用化學合成方法製取或用化學分離方法從天然產物中提取的。各種氮肥、磷肥、鉀肥和複合肥的合理使用，使糧食的產量和品質顯著提升。在蟲害季節，農藥必不可少。加上人們治病的藥品，這些都是化學為人類帶來的益處。

　　住方面，從鋼筋水泥、油漆、油漆和黏合劑，每種材料都是經過多種化學變化製成的。現代建築所用的水泥、石灰、油漆、玻璃和塑膠等材料都是化工產品。此外，人們日常生活使用的洗滌劑、美容品和化妝品等也都是化學製劑。在煤炭、石油和天然氣的開發、煉製和綜合利用中包含著極為豐富的化學知識，並已形成煤化學、石油化學等專門領域。

第 4 章　現代化學的變革之路（下篇）

　　最後是行，修橋鋪路，需要瀝青、水泥、鋼筋、炸藥；汽車的裝備中，各種金屬的外殼是經過化學加工而成，輪胎用的橡膠也是從石油中提煉而來的。各種交通工具中，發動機所用的燃料，汽油、柴油、天然氣、氫能等，都是經過化學加工提煉製成。用以代步的各種現代交通工具，不僅需要汽油、柴油做動力，還需要各種汽油新增劑、防凍劑，以及機械部分的潤滑劑，這些無一不是石油化工產品。飛彈的生產、人造衛星的發射，需要很多具有特殊效能的化學產品，如高能燃料、高能電池、高敏膠片及耐高溫、耐輻射的材料等。隨著科學技術和生產水準的提升以及新的實驗方法和電腦的廣泛應用，不僅化學科學本身有了突飛猛進的發展，而且由於化學與其他科學的相互滲透，相互交叉，也大大促進了其他基礎科學的發展和形成。

　　目前國際上最關心的幾個重大問題——環境的保護、能源的開發利用、功能材料的研製、生命過程奧祕的探索——都與化學密切相關。隨著工業生產的發展，工業廢氣、廢水和廢渣越來越多，處理不當就會汙染環境。全球氣候變暖、臭氧層破壞和酸雨是三大環境問題，正威脅著人類的生存和發展，因此，尋找淨化環境的方法和對汙染情況的監測，都是現今化學工作者的重要任務。生命過程中充滿著各種生物化學反應，當今化學家和生物學家正在通力合作，探索生命現象的奧祕。總之，化學與人類的衣、食、住、行以及能源、資訊、材料、國防、環境保護、醫藥衛生、資源利用等方面都有密切的連繫，它是一門重要的基礎科學，是一門中心科學，與社會發展各方面都有密切關係。

　　進入 20 世紀，人類開始遇到人口增加、資源匱乏、環境惡化等問題的威脅。化學在解決這些問題時具有核心科學作用。不但大量製造各種自然界已有的物質，而且能夠根據人類需求創造出自然界本不存在的物質；化學能夠提供組成分析和結構分析方法，在分子層次上認知天然及合成材

料的組成及結構，掌握和解釋結構－性質－功能的關係，從而能夠預測、設計和裁剪分子；化學掌握了決定化學過程的熱力學、動力學理論，而且能從理論上指導新物質和反應新條件的設計及創造，因而能夠達到自然過程無法達到的目標。

化學的歷史與人類進步和社會發展有著密切連繫，它是賦予人們能力的學科，開啟了物質世界的鑰匙。化學支撐了人類社會的可持續發展，引領了相關科學與技術的進步。面向未來，化學在解決策略性、全域性性、前瞻性重大問題中將發揮更大作用，其發展有如下趨勢：

第一，化學將向更廣度、更深層次的方向延伸。原子與分子層次的認知將更為深入，多層次分子間相互作用、複雜化學體系的研究更為系統，在創造新分子、新材料的基礎上，將更加注重功能性。使科學家不僅能在原子、分子甚至電子層次觀察並研究微觀世界的性質，而且能夠對其物質結構和能量過程進行操控。

第二，綠色化學將引起化學及化工生產方式的變革。科學角度看：綠色化學是對傳統化學思維方式的更新和發展；環境角度看：它是從源頭上消除汙染、與生態環境協調發展的更高層次的化學；經濟角度看：它要求合理利用資源和能源，降低生產成本，符合經濟可持續發展的要求。

第三，社會發展不斷對化學提出新需求。能源危機方面，如何像光合作用那樣高效利用太陽能；環保方面，如何控制降解、去除汙染過程；材料創新方面，要求綠色、智慧、可再生循環利用；生命奧祕方面，如何在分子和細胞水準上認知和研究生命過程；化學資訊學方面，如何與生物學銜接，如何與化學反應過程銜接。

第四，當今國際上科學研究的領先權，在相當程度上取決於研究方法和研究方法的先程式度。化學研究首先要發展先進的研究思路、研究方法

第 4 章 現代化學的變革之路（下篇）

以及相關技術，以便從各個層次研究分子的結構和性質的改變。為適應各種複雜混合物成分分析的需求，必須研究分離－活性檢測聯機技術，以實現高效、高選擇性的分離方法。分析化學在科學發展中的地位逐漸顯得至關重要，化學分析儀器的小型化、微型化及智慧化也是研究的方向。

在過去的 100 多年裡，合成化學為人類社會的進步做出了重大貢獻，為現代農業的發展、解決 60 億人生存問題發揮了不可替代的作用，合成化學製造的藥物使人類的健康水準得到空前提升，創造的各種新材料徹底改變了人類的生活方式，還為探索生命科學的奧祕提供了重要方法和物質基礎。合成化學家不斷創造出的合成新方法、對於化學機理的不斷明晰使人類可以「馳騁」在整個元素週期系中，不斷創造出新的物質，這一過程大大增加了人類在認識自然和改造自然界中的能動性，並創造出了新的生產、生活方式。我們現在已經可以很好地利用自然界諸如石油和煤這樣簡單、豐富的天然資源，創造出一系列複雜的、更具價值的物質。在不久的未來，我們將能設計、製造出更多具備各種效能、滿足人類需求的物質。

當今，人們在享受化學為社會帶來的物質財富和豐富多彩的生活時，很少會想到化學所發揮的重要作用，甚至在大眾的心目中，化學反而似乎站在了「綠色」、「環保」的對立面，傳媒所注重的也常常是一些化學所產生的危害。對此，一方面要加強科普，消除大眾對化學科學的誤解；另一方面，也要極大地關注科學發展的「雙刃劍」效應，將化學發展與社會效益緊密地連繫關聯起來。

綠色化學已經成為未來合成化學的核心理念，其宗旨在於從根本和源頭上最大限度地減少對人類造成的危害，這種「綠色化學」的理念在為經濟帶來繁榮的同時也承擔了社會責任。綠色化學並不應該是一個單純的口號，它是化學研究不可或缺的原則。基於這樣的目標，需要科學界、政府、工業界等社會各界的共同努力，不斷完善相關法律、法規，加大宣傳

和執法力度，提升全社會的環保意識外，同時化學家承擔著更大的責任，由化學產生的問題應該由化學來解決。要解決這些問題，既要重視技術的改良與進步，更要重視解決基本科學問題，發現新方法，並靈活運用其基本原理。我們必須認知到化學在未來世界中的重要作用，重視化學這一基礎學科，創造一個潔淨的世界、一個可持續發展的世界。

　　回望文明的歷程，是科技之光掃蕩了人類歷史上的愚昧與黑暗，是科學之火點燃了人類心靈中的熊熊希望。面對未來化學的發展，我們充滿信心，化學是無限的，化學是至關重要的，化學將創造更美好的未來，它將幫助我們解決21世紀所面臨的一系列問題。讓我們成為未來化學的探索者吧！在未知的道路上漫遊，用我們的創造力將我們居住的世界變得更加美好！

第 4 章　現代化學的變革之路（下篇）

參考文獻

[1] 郭保章。中國化學史。江西：江西教育出版社，2006。

[2] 袁翰青，應禮文。化學重要史實。北京：人民教育出版社，1988。

[3] 周益明，姚天揚，朱仁。中國化學史概論。南京：南京大學出版社，2004。

[4] 汪朝陽，肖信。化學史人文教程。北京：科學出版社，2010。

[5] 王彥廣。化學與人類文明。杭州：浙江大學出版社，2001。

[6] 胡亞東。世界著名科學家傳記。北京：科學出版社，1995。

[7] 張家治。化學史教程。太原：山西教育出版社，1999。

[8] 化學發展簡史編寫組。化學發展簡史。北京：科學出版社，1980。

[9] 〔美〕R·布里斯羅。化學的今天和明天。北京：科學出版社，1998。

[10] 張勝義，陳祥迎，楊捷。化學與社會發展。合肥：中國科學技術大學出版社，2009。

[11] 王明華。化學與現代文明。杭州：浙江大學出版社，1998。

[12] 趙匡華。化學通史。北京：高等教育出版社，1990。

[13] 趙匡華。中國古代化學。北京：中國國際廣播出版社，2010。

[14] 凌永樂。世界化學史簡編。瀋陽：遼寧教育出版社，1989。

[15] 王佛松，王菱，陳新滋，彭旭明。展望21世紀的化學。北京：化學工業出版社，2000。

參考文獻

[16] 姚子鵬,金若水。百年諾貝爾獎 —— 化學卷。上海:上海科學技術出版社,2001。

[17] 〔英〕柏廷頓。化學簡史。北京:中國人民大學出版社,2010。

[18] 張德生,徐汪華。化學史簡明教程(第 2 版)。合肥:中國科學技術大學出版社,2017。

化學簡史，從陶瓷到石墨烯：

青黴素發明、制定元素週期表、核磁共振、碳 14 定年法……
科學是如何從火藥走到量子新能源？

編　　　著：侯純明	**國家圖書館出版品預行編目資料**
發 行 人：黃振庭	
出 版 者：沐燁文化事業有限公司	化學簡史，從陶瓷到石墨烯：青黴素發明、制定元素週期表、核磁共振、碳 14 定年法……科學是如何從火藥走到量子新能源？/ 侯純明 編著 . -- 第一版 . -- 臺北市 : 沐燁文化事業有限公司 , 2025.02
發 行 者：崧燁文化事業有限公司	
E－m a i l：sonbookservice@gmail.com	
粉 絲 頁：https://www.facebook.com/sonbookss	面；　公分
網　　　址：https://sonbook.net/	POD 版
地　　　址：台北市中正區重慶南路一段 61 號 8 樓	ISBN 978-626-7628-44-7(平裝)
	1.CST: 化學 2.CST: 歷史
8F., No.61, Sec. 1, Chongqing S. Rd., Zhongzheng Dist., Taipei City 100, Taiwan	340.9　　114000800

電　　　話：(02)2370-3310
傳　　　真：(02)2388-1990
印　　　刷：京峯數位服務有限公司
律師顧問：廣華律師事務所 張珮琦律師

─ 版 權 聲 明 ─
本書版權為中國石化出版社所有授權沐燁文化事業有限公司獨家發行繁體字版電子書及紙本書。若有其他相關權利及授權需求請與本公司聯繫。
未經書面許可，不得複製、發行。

定　　　價：480 元
發行日期：2025 年 02 月第一版
◎本書以 POD 印製

電子書購買

爽讀 APP　　　臉書